ERHARD OESER

Katastrophen

Triebkraft der Evolution

Die Deutsche Nationalbibliothek verzeichnet diese Publikation
in der Deutschen Nationalbibliografie; detaillierte bibliografische Daten
sind im Internet über http://dnb.d-nb.de abrufbar.

Die Herausgabe des Werkes wurde durch die Vereinsmitglieder der WBG ermöglicht.
Layout, Satz und Prepress: schreiberVIS, Seeheim
Umschlaggestaltung: Peter Lohse, Heppenheim
Umschlagabbildung: C. W. Röhrig, „Schlafendes Land"; © akg-images.com
Gedruckt auf säurefreiem und alterungsbeständigem Papier
Printed in Germany

Besuchen Sie uns im Internet: **www.wbg-wissenverbindet.de**

ISBN 978-3-534-23483-7

Die Buchhandelsausgabe erscheint beim Primus Verlag.
Umschlaggestaltung: Jutta Schneider, Frankfurt
Bild: „Ausbruch des Vesuv, vom Ponte della Maddalena aus gesehen"
(vermutlich der Vulkanausbruch von 1767),
Gemälde von Pierre-Jacques Volaire (1729–1792); © akg-Images

ISBN 978-3-89678-712-5

www.primusverlag.de

Elektronisch sind folgende Ausgaben erhältlich:
eBook (PDF): 978-3-534-71842-9 (für Mitglieder der WBG)
eBook (epub): 978-3-534-71843-6 (für Mitglieder der WBG)
eBook (PDF): 978-3-86312-606-3 (Buchhandel)
eBook (epub): 978-3-86312-607-0 (Buchhandel)

Inhaltsverzeichnis

Vorwort

Die Einsicht in die Unvermeidbarkeit und sogar Notwendigkeit von großen vernichtenden Katastrophen ist im Laufe der Geschichte der Menschheit immer stärker geworden. So sprechen heutzutage Biologen und Paläontologen von *„Wendezeiten des Lebens“*, die durch das Massenaussterben von ganzen Arten und Gattungen von Lebewesen gekennzeichnet sind. Und Astronomen und Astrophysiker sprechen von *„kosmischen Katastrophen“*, die nicht nur in ferner Vergangenheit stattgefunden haben, sondern auch heute noch durch Einschläge von großen Himmelskörpern, wie Kometen und Asteroiden, unsere Erde bedrohen. Diese Vorstellung von der Evolution als Abfolge von Katastrophen gilt auch für die Evolution des Menschen. Denn der Mensch ist ein Teil der Natur und alles, was er anrichtet, ist auch nichts anderes als eine Naturkatastrophe besonderer Art. Das Besondere daran ist, dass wir aus eigener Kraft durch unser Handeln in die Entwicklungsgeschichte des Lebens eingreifen können und es auch tatsächlich immer schon getan haben. Denn bisher hat es noch kein Lebewesen gegeben, das andere Arten völlig ausgelöscht hat und kein anderes Lebewesen hat seine Umwelt auf so grundlegende Weise verändert wie der Mensch.

Hinzu kommt noch die Tatsache, dass die heutigen Naturkatastrophen durch Sorglosigkeit und Unvernunft des Menschen in ihren Schadensfolgen verstärkt werden. Die schreckliche Steigerung der Todesraten in der jüngsten Vergangenheit und der Gegenwart, wie beim Tsunami vom 26. Dezember 2004 oder beim Erdbeben in Haiti am 12. Januar 2010, ist hauptsächlich auf das Anwachsen der Bevölkerung und des Tourismus zurückzuführen. Hinzu kommt noch die mangelhafte Bauweise in den dicht gedrängten Ansiedlungen der Menschen. Denn die meisten Menschen sind durch Erschlagen und Verschütten von den einstürzenden Gebäuden getötet worden, soweit sie nicht wie beim Tsunami in Indonesien in der auf das Land einbrechenden Seewelle ertrunken sind.

Immer deutlicher ist auch erkennbar, dass jeder technische Fortschritt auch das Risiko von Katastrophen vergrößert. Das zeigt nicht nur der historische Untergang der „Titanic" am 14. April 1912, sondern auch die modernen technischen Katastrophen wie der spektakuläre Absturz einer Concorde am 25. Juli 2000 oder die Reaktorkatastrophe von Tschernobyl vom 25. April 1986, deren Schadensfolgen bis heute noch nicht absehbar sind. Doch diese unbeabsichtigt zustande gekommenen technischen Katastrophen sind nicht die größte Gefahr für die Menschheit. Denn es gibt kein Lebewesen auf dieser Welt, das die Tötung der eigenen Artgenossen so grausam praktiziert hat wie der Mensch. In einem Gewaltakt ohnegleichen ist die biologische Art Homo sapiens aufgrund ihrer Erkenntnisleistungen in einem geologisch unbedeuteten Zeitraum von wenigen Tausend Jahren zum Beherrscher der Erde geworden, der nur einen einzigen Feind kennt: sich selbst. Das beweisen nicht nur die beiden großen Weltkriege der Vergangenheit mit ihren Millionen von Toten, sondern auch der heute weltweit verbreitete Terrorismus, der täglich seine Todesopfer fordert. So sind wir auch in der soziokulturellen Evolution den von uns selbst verursachten Katastrophen ausgeliefert, mit denen wir fertigwerden müssen.

Doch mit all den hier vorgebrachten Argumenten soll keine Weltuntergangsstimmung hervorgerufen werden, wie sie in verantwortungsloser Weise heutzutage oft verbreitet wird. Denn mit der Erkenntnis, dass es schon vor Millionen von Jahren weltweite Vernichtungskatastrophen gegeben hat, die auf unserer Erde das Aussterben ganzer Tierarten verursacht haben, ist auch die Einsicht verbunden, dass es gerade diese Katastrophen waren, die zur Entstehung neuer Lebenswelten geführt haben. So verdankt auch der Mensch seine Existenz dem Aussterben der Dinosaurier, ohne deren Untergang die Entwicklung der Säugetiere niemals hätte stattfinden können. Im Vergleich zu solchen Katastrophen sind daher jene Ereignisse, die seit jeher in der Menschheitsgeschichte unsere Erde verwüstet haben, wie Erdbeben und Vulkanausbrüche, nichts Ungewöhnliches. Das Schaudern und Entsetzen, das uns beim Anblick von Massentod und Zerstörung ergreift, muss auch hier der Einsicht weichen, dass noch jede Katastrophe der Beginn einer Erneuerung war. Das zeigt schon der zu allen Zeiten nachweisbare ungebrochene Wille zum Wiederaufbau der zerstörten Wohnstätten des Menschen. Wobei auch mit der Größe der Vernichtung und des Leides die Hilfsbereitschaft der verschont Gebliebenen steigt und sich neue Lebensräume und Entwicklungsmöglichkeiten ergeben. Das gilt auch für die selbst verschuldeten Katastrophen der Menschheit, wie Kriege, Wirtschaftszusammenbrüche und Finanzkrisen, die auf diese Weise eine neue und nicht nur negative Bedeutung bekommen. Katastrophen sind daher als die wahre Triebkraft der Evolution anzusehen, da sie durch den Untergang des Alten einen Weg für den Aufstieg des Neuen schaffen.

Zu dieser Einsicht über das Wesen von Katastrophen, die jederzeit und überall in der Natur und der menschlichen Gesellschaft stattfinden, kann man aber nicht bloß durch fachspezifische Untersuchungen, sondern nur durch deren Vergleich und Zusammenfassung ihrer Ergebnisse kommen. Dazu gehört aber auch die Berücksichtigung der historischen Entwicklung unserer Erkenntnisse, die zeigt, dass im Gegensatz zu der Ansicht, dass Katastrophentheorie und Evolutionstheorie einander ausschließende Alternativen darstellen, ihre Vereinigung zu einer neuen Sicht sowohl vom Ablauf der Evolution der Lebewesen als auch von der Entstehung der Menschheit und der Entwicklung der menschlichen Gesellschaft führen kann.

Konkreter Anlass zum Entstehen dieses Buches war eine interdisziplinäre Ringvorlesung über Naturkatastrophen im Wintersemester 2009/2010 an der Universität Wien, bei der ich den wissenschaftstheoretischen und wissenschaftshistorischen Teil übernommen hatte. Vorausgegangen sind eine langjährige Beschäftigung mit der Geschichte der Erdbebentheorien im Zusammenhang mit der bei der ESC (European Seismological Commission) eingerichteten Working Group on Historical Earthquake Data und mehrere Vorträge bei interdisziplinären Tagungen im Rahmen des Darwinjahres 2009, bei denen ich die in diesem Buch dargestellte Auffassung der Evolution als Abfolge von Katastrophen zu begründen versucht habe.

Wien im Sommer 2010 ERHARD OESER

Einleitung:

Die Wiederkehr der Katastrophentheorie

„Das Leben ist auf dieser Erde oft durch fürchterliche Ereignisse gestört worden ... Zahllose Lebewesen sind das Opfer solcher Katastrophen geworden."

Cuvier, Discours sur les révolutions de la surface du globe. 1812

Katastrophen als Triebkraft der Evolution anzusehen scheint nach der bisher üblichen Ansicht ungewöhnlich oder sogar widerspruchsvoll zu sein. Bildeten doch Evolutionstheorie und Katastrophentheorie seit ihrer Entstehung unversöhnliche Gegensätze. Die Evolutionstheorie, so wie sie Jean Lamarck (1744 – –1829) in Frankreich begründet und Charles Darwin (1809–1882) mehr als ein halbes Jahrhundert danach wieder erneuert hat, sah in der Entwicklung der Lebewesen einen langsamen sich über Jahrmillionen erstreckenden Prozess, in dem die Veränderung der Arten von Lebewesen nur in kleinen Schritten erfolgen konnte. Dagegen ging die Katastrophentheorie von plötzlich eintretenden Leben vernichtenden Naturereignissen aus, nach denen es wieder zur Entstehung einer neuen Lebenswelt gekommen ist. Als der eigentliche wissenschaftliche Begründer der Katastrophentheorie ist Georges Cuvier (1769–1832) anzusehen, der seit 1802 Professor der vergleichenden Anatomie am Jardin des Plantes in Paris war, wo er den Grundstein für eine der größten naturhistorischen Sammlungen Europas legte. Seine Untersuchungen der Fossilien im Pariser Becken ließen ihn vermuten, dass es in der Entwicklungsgeschichte der Erde abrupte Zäsuren gab, die nur durch große Katastrophen zu erklären sind. Der von ihm behauptete Nachweis, dass es keine fossilen Bindeglieder zwischen den ausgestorbenen Tierarten und den darauffolgenden Generationen von Lebewesen gegeben hat, brachte daher auch Lamarcks Vorstellung von der Veränderung der Arten durch Anpassung an die Umwelt und Vererbung der dadurch erworbenen Eigenschaften zu Fall (vgl. Oeser 1996, S. 35 u. 71).

Unterstützt wurde Cuviers Katastrophentheorie durch die Entdeckung fossiler Skelette von ausgestorbenen riesigen Meeresechsen an der Südküste Englands und von ebenso gigantischen Ungeheuern im Innern des Landes, denen der Anatom Richard Owen (1804 – 1892) den Namen *„Dinosaurier“* gab. Owen, der wegen seiner unbestrittenen Beherrschung seines Faches als der *„englische Cuvier“* galt, war jedoch nicht der Entdecker dieser Dinosaurier. Die Meeresechsen wurden von begeisterten Fossiliensammlern gefunden, wie es die Geschwister Mary und Joseph Anning waren, während die ersten Überreste der Land bewohnenden Dinosaurier von William Buckland (1784 – 1856) und Gideon Algernon Mantell (1790 – 1852) entdeckt und beschrieben wurden. Mantell musste seine Jagd nach fossilen Dinosaurierknochen neben seinem Hauptberuf als Arzt betreiben. Reverend Buckland dagegen war auch Professor für Geologie an der Universität Oxford. In dieser doppelten Eigenschaft war er bemüht, Theologie und Geologie in Übereinstimmung zu bringen. Daher war er auch ein Anhänger der Cuvier'schen Katastrophentheorie, die mit der biblischen Sintflut besser in Einklang zu bringen war als die Lamarck'sche Evolutionstheorie, umso mehr als es schon vor Cuvier eine Reihe von Geologen gegeben hat, die solche Katastrophen angenommen hatten. Die durch die fossilen Überreste nachgewiesene Auslöschung ganzer Arten von Lebewesen und ihre Ersetzung durch neue war seit jeher die Grundlage für die Einteilung der Erdgeschichte in Zeitalter und Epochen.

Wie der noch lange in der Geschichte der Geologie beibehaltene Name *„Diluvium“* zeigt, teilten die alten Geologen, die sich an der Bibel orientierten, die Geschichte unserer Erde in eine Zeit vor und nach der Sintflut ein. Das Zeitalter der Sintflut war für sie ein Katastrophenzeitalter, in dem fast alle Lebewesen mit wenigen Ausnahmen durch eine weltweite Überschwemmungskatastrophe zugrunde gingen. Buckland war in der Nachfolge dieser religiös eingestellten Geologen der letzte, der auf derartige Weise eine Verbindung zwischen Geologie und Theologie herstellen wollte. Auch Mantell, der um die Anerkennung seiner Funde durch Cuvier kämpfte, war davon überzeugt, dass der Untergang dieser vorweltlichen Ungeheuer durch eine plötzlich eintretende Katastrophe zustande gekommen sein musste. Richard Owen teilte zwar die Vorstellung von Cuvier und der Dinosaurierforscher Buckland und Mantell nicht, dass es sich bei diesen Katastrophen um sintflutartige Überschwemmungen gehandelt haben soll, aber auch er war der Meinung, dass Ereignisse wie eine Klimakatastrophe, bei der der Sauerstoffgehalt der Atmosphäre stieg und der Luftdruck sank, den kaltblütigen Dinosauriern ein Ende bereitete.

Überschwemmungen durch Meereseinbrüche, sogenannte *„Kataklysmen“*, mussten aufgrund paläontologischer Befunde auch von jenen Naturwissenschaftlern angenommen werden, die eine strenge Trennung von Wissenschaft und Religion durchführten. Denn es zeigte sich, dass nicht nur in den Niederungen der Kontinente, sondern auch auf den höchsten Gipfeln der Berge Ablagerungen von Muscheln und Meerestieren zu finden waren. Die Annahme von weltweiten oder zumindest großräumigen Katastrophen war daher unumgänglich. Während die Sintfluttheoretiker in dieser Katastrophe eine Strafe von Gottes Hand sahen, wollten Wissenschaftler wie Cuvier über die Ursachen solcher Katastrophen weder religiöse noch andere Spekulationen in die Welt setzen, sondern an Hand der fossilen Funde lediglich Tatsachen feststellen. Doch einige Astronomen aus dieser Zeit, wie Franz von Paula Gruithuisen (1774 – 1852), Wilhelm Olbers (1758 – 1840) und schon lange vor ihnen Pierre-Louis Moreau de Maupertuis (1698 – 1759) hatten bereits eine Erklärung für die Ursachen derartig großer Katastrophen parat. Denn sie wussten bereits, dass die riesigen Mondkrater durch Einschläge von Kometen und Meteoriten entstanden waren. Dass auch die Erde von solchen Einschlägen nicht geschützt sein kann, war eine logische Folgerung aus dieser Erkenntnis. Doch im Unterschied zur Mondlandschaft, die weder von Wasserflächen noch von einer Atmosphäre bedeckt ist und daher auch keine Verwitterungs- und Abtragungserscheinungen aufweist, lassen sich die Spuren der Einschläge aus der Vergangenheit der Erdgeschichte nur schwer nachweisen.

Eine Wende brachte die aktualistische Geologie von Charles Lyell (1797 – 1875), der nur die heute noch wirksamen Ursachen zulassen wollte und die großen Katastrophen Cuviers als Hexen- und Dämonenglauben verdammte, aber damit auch notgedrungen die ewige Wiederkehr des Gleichen annehmen musste. Der entscheidende Fortschritt dieser von ihm vertretenen Sichtweise von den langsam und stetig wirkenden Ursachen der Entwicklung der Erde war die Erkenntnis von den ungeheuren Zeiträumen, in denen sich die Geschichte der Erde und des Lebens auf ihr abspielt. Wie man heute weiß, haben sich diese Prozesse nicht, wie man früher glaubte, in Tausenden, sondern in Millionen und Milliarden von Jahren vollzogen. Die Entdeckung der heute so genannten *„Tiefenzeit“* durch James Hutton (1726 – 1797) und die daran anschließende zeitliche Datierung der einzelnen Entwicklungsepochen der Erde bildete die Grundlage für die Erneuerung der Evolutionstheorie durch Darwin, der wie Lyell in der Geologie auch in der Entwicklung der Lebewesen eine langsame und stetige Veränderung der

Abb. 1: Die Vertreter der Katastrophentheorie: a) Buckland, b) Mantell, c) Cuvier und d) Owen

Arten annahm und die Lücken in der Abfolge der Fossilien als Lücken unserer Erkenntnis und nicht als reale Lücken ansah. Er glaubte daher ebenso wenig wie Lamarck schon vor ihm an große weltweite Katastrophen.

Einen entscheidenden Beitrag zur Durchsetzung der Evolutionstheorie Darwins lieferte der überzeugte Anhänger Darwins Thomas Henry Huxley (1825–1895), der wegen seiner streitbaren Redegewandtheit die *„Bulldogge Darwins"* genannt wurde. Er brachte die Katastrophentheorie in Misskre-

dit, indem er nicht nur das Hauptargument gegen die Evolutionstheorie, das Fehlen fossiler Bindeglieder, durch den Hinweis auf den *„Urvogel"* Archaeopterix als einer Übergangsform zwischen Reptilien und Vögeln beseitigte, sondern weil er auch den von Owen heftig verteidigten Unterschied zwischen Affen- und Menschenhirn als eine nur gradweise Abstufung nachweisen konnte.

Während die Verwandtschaft zwischen höheren Affen und Menschen durch die von einer Reihe von Funden bewiesene Tatsache der Hominidenevolution bestätigt worden ist, weisen heutzutage immer genauere chemische Analysen der geologischen Schichten ebenso wie die durch fossile Funde belegte Tatsache des Massenaussterbens von Arten auf die unleugbare Existenz solcher weltweiten Katastrophen hin, die auch kosmische Ursachen haben könnten. Denn es häufen sich heute immer mehr Erkenntnisse über die Spuren von Einschlägen von Meteoriten und Kometen auf unserer Erde. Dadurch ist klar geworden, dass der totgesagten Katastrophentheorie wieder eine neue Berechtigung zukommt. Es war vor allem die heute kaum mehr umstrittene Hypothese über den Untergang der Dinosaurier am Ende der Kreidezeit vor mehr als 65 Millionen Jahren, die zu einer Wiederkehr der Katastrophentheorie geführt hat. Die Erklärung, dass der Untergang dieser Tiergiganten die Folge eines Einschlags eines Asteroiden war, bildete die Grundlage des sogenannten *„Neokatastrophismus"*, der die bisher durch die Vorstellungen von Lyell festgelegte geologische Forschung revolutioniert hat. Dieser Wiederkehr der Katastrophentheorie haben sich bereits auch jene Vertreter der Evolutionsforschung ange-

Abb. 2: Die Vertreter der Evolutionstheorie: a) Lamarck, b) Darwin und c) Huxley

schlossen, die sich mit dem Massenaussterben von Arten und der daran anschließenden explosionsartigen Entwicklung einer neuen Lebenswelt beschäftigt haben.

Mit diesem durch empirische Untersuchungen gestützten „*Neokatastrophismus*" stimmt auch die Umformung der darwinistischen graduellen Evolution zur Theorie der unterbrochenen Gleichgewichte (punctuated equilibria) überein, in der Katastrophen als Triebkräfte der Evolution angesehen werden können. Auf diese Weise ist auch eine bessere Vergleichsgrundlage zur soziokulturellen Evolution zustande gekommen, als es der Gradualismus bietet. Denn die Menschheitsgeschichte ist durch Krisen und zum größten Teil durch selbst gemachte Katastrophen gekennzeichnet, die im soziokulturellen Bereich extreme Beschleuniger darstellen. Gerade diese Beschleunigung des Evolutionsprozesses in der soziokulturellen Evolution des Menschen ist einer der wesentlichen Unterschiede zu dem Millionen Jahre dauernden Prozess der genetisch-organischen Evolution. Damit erscheint auch die Geschichte der Menschheit in einem neuen Licht. Sowohl ihre Entstehung in der Hominidenevolution wie auch die graue Vorzeit des Homo sapiens sind von Katastrophen gekennzeichnet. Denn wie wäre es sonst möglich gewesen, dass nicht nur alle Hominiden verschwunden sind, sondern auch von allen Arten der Gattung Homo nur unsere Art Homo sapiens übrig geblieben ist? Es lassen sich heute genug Indizien finden, die darauf hindeuten, dass sowohl die Dezimierung und schließlich endgültige Vernichtung so erfolgreicher Hominidenarten wie Australopithecus africanus als auch die Auslöschung des Homo erectus, von dem wir abstammen, auf die Folgen von gewaltigen Impaktgeschehen zurückzuführen sind. Eine noch düstere Vorstellung, die man jedoch kaum abweisen kann, wäre die Vorstellung, dass sich in dem sogenannten *„Tier-Menschen-Übergangsfeld"* ein mörderischer Kampf der gegenseitigen Vernichtung abgespielt haben könnte, aus dem schließlich nur Homo sapiens als größter Totschläger aller Zeiten hervorgegangen ist.

Mit noch größerer Sicherheit machen aber die seit mehreren Jahrtausenden zurückreichenden schriftlichen Überlieferungen von Erdbeben, Vulkanausbrüchen und verheerenden Bränden deutlich, dass nicht nur die Erdgeschichte und die Evolution der Lebewesen, sondern auch die eigentliche Geschichte der Menschheit von Katastrophen bestimmt ist. Paradoxerweise werden aber gerade die naheliegenden und somit bedrohlichsten Katastrophen vom Menschen selbst hervorgerufen, der die Natur in katastrophaler und nicht mehr rückgängig zu machender Weise zu verändern begonnen hat. Dass das Zeitalter des Menschen, das der Biologe und Philosoph Julian Huxley (1887–1975) als das *„Psychozoikum"* bezeichnet hat, zu einer Katastrophengeschichte geworden ist, die unsere Erde in wesentlich kürzerer Zeit, als alle Naturkatastrophen es bisher konnten, drastisch verändert hat, ist eine heute nicht mehr wegzuleugnende Tatsache.

1. Historische Katastrophentheorien

Cuvier ist zwar als der eigentliche wissenschaftliche Begründer der klassischen Katastrophentheorie anzusehen, er war jedoch nicht der Einzige, der solche Katastrophen angenommen hatte. Er selbst weist darauf hin, dass schon vor ihm eine Reihe von Geologen überzeugt war, dass es große weltweite Katastrophen gegeben haben muss. Über die Ursache und Wirkung solcher Katastrophen machte sich jedoch jeder seine eigenen Gedanken, sodass es zu Abweichungen und Widersprüchen unter diesen geologischen Systemen kam. Den Grund dafür sieht Cuvier darin, dass alle älteren Geologen *„Stubengelehrte“* (naturalistes de cabinet) waren, welche die Struktur der Gebirge nur wenig untersucht und nicht mit hinlänglicher Vollständigkeit die unzähligen Tierarten und die unendliche Mannigfaltigkeit ihrer Teile studiert hatten (vgl. Cuvier 1822, S. 41). Lange Zeit hat man überhaupt, sagt Cuvier, nur zwei Veränderungsepochen unserer Erde angenommen: die Schöpfung (la création) und die Sintflut (le déluge). Die ganze Anstrengung der Geologen ging nach seiner Meinung dahin, die Entwicklungsgeschichte der Erde dadurch zu erklären, dass sie sich einen gewissen Urzustand ausdachten, der durch die Sintflut verändert worden sei (vgl. Cuvier 1822, S. 31).

Sintfluttheorien: Biblische Tradition und naturwissenschaftliche Aufklärung

Der Erste von den Geologen, bei denen die Entwicklungstheorien der Erde noch nicht von der biblischen Schöpfungsgeschichte getrennt waren, war Thomas Burnet (1635 – 1715), der in seinem Werk *„Telluris theoria sacra“* (1681) noch völlig von der biblischen Schöpfungsgeschichte ausging. Er nahm einen festen Erdkern an, um den sich das Tiefenwasser (Abyssos) legte, worüber sich die völlig glatte Erdkruste bildete. Nach 1600 Jahren war die Erdrinde so ausgetrocknet, dass sie zu reißen begann und in Stücke zerbrach, die in das Tiefenwasser hinabstürzten. Dadurch entstand eine allgemeine Flut, welche die ganze Erdoberfläche bedeckte. Aber die in den Abgrund stürzenden Erdmassen rissen bei ihrem Fall eine große Menge Luft mit sich, sodass große mit Luft angefüllte Höhlen entstanden. Die Gewässer eröffneten sich allmählich Wege zu diesen Höhlen und in dem Maße, in dem sich diese anfüllten, entblößte sich die Oberfläche der Erde an den höheren Teilen von dem Wasser der allgemeinen Flut. Schließlich blieb nur in den niedrigsten Teilen der Erdoberfläche Wasser übrig. So entstanden die Weltmeere, die nichts anderes als ein Teil des alten Tiefenwassers sind. Die Inseln und Klippen sind daher nach Burnets Meinung die Bruchstücke und die Festländer sind die großen Massen der alten unregelmäßig zerbrochenen Erdrinde. Auf diesen Festländern, die den heutigen Kontinenten entsprechen, sind Unebenheiten in Form von Bergen und Tälern entstanden. Daher ist die gegenwärtige Erde ein Überbleibsel der Vernichtung durch die Sintflut, eine *„garstige Ruine"*, ein *„zerklüfteter, wirrer Haufen von Körpern"* auf einem *„schmutzigen kleinen Planeten"* (Burnet 1681, zit. nach Gould 1990, S. 57).

Während Burnet noch einen festen Erdkern annahm, bestand die Erde nach John Woodwards (1665–1722) Theorie aus einer ungeheuer großen Wasserkugel, die eine harte Rinde umgab. Die Erdkruste zerbrach und löste sich im Wasser der Sintflut auf. Die aufgelösten Teilchen der Erdkruste setzten sich in mehren Schichten ab und bildeten erneut eine feste Rinde, die wiederum zerbrach. Auf diese Weise entstanden dann die Erhöhungen und Vertiefungen der Erde. Diese Vorstellung begründete Woodward durch eigene Untersuchungen des Erdreiches in England, bei denen er feststellte, dass alle Stoffe von der Oberfläche an bis zu den tiefsten Stellen, zu denen er vorgedrungen war, als Schichten waagerecht übereinander liegen und dass in einer großen Menge dieser Schichten Muscheln und andere Meereserzeugnisse vorhanden sind. Außerdem stellte er durch einen umfangreichen Briefwechsel mit befreundeten Gelehrten fest, dass in allen anderen Ländern das Erdreich ebenso zusammengesetzt ist und man nicht nur in den Ebenen und an einigen Stellen, sondern auch auf den höchsten Bergen, in den tiefsten Steinbrüchen und an unendlich vielen anderen Stellen Muscheln findet. Doch entsprechend seiner Theorie von dem katastrophalen Zusammenbruch der Erdkruste glaubte er, dass diese Bodensätze alle zugleich nach unten gesunken sind und sich in Schichten nach der Ordnung ihrer spezifischen Schwere abgelagert haben.

Der berühmteste unter den englischen Autoren, die sich mit einer Theorie der Erdentstehung beschäftigten, war jedoch William Whiston (1667–1752), der im Jahre 1701 Nachfolger Isaac Newtons als Professor der Mathematik in Cambridge wurde. Dass er dieser Berufung durchaus würdig war, bewies er durch seine Einführungsvorträge zu Newtons Gravitationstheorie. In seiner „*Cometographia*" (1724) konnte er bereits eine mathematische Methode zur Bestimmung der Entfernung eines Kometen von der Erde angeben. Sein in jungen Jahren verfasstes Werk „*New Theory of the Earth*", das zum ersten Mal in London im Jahre 1696 erschienen ist, erregte wegen seiner fantasiereichen und ungewöhnlichen Hypothesen großes Aufsehen. Noch zu Lebzeiten des Verfassers erschienen sechs Auflagen. Newton und John Locke waren sich im Lob dieser Schrift einig. Whistons Absicht war es nicht nur zu zeigen, dass der biblische Schöpfungsbericht mit seiner neuen Theorie der Erde übereinstimmt, sondern er wollte auch die Prophezeiung von dem zukünftigen Untergang der Erde als wissenschaftlich zu rechtfertigende Prognose darstellen. Nach seiner Theorie war die Erde ursprünglich ein großer Komet mit einer sehr exzentrischen Bahn, der unbewohnbar war, weil er entsprechend seiner Entfernung von der Sonne abwechselnd einer übermäßigen Hitze und Kälte ausgesetzt war. Die Stoffe, aus denen dieser Komet bestand, bildeten der Reihe nach vor Hitze schmelzend und verglasend und dann vor Kälte vereisend ein Chaos. Durch die Hand Gottes wurde jedoch die exzentrische Bahn dieses Kometen zu einer Kreisform umgewandelt und mit einer Rotation um seine Achse versehen. Dann bildeten sich aus dem chaotischen Kometenkörper drei schalenförmige Schichten aus: ein schwerer heißer Erdkern, darüber eine Wasserschicht und schließlich die Erdrinde, auf der nun das Leben entstehen konnte. Die innere Wärme der Erde war damals jedoch viel stärker als heute. Dieser größere Wärmegrad brachte auch eine größere Menge von Tieren und Pflanzen zur Welt. Die Erde wurde dadurch tausendmal bevölkerter und tausendmal fruchtbarer als jetzt und das Leben der Menschen und der Tiere war zu dieser Zeit zehnmal länger. Doch diese Wärme, welche die Fruchtbarkeit und die Kräfte der Lebewesen vermehrte, stieg den Menschen und Tieren zu Kopf. Alle, die Fische ausgenommen, die ein kaltes Element bewohnten, empfingen die Wärme des Erdkerns und wurden infolge der aufgeheizten Leidenschaften verbrecherisch und verdienten den Tod.

Das große Massensterben kam, als entsprechend den Angaben der Bibel im Jahre 2349 v. Chr. ein ungeheurer Komet erschien, dessen wassergefüllter Schweif am Mittwoch, den 18. November, die Erde streifte und die Sintflut verursachte. Entsprechend der Newton'schen Gravitationstheorie behauptete Whiston, dass sich die Anziehungskraft des Kometen auch auf die unterirdische Wasserschicht der Erde auswirkte und auf diese Weise die Erdkruste zerbrach und die heutigen Landmassen, Gebirgsbildungen und Meere entstanden. Auch das Ende der Erde stellte sich Whiston durch die

Auswirkung eines Kometen vor. Dieser Komet aber soll dann glühend heiß sein. Bei seiner Annäherung sollen wieder schreckliche Katastrophen auftreten und die Erde soll durch die sich annähernde Gluthitze des Kometen zu brennen beginnen und schließlich in den Zustand der Verglasung und völligen Durchsichtigkeit gelangen.

Auch der Schweizer Arzt Johann Jakob Scheuchzer (1672–1733) war ein überzeugter Vertreter der Vorstellung von der allgemeinen Sintflut. Er sandte eine Abhandlung über den Ursprung der Berge an die Pariser Akademie der Wissenschaften, in der er Gott als den Verursacher der Gebirgsbildung annahm. Seine allmächtige Hand war es, die nach seiner Meinung das Wasser der Sintflut in unterirdische Behälter zurücktreten hat lassen. Daraufhin sind die horizontalen Lagen der Erdkruste zerbrochen und Berge und Täler entstanden (Scheuchzer 1709, S. 37 ff.). Scheuchzer glaubte sogar aufgrund seiner empirischen Untersuchungen einen unwiderleglichen Beweis für die reale Existenz der Sintflut erbracht zu haben, als er in den Kalkschiefern von Öningen ein großes Skelett (vgl. Abb. 3) entdeckte. Dieser Fund erregte vor allem deswegen beträchtliches Aufsehen, weil er behauptete, dass es sich dabei um das *„Beingerüst eines in der Sündflut ertrunkenen Menschen“* handelt. Später konnte jedoch Cuvier dieses Skelett als die fossilen Überreste eines Riesensalamanders (Proteus) identifizieren, als ihm gestattet wurde, *„die im Stein verborgenen Teile zu entblößen“* (Cuvier 1822, S. 102).

Alle diese Erdentstehungstheorien von Burnet, Woodward, Whiston und Scheuchzer sind in die *„Théorie de la Terre“* von Georges Louis Leclerc Buffon (1707–1788) eingegangen. Als erster Band seiner *„Histoire naturelle“*

Abb. 3: Homo diluvii testis – „Das Beingerüst eines in der Sündflut ertrunkenen Menschen“ (nach Scheuchzer, aus Mantell 1839)

Abb. 4: Zusammenstoß eines Kometen mit der Sonne (aus Buffons „Époques de la nature" 1778)

1749 erschienen und mehrmals neu bearbeitet, stellt sie den vorläufigen Höhepunkt der Versuche einer allgemeinen Theorie der Erde dar, in der Katastrophen, vor allem Einschläge von Kometen und Erdbeben, eine wesentliche Rolle spielen. Buffon kritisiert jedoch alle Theorien, die ein direktes Eingreifen Gottes in das irdische Geschehen behaupten. So sind für ihn die Theorien von Burnet, Woodward und Scheuchzer nicht mehr als gut geschriebene Romane, zur Belustigung des Lesers geeignet, aber ohne seriöses Fundament, zum Teil sogar auch lächerlich. Nur von Gottfried Wilhelm Leibniz und Nicolaus Steno spricht er mit großer Achtung und schließt auch Whiston trotz oder gerade wegen seiner fantastischen Kometentheorie in seine Anerkennung als einen seiner wissenschaftlichen Vorläufer ein. Denn er selbst verwendet in der letzten Fassung seiner Theorie der Erde die Vorstellung von dem Zusammenstoß eines Kometen mit der Sonne, um die Entstehung der Erde zu erklären.

Nach Buffons Meinung ist die Erde ursprünglich nichts anderes als eines der glühenden Stücke, die ein riesiger Komet aus der Sonne herausgeschlagen hatte. Als Hauptgrund für diese Annahme sieht er die Tatsache an, dass sich alle Planeten in derselben Richtung und fast in derselben Ebene um die Sonne drehen. Hinzu kommt noch die Übereinstimmung der Dichte der Sonnenmaterie mit der Gesamtheit der Dichte der Materie, aus der die Planeten bestehen. Nach seiner Meinung wird der Komet *„durch seinen schiefen Fall die Oberfläche der Sonne gefurcht und eine dem 650sten Teil der Gesamtmasse dieses Gestirns gleiche Stoffmenge aus dessen Körper hinausgetrieben haben ... Die größten und am wenigsten dichten Teile werden am weitesten weggetrieben worden sein, und die kleinsten und dichtesten Teile, die nur denselben Fortstoß erhalten hatten, werden sich, von der Anziehungskraft der Sonne zurückgehalten, nicht so weit entfernt haben"* (Buffon 1847, 1. Bd., S. 169). Alle diese durch den Kometen fortgerissenen Teile haben sich durch die wechselseitige Anziehungskraft der Teile ihres Stoffes zu Kugeln geformt und sind zu einem fortwährenden Kreislauf um die Sonne gezwungen worden, wobei die nächsten bei der Sonne notwendig mehr Geschwindigkeit behalten haben.

Die vielleicht wichtigste Erkenntnis Buffons war jedoch, dass er diese Zeiträume der Erdgeschichte beträchtlich erweiterte. Damit war er auch der Erste, der die noch zu Newtons Zeiten übliche auf der Bibel begründete Vorstellung vom nur wenige Jahrtausende alten Ursprung der Welt durchbrach. Buffon versuchte sogar auf experimentelle Weise Entwicklungsepochen der Erde zu unterscheiden und mit bestimmten zahlenmäßigen Zeitangaben auszustatten. Nachdem er selbst eine Reihe von Versuchen über die Abkühlung von glühenden Eisenkugeln von unterschiedlichem Gewicht angestellt hatte, und feststellen konnte, wie sich die Abkühlungszeit mit dem Gewicht der Kugel erhöht, berechnete er, dass unsere Erdkugel 35 000 Jahre nur eine Glut- und Feuermasse sein konnte, *„der sich kein empfindendes Wesen nähern konnte"* (Buffon 1847, 2. Bd., S. 235). Anschließend an diese Zeit setzten gewaltige Niederschläge aus dem dichten Dunstkreis ein, den die Glut der Erdkugel bisher um sich herum festgehalten hatte. Nach der Reinigung der Atmosphäre von den Wassermassen war dann die ganze Erdoberfläche 15 000 bis 20 000 Jahre lang mit einem allgemeinen Meer bedeckt. In dieser Zeit erfolgte auch das langsame Zurücktreten der Gewässer. Erst am Ende dieser Periode haben nach Buffons Meinung unsere Festländer ihre heutige Gestalt bekommen. Dieser Zeitraum war aber auch durch heftigste Katastrophen gekennzeichnet. Es war ein ständiger Kampf zwischen Wasser und dem Feuer, das aus zahllosen

Vulkanen hervorbrach. Von der Wut dieser beiden Elemente war die Erdoberfläche gleichermaßen zerrissen und bot nirgendwo Ruhe. Ströme von geschmolzenen Glas, Erdharz und Schwefel flossen von den vulkanischen Gebirgen in die Ebenen und vergifteten die Gewässer. Die Sonne war fast immer verdunkelt, nicht nur von den Wasserwolken, sondern auch von den dichten Massen der von den Vulkanen ausgeworfenen Aschenhaufen und Steinen. Glücklicherweise, sagt Buffon, hatten diese furchtbaren Katastrophen noch keine lebenden Zuschauer. Erst nach völligem Ablauf dieses Zeitraums kann man nach seiner Meinung das Entstehen der Landtiere annehmen, während primitive Muscheltiere sich bereits zur Zeit des allgemeinen Meeres gebildet haben. Da Buffon bereits auf die riesengroßen Mahlzähne eines *„gewaltigen Tieres, dessen Art verloren gegangen ist“* (Buffon 1847, 2. Bd., S. 239), und auf Elefantenknochen hinweisen konnte, die man in Sibirien aufgefunden hatte, war er der Meinung, dass entsprechend der langsamen Abkühlung der Erde die ersten Landtiere in den nördlichen Gegenden ihren Ursprung hatten. Zu dieser Zeit waren die südlichen Länder, wo die Abkühlung der Erde wegen der größeren Sonnenwärme langsamer vonstattenging, viel zu heiß, als dass dort Leben entstehen konnte. Erst mit der fortschreitenden Abkühlung der Erde konnte auch der heiße Gürtel der Erde von Elefanten und Nilpferden bewohnt werden, während sie in den immer kälter werdenden nördlichen Gegenden auf immer verschwanden.

Der Einbruch der Meeresfluten: Die Kataklysmentheorie Cuviers

Zu einer auf empirischer Erfahrung beruhenden Theorie wurde jedoch die Katastrophentheorie erst durch Cuvier. Bei seinen Untersuchungen der Fossilien im Pariser Becken machte er die Entdeckung, dass es in den älteren Schichten der Erdkruste Fossilien von ausgestorbenen Lebewesen gibt, die in den jüngeren Lagen nicht mehr wiederkehren und den heute lebenden nicht ähnlich sind. Die Gipsbrüche in der Umgebung von Paris waren voll von den fossilen Knochen einer besonderen Art von Dickhäutern, die mehr oder weniger Ähnlichkeit mit den heute lebenden Tapiren hatten. Cuvier nannte sie *„Paläotherien“* und sah in ihnen den ersten handfesten Beweis für eine untergegangene Welt (vgl. Abb. 5).

Hinzu kommt noch die bereits bekannte Tatsache, dass fossile Muscheln auch in *„Höhen zu finden sind, die das Niveau aller Meere übersteigen“* (Cuvier 1822, S. 7). Die logische Folgerung daraus war für ihn, dass es mindes-

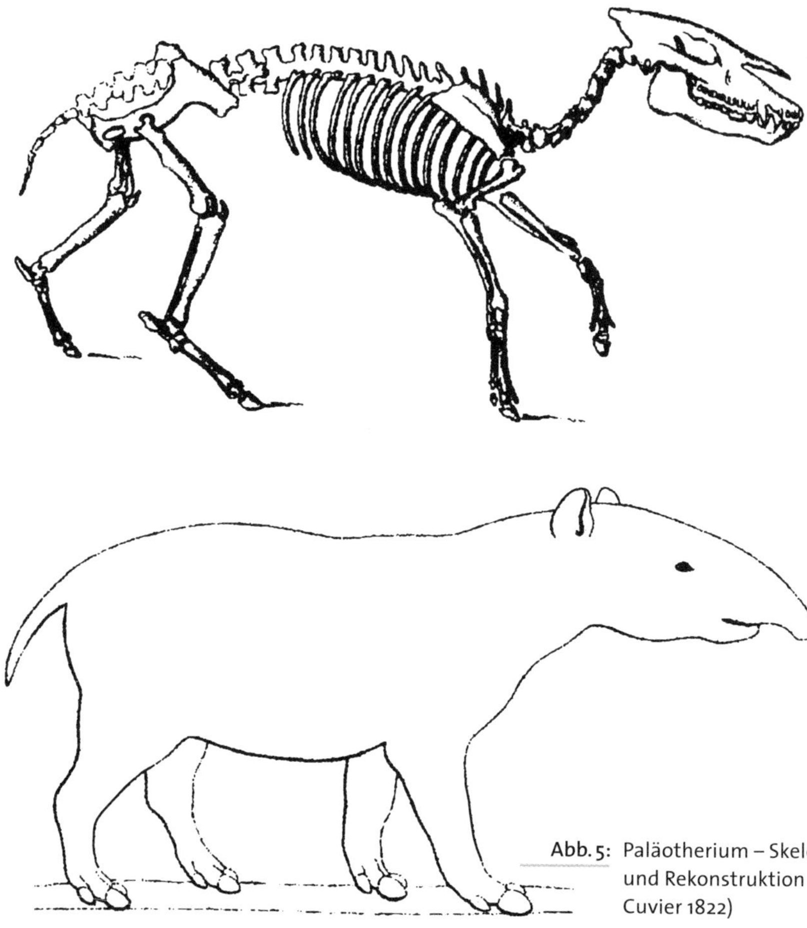

Abb. 5: Paläotherium – Skelett und Rekonstruktion (aus Cuvier 1822)

tens eine Katastrophe gegeben haben muss, in der sich der Meeresboden gehoben und dann wieder gesenkt hat. Wenn man dann mit noch mehr Sorgfalt die Reste organischer Wesen untersucht, sagt Cuvier, so macht man die weitere Entdeckung, dass sich mitten unter den ältesten Lagern mit Meerestieren auch die versteinerten Reste von Pflanzen und Tieren finden lassen, die dem Festland angehören. Und unter den jüngsten Lagern, die der Oberfläche am nächsten liegen, kann man feststellen, dass bei ihnen einige vorkommen, wo Landtiere unter Massen von Seeprodukten begraben liegen. Das aber kann nur bedeuten, dass auf unseren Planeten mehrmals gewaltige Meeresfluten die Festländer überschwemmt und sich dann wieder zurückgezogen haben: *„Das Leben ist auf dieser Erde oft durch fürchterliche Ereignisse gestört worden. Dergleichen Zustände mögen im Anfang vielleicht die ganze Erdrinde auf eine bedeutende Tiefe aufgewühlt, aber später minder tief eingegriffen haben und weniger allgemein geworden sein. Zahllose Lebewesen sind das Opfer solcher Katastrophen geworden; ein Teil wurde durch Überschwemmungen vernichtet, ein anderer mit dem Boden des plötzlich zurückgetretenen Meeres auf das Trockene gesetzt; ihre Rassen selbst sind untergegangen auf immer und ließen auf der Erde nur einige, kaum für den Naturforscher erkennbare Überreste zurück"* (Cuvier 1822, S. 14).

Es war jedoch Cuviers Verdienst, dass er als vergleichender Anatom aus diesen wenigen Überresten die Gestalt des ganzen Tieres rekonstruieren konnte. Denn nach seiner Meinung ist in jedem seiner einzelnen Teile die Form des Ganzen bereits anzutreffen. Denn es gibt für ihn kein Geschöpf der Natur, so niedrig seine Organisation auch sein mag, das nicht einen Bauplan (embranchement) aufweist. In diesem Bauplan, in welchem jedes einzelne Glied auf alle anderen bezogen ist, hat das untersuchte fossile Einzelteil eines ausgestorbenen Tieres durch seine Funktion eine bestimmte Bedeutung und einen genauen Platz (Cuvier 1822, S. 75). Für Cuvier sind daher die Begriffe *„Typus"* und *„Bauplan"* nicht nur abstrakte Allgemeinbegriffe, sondern die Gesetzmäßigkeiten der Koexistenz (lois de coexistence). Doch gerade diese Vorstellung eines fixen Bauplanes, die ihm solche Rekonstruktionen ermöglichten, ließen ihn zu einem erklärten Gegner der Evolutionstheorie werden, wie sie bereits zu seiner Zeit von Jean Lamarck aufgestellt worden war. Sein Hauptargument gegen die ersten Anhänger der Phylogenetik bot ihm deren eigenes System: *„Wenn die Arten sich nach und nach geändert hätten, so müsste man Spuren von diesen Umwandlungen finden."* Das aber bedeutet, dass man zwischen ausgestorbenen Arten und den heutigen Arten einige Zwischenformen finden müsste, wovon sich aber, wie er damals noch sagen konnte, *„bis jetzt noch nicht ein Beispiel gezeigt hat"* (Cuvier 1822, S. 90). Für ihn ist daher die Entwicklung der Lebewesen nicht wie nach der Evolutionstheorie Lamarcks als ein langsamer und stetiger Prozess mit fließenden Übergängen anzusehen, in dem sich die Grenzen aller Gestalten verwischen, sondern für ihn ist das Tierreich der Vergangenheit durch große vernichtende Katastrophen in scharf unterschiedene Epochen aufgeteilt. Daher gibt es nach Cuviers Auffassung auch in der erdgeschichtlichen Abfolge der Baupläne der Lebewesen nur den Untergang des Alten und das Entstehen des Neuen.

Er konnte zwar zunächst aufgrund seiner eigenen örtlich begrenzten Untersuchungen im Pariser Becken zunächst nur von einer großen sintflutähnlichen Katastrophe ausgehen, dann aber als er Kenntnis von den ausgestorbenen ungeheuren Säugetieren wie Mammut und Mastodon bekam, deren Überreste in Sibirien und Nordamerika gefunden worden waren, wurde ihm klar, dass es mehrere von diesen Katastrophen gegeben haben muss. Und als er schließlich von der Entdeckung der fossilen Knochen der riesigen Reptilien in England erfuhr, an deren Erkennung und Rekonstruktion er selbst maßgeblich beteiligt war, war er davon überzeugt, dass die bereits zu seinen Lebzeiten aufgefundenen Riesenreptilien Ichthyosaurus und Plesiosaurus noch vor den von ihm entdeckten Paläotherien und den anderen ausgestorbenen Tiergattungen eine erste Epoche gebildet haben: *„Gewiss ist es, dass wir uns jetzt wenigstens zwischen einer vierten Reihenfolge von Landtieren befinden und dass auf das Zeitalter der Reptilien, auf das der Paläotherien, auf das der Mammuts, Mastodonten und Megatherien, dasjenige gefolgt ist, in welchem das Menschengeschlecht, von einigen Haustieren unterstützt, friedlich die Erde bewohnt und bearbeitet"* (Cuvier 1822, 2. Bd., S. 62 f.).

Diese Abfolge von völlig voneinander getrennten Epochen von Lebewesen will Cuvier jedoch nicht in Abweichung von der biblischen Schöpfungsgeschichte als eine Aufeinanderfolge von Neuschöpfungen verstanden wissen: *„Ich behaupte nicht, dass es einer Neuschöpfung bedurft hätte, um die heute lebenden Arten hervorzubringen; ich sage nur, dass sie nicht an den Orten lebten, wo sie heute gefunden werden, sondern dass sie von woandersher kommen mussten"* (Cuvier 1830, S. 129). Cuvier war also kein Kreationist, wie so oft behauptet wird (Eldredge 1997, S. 28; Leakey / Lewin 1996, S. 58). Neuschöpfungen nahm vielmehr Alcide d'Orbigny an, der aufgrund neuer Erkenntnisse auch ihre Anzahl vergrößerte: *„Eine erste Schöpfung zeigt sich mit der silurischen Stufe. Nach ihrer gänzlichen Vernichtung durch irgendeine geologische Ursache und nach Verlauf eines beträchtlichen Zeitraumes findet eine zweite Schöpfung in der Devon-Stufe statt; darauf haben 27-mal hintereinander verschiedene Schöpfungen die ganze Erde mit ihren Pflanzen und Tieren im Anschluss an die geologischen Umwälzungen, die alles in der lebenden Natur zerstört hatten, wieder von neuem bevölkert. Das sind sichere, aber unbegreifliche Tatsachen, mit deren Feststellung wir uns genügen lassen, ohne in das sie umschließende überirdische Geheimnis einzudringen zu versuchen"* (d'Orbigny 1849, 2. Bd., S. 251; dt. Übers. von Hölder 1960, S. 477).

Vorsintflutliche Ungeheuer: Die Entdeckung der Dinosaurier

Noch zu Buffons Lebzeiten entdeckten Steinbrucharbeiter im Jahre 1770 tief im Innern des St. Petersbergs in Maastricht die Kieferknochen eines riesengroßen Tieres. Adrien Camper, der Sohn des berühmten holländischen Anatomen Pieter Camper, stellte als Erster fest, dass es sich um die Überreste einer gewaltigen Meeresechse handelt. Diese Ansicht wurde viele Jahre später durch Cuvier bestätigt, der bereits 1795 in jungen Jahren als Gehilfe am Jardin des Plantes in Paris tätig war und dort das als wertvolle Kriegsbeute von französischen Soldaten nach Paris geschaffte Skelett untersuchen konnte. Benannt wurde diese Meeresechse von dem englischen Geistlichen William Conybeare, der sie mangels anderer Vorschläge nach dem Ort ihrer Herkunft als *„Mosasaurus"* (Maasechse) bezeichnete. Nach der Länge des Schädels zu urteilen, so vermutete Conybeares Amtsbruder William Buckland, musste dieser *„ungeheure Waran der vorzeitlichen Tiefe 25 Fuß lang"* gewesen sein (Buckland 1837, vol. 1, S. 217).

Buckland, der als Professor für Mineralogie und Geologie an der Universität Oxford wirkte, sollte selbst zum Entdecker des ersten wissenschaftlich benannten und beschriebenen Dinosauriers werden. Als in dem nur wenige Meilen von Oxford entfernten Schiefer von Stonesfield mehrere große fossile Knochen gefunden wurden, ließ er sie in das Oxforder Museum bringen. Obwohl kaum einer der riesenhaften Wirbel- und Extremitätenknochen in unmittelbarer Berührung mit einem anderen aufgefunden worden war, waren er und sein Mitstreiter Conybeare in Sachen biblischer Katastrophentheorie davon überzeugt, dass es sich ebenfalls wie bei der Maasechse um eine Riesenechse aus der vorsintflutlichen Zeit handelt. Sie wurde daher auch mit der wissenschaftlichen Bezeichnung *„Megalosaurus"* benannt. Als Cuvier von der Existenz des größten der aufgefundenen Schenkelknochen erfuhr, schätzte er, dass das Ungetüm, wenn es die Proportionen einer Echse besessen hätte, über 60 Fuß lang gewesen sein musste: *„Dieses war eine Eidechse so groß wie ein Wallfisch"* (Cuvier 1822, 2. Bd., S. 15). Heute hat man erkannt, dass dieses Tier nicht der größte und schwerste der Fleisch fressenden Dinosaurier war. Und aus den Fußabdrücken, die man im Kalkgestein Südenglands entdeckt hatte, konnte man auch schließen, dass es nicht die Gestalt einer vierbeinigen Echse hatte, sondern dass es auf zwei Beinen ging (vgl. Cox et al. 1989, S. 117). Mit seiner Gesamtlänge von 9 Metern, einer Höhe von 3 Metern und einem geschätzten Lebendgewicht von 900 Kilogramm war Megalosaurus dennoch ein gewaltiges Tier, das seinen Namen durchaus verdient.

Es waren aber nicht nur Wissenschaftler, sondern auch begeisterte Amateure, die sich an der Suche nach den fossilen Überresten der vorsintflutlichen Ungeheuer beteiligten. Bereits vor Bucklands Entdeckung des Megalosaurus hatten in den Jahren 1811/12 und 1823 die beiden Geschwister Mary und Joseph Anning in den Klippen der englischen Südküste die Skelette zweier Furcht einflößender Meeresechsen von riesigen Ausmaßen freigelegt. Ihre wissenschaftliche Beschreibung und Benennung erhielten sie jedoch erst von den professionellen Geologen. Die Benennung des zuerst gefundenen Ungeheuers *„Ichthyosaurus"* stammt von dem Kustos der naturwissenschaftlichen Abteilung des Britischen Museums Charles König (1818). Doch beschrieben wurde es bereits 1814 von dem königlichen Leibarzt Sir Everard Home, der damit auch den wissenschaftlichen Ruhm als sein Entdecker einheimste. Das zweite Ungetüm, der langhalsige *„Plesiosaurus"*, wurde von William Conybeare (1824) benannt. Da von diesen beiden Sauriern vollständige Skelette gefunden wurden, konnte ihr Aussehen auch wirklichkeitsgetreu rekonstruiert werden. Für Cuvier waren diese Ungeheuer, von denen er in den späteren Auflagen seines berühmten Werkes eine anatomisch korrekte Beschreibung und Abbildung liefert (Cuvier 1822, 2. Bd., S. 11 f.), die Repräsentanten der ersten Epoche seiner durch Katastrophen getrennten Erdzeitalter (vgl. Abb. 6).

Die Entdeckung dieser ausgestorbenen Seeungeheuer war nicht nur eine wissenschaftliche Sensation, sondern regte auch die Fantasie der zeitgenössischen Schriftsteller an, die sich das Zusammentreffen dieser vorsintflutlichen Riesenechsen mit den heutigen Menschen ausmalten. Cuvier selbst gab dazu den Anlass, indem er unter den vielen Fragen, die man sich

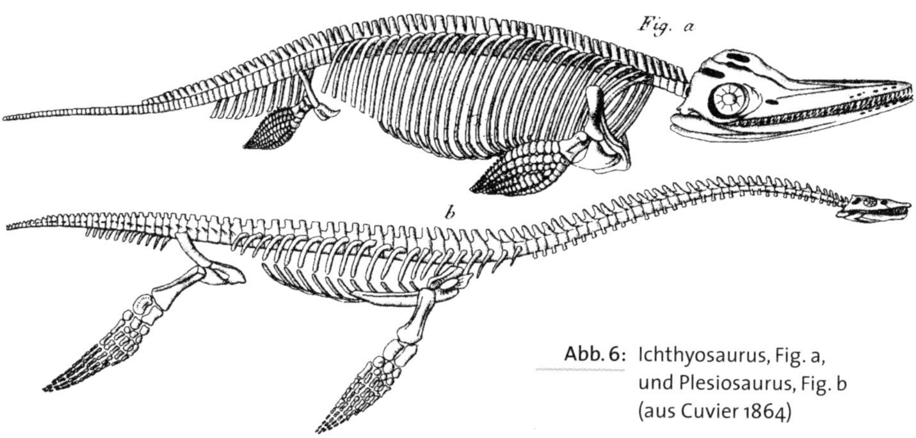

Abb. 6: Ichthyosaurus, Fig. a, und Plesiosaurus, Fig. b (aus Cuvier 1864)

nach solchen Entdeckungen in der Geologie stellen musste, besonders zwei hervorhob: *„Haben diese Tiere und Pflanzen an dem Ort gelebt, wo wir ihre Reste finden, oder sind sie von woanders hergekommen? Leben sie heutigen Tages alle noch irgendwo, oder sind sie alle oder nur zum Teil untergegangen?“* (Cuvier 1822, S. 40). Eine erste literarische Antwort gab der durch seine *„Voyages extraordinaires“* berühmte französische Schriftsteller Jules Verne. Er verlegte in seinem 1864 erschienenen Roman *„Voyage au centre de la terre“* den Zufluchtsort dieser beiden vorsintflutlichen Reptilien in ein ungeheures unterirdisches Meer, auf das die Teilnehmer einer Expedition zum Mittelpunkt der Erde gestoßen waren. Diese beiden fürchterlichen Tiere, ein riesengroßer Ichthyosaurus und ein nicht weniger schrecklicher Plesiosaurus, so berichtet einer der Teilnehmer der Expedition, *„bekämpfen einander mit unbeschreiblicher Wut. Sie regen das Wasser berghoch auf bis zu unserem Floß hin, sodass wir zwanzigmal in Gefahr kommen umzuschlagen. Man hört ein wunderhaft starkes Zischen. Die beiden Tiere verwickeln sich ineinander, sodass man sie nicht unterscheiden kann. Von der Wut des Siegers ist alles zu befürchten“* (Verne 1864, S. 160, dt. Übers. 1875, S. 182, Abb. 7). Nach stundenlangem Kampf verschwinden die beiden Ungeheuer im Schoß der Wellen und setzen ihren Kampf in der Tiefe fort. Plötzlich schießt ein ungeheurer Kopf aus dem Wasser hervor, der Kopf des Plesiosaurus. Das Ungeheuer ist tödlich verwundet. Nur sein langer Hals ragt empor, duckt sich, richtet sich wieder auf, krümmt sich, geißelt die Wogen wie eine riesige Peitsche und windet sich wie ein zerschnittener Wurm. Doch bald geht der Todeskampf des Reptils zu Ende, seine Bewegungen werden schwächer, seine krampfhaften Verdrehungen hören auf und das lange Stück der verstümmelten Schlange ragt wie eine träge Masse über den ruhigen Fluten.

Viele Jahre nach dieser fantasievollen Darstellung Jules Vernes hat ein anderer berühmter Schriftsteller einen weiteren Zufluchtsort für die ausgestorbenen Dinosaurier gefunden. Es war der durch seine Romanfigur Sherlock Holmes bekannte englische Schriftsteller Arthur Conan Doyle, der diesmal eine Expedition ins unerforschte Amazonasgebiet zu einem riesigen Plateau mitten im Urwald aufbrechen ließ, um dort die *„Vergessene Welt“* (Lost World) der Dinosaurier zu entdecken. Auch er schildert zunächst die Begegnung mit diesen vorsintflutlichen Reptilien, die sich in einem See auf diesem Plateau zurückgezogen haben: *„Überall auf seiner Oberfläche konnte man Lebenszeichen bemerken. Zuweilen tauchte der gewölbte, schieferfarbige Rücken eines schwimmenden Ungeheuers auf. Einmal sah man auf einer gelben Sandbank ein Wesen, das wie ein riesiger Schwan aussah, mit*

Abb. 7: Kampf zwischen Ichthyosaurus und Plesiosaurus (aus Jules Verne 1864)

klobigem Körper und einem langen, biegsamen Hals, das am Rande entlangwatschelte. Gleich darauf glitt es ins Wasser, und für kurze Zeit sah man den gebogenen Hals und den schnellenden Kopf sich über dem Wasser entlang winden. Dann tauchte das Tier unter und war nicht mehr zu sehen“ (verkürzt zit. nach Doyle 1973, S. 117).

Beim Erscheinen dieses Romans im Jahre 1912 waren schon von den englischen und amerikanischen Paläontologen und Geologen die fossilen Skelette einer ganzen Reihe von riesenhaften Landtieren aufgefunden worden. Doch im Unterschied zu den Meeresechsen, von denen man vollständige Skelette entdeckte, waren die fossilen Überreste der Landtiere nur bruchstückhaft vorhanden. So hatte die Rekonstruktion der wahren Gestalt eines riesigen Pflanzenfressers, von dem der Arzt Gideon Algernon Mantell 1822 zunächst nur einige Mahlzähne fand, eine lange und abwechslungsreiche Geschichte. Er erhielt den Namen *„Iguanodon“*, was so viel bedeutet wie *„Leguanzahn“*. Denn mit den Zähnen dieses noch heute lebenden Pflanzen fressenden Tieres konnte man diesen neuen Fund vergleichen – natürlich abgesehen von der kolossalen Größe dieser Zähne. Aber erst als in der Nachbarschaft der Fundstelle in Maidstone eine beachtliche Menge fossiler Knochen von diesem gigantischen Tier entdeckt wurden, war es für Mantell möglich, eine Vorstellung von seiner Größe und Gestalt zu gewinnen. Anders als der heute lebende Leguan, der auf der Suche nach Nahrung auch auf Bäume klettert, konnte kein Baum das Gewicht des kolossalen Iguanodons tragen. Er musste sich daher ausschließlich auf dem Boden des trockenen Landes oder im Wasser bewegen. Bei seinem enormen Gewicht musste er Gliedmaßen von großer Kraft haben. Aus den vorgefundenen Überresten seines Knochengerüstes ging hervor, dass seine Hinterbeine ähnlich den heute lebenden Flusspferden und Nashörnern stark, kurz und massig waren, mit Füßen, die mit Klauen ausgestattet waren. Dagegen waren die Vorderfüße wie die des Leguans lang, schlank und beweglich, mit gebogenen Klauen bewaffnet, die fähig waren, Palmen und baumartige Farne zu ergreifen. Von dem mehr als drei Fuß langen und 35 Zoll im Umfang messenden Oberschenkelknochen schloss Mantell unter Annahme, dass die Gestalt des Iguanodons einem Leguan entspricht, auf die ungeheure Gesamtlänge von mehr als 100 Fuß (Mantell 1839, Vol. 1, S. 399). Nachdem Mantell am selben Ort ein kolossales, von ihm Hylaeosaurus benanntes fossiles Reptil fand, das seinem Aussehen nach die Gestalt eines Krokodils mit der einer Echse verband, konnte er sich ein Bild von dem *„Land des Iguanodons“* machen, das der Maler John Martin in fantasievoller Weise, aber entsprechend den Angaben

Abb. 8: "The country of the Iguanodon" (aus Mantell 1839). Dieses Bild zeigt ein Land mit einer tropischen Vegetation, bewohnt von Reptilien von kolossaler Größe. Im Vordergrund ist ein Iguanodon zu sehen, das von einem Megalosaurus und einem riesigen Krokodil angefallen wird. Im Mittelfeld bereiten sich ein weiteres Iguanodon und ein Hylaeosaurus auf eine kämpferische Begegnung vor. Und ganz im Vordergrund des Bildes auf einer Klippe stehend breitet ein Pterodaktylus seine Schwingen zu einem Gleitflug aus, während unterhalb dieses Flugsauriers eine Reihe von Schildkröten am Boden herumkriecht.

von Mantell dargestellt hat. Mantell selbst hat es als Titelillustration seiner in Brighton gehaltenen Vorlesungsreihe *„The Wonders of Geology"* benützt.

Die Bezeichnung *„Dinosaurier"* (*„Schreckensechsen"*) für die drei riesigen Landbewohner Iguanodon, Megalosaurus und Hylaeosaurus stammt von dem als „englischer Cuvier" gefeierten Professor am Londoner Chirurgischen College Richard Owen. Am 2. August 1841 legte er auf dem Jahreskongress der *„British Association for the Advancement of Science"* einen *„Bericht über fossile Reptilien Englands"* vor. In diesem Bericht wies er darauf hin, dass diese drei Riesenechsen als einzige Spezies fünf fest verbundene Rückenwirbel besaßen, die mit dem Beckengürtel verschmolzen waren. Dieses Merkmal zusammen mit ihrer kolossalen Größe und der Tatsache, dass sie im Unterschied zu den Meeresreptilien Ichthyosaurus und Plesiosaurus Landbewohner waren, war für ihn *„ein hinreichender Grund zur Einführung einer besonderen Gattungsgruppe oder Unterordnung der saurischen Reptilien“*, als deren Name er *„Dinosauria“* vorschlug (Owen 1841, S. 103). Owen erkannte auch bereits, dass diese Dinosaurier nicht so schmal gebaut waren wie die Echsen, sondern vielmehr den *„großen landbewohnenden Vierfüßern der Säugetierklasse geähnelt haben müssen“* (Owen 1841, S. 110). Damit korrigierte er die von Mantell übertrieben angenommenen Ausmaße der Dinosaurier. Nach seinen Berechnungen übertrafen sie Elefanten und Nashörner nur wenig. Sie waren also so etwas wie elefantenartige Echsen, die auf langen wuchtigen Beinen einen massigen Körper trugen. Diese Vorstellung Owens von einem Dinosaurier als einer ins Monströse aufgeblasenen Echse mit dem Aussehen eines schuppigen Nashorns gewann 13 Jahre später, als er Gelegenheit zum Bau lebensgroßer Modelle seiner Schreckensechsen erhielt, konkrete Gestalt. Sie wurden von dem Bildhauer und Naturmaler Benjamin Waterhouse Hawkins in dem für die Weltausstellung von 1851 entworfenen, später an einen neuen Standort im Londoner Vorort Sydenham versetzten Kristallpalast ausgeführt (vgl. Abb. 9).

Wie stark der Eindruck dieser Dinosauriermodelle auf die Öffentlichkeit war, kann man an den Worten Charles Dickens’ ermessen, die in den Anfangspassagen seines Romans *„Bleak House“* zu lesen sind: *„Unerbittliches Novemberwetter und so viel Schlamm auf den Straßen, als hätten die Wasser sich eben erst vom Angesicht der Erde zurückgezogen. Es wäre nicht verwunderlich, wenn man jetzt einem Megalosaurus begegnete, wie er, seine guten zwölf Meter lang und einer elefantenhaften Eidechse gleich, den Holborn Hill hinaufwatschelt.“*

Doch diese eindrucksvollen Rekonstruktionen sollten sich aufgrund eines neuen Fundes in Nordamerika als völlig verfehlt herausstellen. Bei diesem neuen Fund handelte es sich um die Überreste eines großen, mit dem englischen Iguanodon verwandten Pflanzenfressers, den der amerikanische Paläontologe Joseph Leidy (1823–1891) *„Hadrosaurus“* nannte. Außer dem Rückgrat, einem Oberarmknochen sowie Speiche und Elle des Unterarms waren auch die entsprechenden Beinknochen vorhanden. Da die Knochen nebeneinander gefunden worden waren, gab es keinen Zweifel, dass sie von ein und demselben Individuum stammten. Zur großen Überraschung zeigte sich aber ein eigentümliches Missverhältnis zwischen vorderen und hinteren Gliedmaßen. Der Schenkelknochen war voll-

Abb. 9: Rekonstruktion der Dinosaurier im Kristallpalast (nach Hawkins 1851)
Die drei von Owen beschriebenen Arten Iguanodon und Hylaeosaurus aus der Kreidezeit und Megalosaurus aus dem Jura wurden von Hawkins nach Owens Angaben wie Nashörner auf allen vieren stehend abgebildet, wobei das Iguanodon ebenso wie bei Mantell auf der Nase ein Horn trägt, das in Wirklichkeit ein Daumenglied war.

ständig erhalten und maß einen Meter; das Oberarmbein hingegen war nur 58 Zentimeter lang. Leidy bekannte offen, dass er aus den Gebeinen, wären sie nicht an derselben Stelle gefunden worden, zwei verschiedene Tiere zusammengesetzt hätte: eins, von dem nur die vorderen, und eins, von dem allein die hinteren Extremitäten bekannt waren. Die Zahl der Rückenwirbel schätzte er auf rund 80; daraus schloss er auf eine Gesamtlänge des Hadrosaurus von 7,60 Metern. Da die Beckenregion des Reptils auf mindestens 1,80 Meter hohen Hinterbeinen geruht haben musste, wogegen die vorderen Gliedmaßen weniger als zwei Drittel so lang waren, konnte der Saurier mit dem Iguanodon-Modell in London keinerlei Ähnlichkeit gehabt haben. Und dennoch waren die beiden eng miteinander verwandt. So gewann Leidy den Eindruck, dass Hadrosaurus Haltung und Gang eines Kängurus hatte: *„Die starke Disproportion der Maße des vorderen und des hinteren Teiles des Skeletts des Hadrosaurus“*, schrieb er, *„lässt die Vermutung aufkommen, dass diese große, Pflanzen fressende Eidechse sich womöglich durch das Abnagen von Zweigen ernährte, wobei sie sich, kängurugleich in aufrechter Haltung, auf Schwanz und Hintergliedmaßen stützte“* (Leidy 1858, S. 217).

Die Vermutung, dass die Dinosaurier eine aufrechte Haltung auf zwei Beinen eingenommen hatten, wurde durch einen weiteren Fund in den Mergelgruben New Jerseys erhärtet. Dieser Fund gelang einem ehemaligen Studenten Leidys, Edward Drinker Cope. Dieser beschrieb in einem Brief an seinen Vater vom 15. August 1866 den Anblick, der sich ihm am Boden der Grube bot: *„Ich fand die Überreste von weit größerem Interesse, als ich geahnt hatte - es war nicht mehr und nicht weniger als ein vollkommen neuer, gigantischer, Fleisch fressender Dinosaurier von Bucklands Genus Megalosaurus, welcher Leidys Hadrosaurus samt allem anderen, was ihm unter die Klauen geriet, verschlungen und ausgelöscht hatte“* (Osborn 1931, S. 157; vgl. Demond 1981, S. 323). Von dem Skelett waren sowohl Arm- als auch Beinknochen erhalten, und der Größenunterschied war noch ausgeprägter als bei Leidys Hadrosaurus. Cope gab diesem neu entdeckten Fleischfresser mit seinen dolchartigen Zähnen und raubtierhaften Klauen, der dem englischen Megalosaurus ähnlich, aber nicht mit ihm identisch war, den Namen Laelaps aquilunguis.

Übertroffen wurde dieser auf zwei Beinen gehende Fleisch fressende Dinosaurier jedoch von dem fast 12 bis 15 Meter langen und bei aufrechtem Gang 6 Meter hohen Tyrannosaurus Rex, der im Jahre 1902 von einem Ausgrabungsteam unter Leitung von Barnum Brown seinem Grab im Hell Creek in Montana entrissen wurde. Nach Meinung des Direktors des Amerikanischen Naturhistorischen Museums, Henry Fairfield Osborn, der diesem Ungetüm den Namen gab (vgl. Osborn 1905), war es der mächtigste Land bewohnende Fleischfresser, der je die Erde beschritten hatte. Ausgestattet mit einem 1,25 Meter großen Schädel, mit einer riesigen Maulsperrweite und mit 15 Zentimeter langen Zähnen war er fähig, die Plattenpanzerung der Pflanzenfresser zu durchbrechen und riesige Fleischfetzen aus ihren Körpern herauszureißen und zu verschlingen. Ein Mitarbeiter Osborns, William Diller Matthew, verfertigte im Jahre 1906 die erste Zeichnung des Knochengerüstes des Tyrannosaurus Rex an, welche die ganze Welt in Staunen versetzte. Denn um die Ausmaße dieses acht Tonnen schweren Giganten hervorzuheben, stellte er das Skelett eines Menschen daneben, das nicht einmal bis zur Höhe des Knies von Tyrannosaurus Rex reichte (vgl. Abb. 10).

In der weiteren Folge wurden eine ganze Reihe von kleinen und großen Fleisch fressenden Dinosauriern entdeckt. Manche von ihnen erreichten fast die Ausmaße des Tyrannosaurus Rex, wie der 14 Meter lange Tarbosaurus, dessen Skelette in der Mongolei aufgefunden wurden, oder der 13 Meter

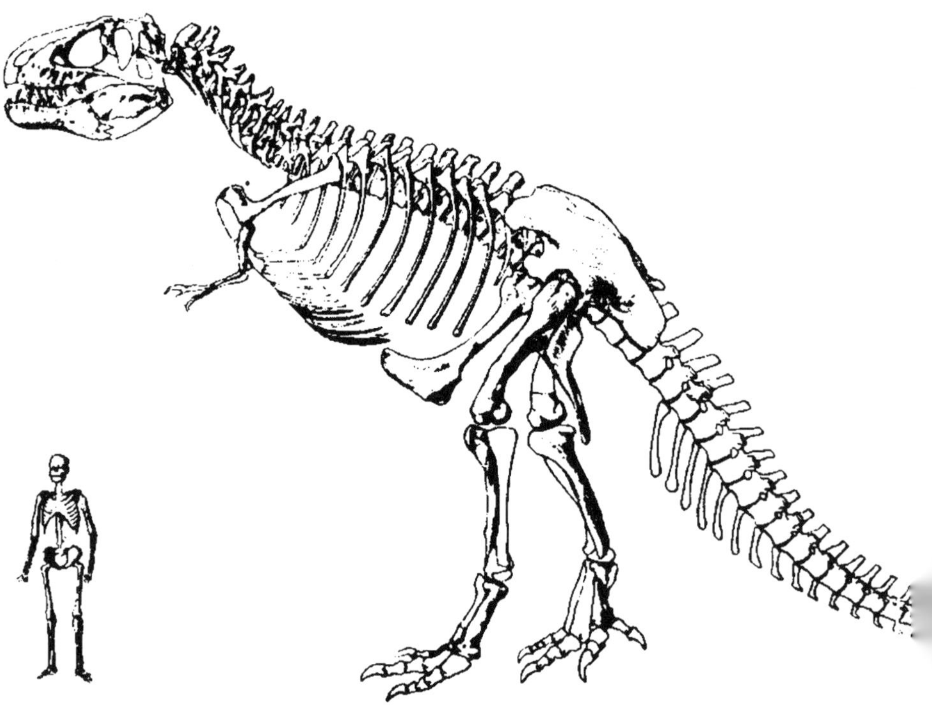

lange argentinische Giganotosaurus. Der in Ägypten bereits im Jahre 1912 entdeckte Spinosaurus soll sogar nach neuesten Untersuchungen Tyrannosaurus Rex an Größe und Gewicht übertroffen haben. Mit seinem zwei Meter hohen Rückenkamm, einer Schädellänge von 1,75 Metern und einer Länge von 17 Metern könnte er ein Gewicht von bis zu 9 Tonnen gehabt haben. Bei all diesen Funden stellte man fest, dass diese Dinosaurier auf zwei Beinen aufrecht gingen und mit kurzen Armen ausgestattet waren.

Dass auch der Pflanzenfresser Iguanodon ein Zweibeiner gewesen war, bestätigte sich durch einen Aufsehen erregenden Fund in der Kohlengrube von Bernissart in Belgien im Jahre 1878. Dort wurden nicht weniger als 31 ausgewachsene Tiere dieser Art in einer mit kreidezeitlichem Mergel gefüllten Spalte aufgefunden. Man nimmt an, dass die Iguanodonten auf der Flucht vor einem Fleisch fressenden Dinosaurier nacheinander in diese tödliche Falle hineingestürzt waren. Mit der Präparation und Beschreibung der Fossilien wurde Louis Dollo beauftragt. Da alle Individuen voll erwachsene Tiere waren und kein Junges mit seinen Eltern in der Schlucht umgekommen war, sah Dollo in dieser Ansammlung von Skeletten einen Iguanodon-Friedhof, in dem – ähnlich dem sagenhaften Elefantenfriedhof – die altersschwachen Tiere sich selber zur letzten Ruhe gebettet haben sollen. Mit diesem bedeutsamen Fund und der unermüdlichen Restaurationsarbeit Dollos war auch endgültig das Urteil über die verfehlte Rekonstruktion des Iguanodons im Kristallpalast zu London gesprochen. Damit hatte sich das Bild des Iguanodons von dem nashornähnlichen vierbeinigen Reptil zu einem haushohen Zweibeiner gewandelt, wie ihn Camille Flammarion in seinem vielgelesenen Buch *„Le Monde avant la création de l'homme“* auf dramatische Weise dargestellt hat.

Die eindeutig nachgewiesene Tatsache, dass Dinosaurier aufrecht gehende Zweifüßer waren, warf das Problem des Energiehaushaltes auf. Je höher das Gewicht eines Lebewesens ist, desto stärker muss die benötigte Kraft sein. Eine kaltblütige Echse muss den größten Teil ihres wachen Lebens bewegungslos im Liegen zubringen, da sie nicht über die zum Aufrechtstehen erforderliche Energie verfügt. Echsen müssen daher über die längste Zeit ihres Wachdaseins passiv bleiben, während die warmblütigen Säuger und Vögel fast immer stehen, gehen, sich putzen oder auf Beutefang sind. Alles deutet daher darauf hin, dass aufrechte Haltung und Fortbewegungsweise ohne gleichzeitigen raschen Stoffwechsel und gleichmäßig hohe Körpertem-

Abb. 10: Größenverhältnis zwischen Tyrannosaurus Rex und Mensch (nach Matthew 1906)

Abb. 11: Rekonstruktion des Iguanodons (aus Flammarion 1896)

peratur nicht möglich sind. Das Problem spitzte sich mit der Entdeckung des gigantischeren Brontosaurus weiter zu. Denn das war ein Fleischkoloss von 40 bis 50 Tonnen Gewicht, der einen Großteil seines wachen Daseins auf den Beinen und mit fortwährender Nahrungssuche zubringen musste. Sein Energiebedarf war zweifellos enorm. Die volle Bedeutung dieser Erkenntnis erfasste John Ostrom als Erster (Ostrom 1996, vgl. Desmond 1981, S. 326). Sie führte zu einer völligen Abkehr von dem überlieferten Bild der Dinosaurier als kaltblütige, träge Kriechtiere und an seine Stelle trat das des warmblütigen Dinosauriers.

Eine weitere Entdeckung, die noch zu Cuviers Zeiten stattfand, war der Fund von gut erhaltenen Skeletten fliegender Echsen, die Cuvier Pterodaktylen genannt hatte: *„Es sind Reptilien mit sehr kurzem Schwanz, sehr langem Hals, mit verlängerter und mit scharfen Zähnen bewaffneter Schnauze, mit hohen Füßen, deren vordere Extremität eine sehr verlängerte Zehe besaß, die wahrscheinlich eine Membrane trug, welche geeignet war, sie in der Luft fliegend zu erhalten, begleitet von vier an andern Zehen von gewöhnlicher Größe mit hackenförmigen Nägeln. Eins dieser seltsamen Tiere, deren Anblick, wenn man sie heutzutage sähe, Grausen erregen würde, konnte die Größe eines Krammetsvogels (Wacholderdrossel) haben; das andere die einer gemeinen Fledermaus; allein nach einigen Bruchstücken scheint es, dass es auch größere Arten davon gegeben habe"* (Cuvier 1822, 2. Bd., S. 16).

Abb. 12: Pterodaktylus (aus Cuvier 1864)

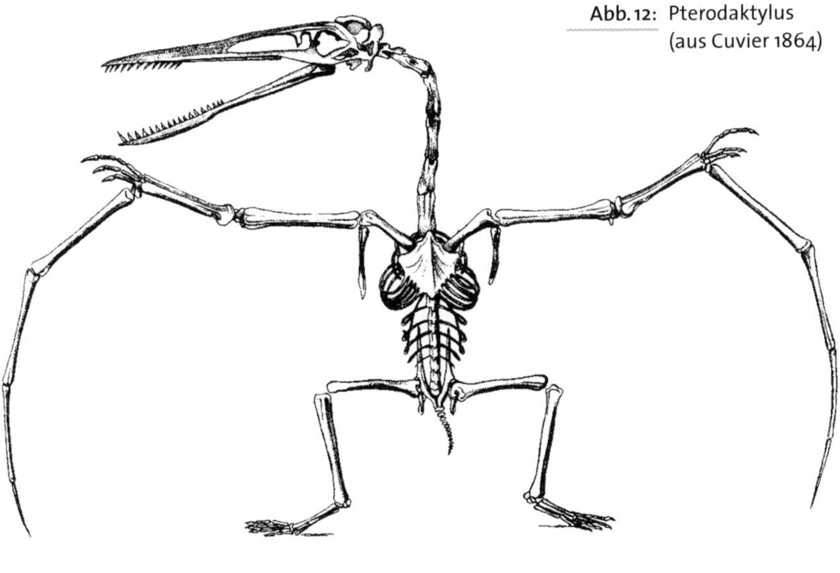

Tatsächlich stellte man später fest, dass es Flugsaurier von enormer Größe gegeben hat. Im Jahre 1845 beschrieb der Sekretär der Britischen Paläographischen Gesellschaft, James Scott Bowerbank, ein neu entdecktes Exemplar aus den Kalksteinschichten von Kent, das eine Flügelspannweite von mindestens 2,5 Metern hatte. Zwei Jahre spätere grub er einen weiteren Flugsaurier aus, der fast doppelt so groß war wie sein erster Fund. Er gab ihm den bezeichnenden Namen Pterodaktylus giganteus. Übertroffen wurden diese Funde jedoch von den Entdeckungen, die man in Amerika machte. Die Kreideformationen in Kansas erwiesen sich als ein wahrer Friedhof gewaltiger Flugsaurier, die fast nur aus Flügeln bestanden. Diese Flügel waren von einer Spitze zur anderen mehr als sieben Meter lang, während der vergleichsweise winzige Körper nicht größer als der eines Truthahns war. Der Kopf dieses riesigen Flugsauriers war noch grauenerregender als der des Pterodaktylus. Er war mit Kiefern ausgestattet, die in einen langen zahnlosen Schnabel ausliefen, der als Gegengewicht am Hinterkopf einen weit herausragenden Knochenfortsatz besaß. Dieses Furcht erregende Tier wurde von seinem Entdecker Pteranodon (*„geflügelt“* und *„zahnlos“*) genannt. Unter dem Eindruck der in den beiden Weltkriegen entwickelten Flugtechnik bezeichnete der Entdecker des Tyrannosaurus Rex, Barnum Brown, den Pteranodon als *„Sturzkampfbomber“*, der mit zusammengefalteten Flügeln durch die Luft auf seine Beute zuschoss. Doch für solche gewaltsamen Aktionen war dieser Flugsaurier mit seinen dünnen hohlen Knochen viel zu fragil. Er wäre wahrscheinlich in Stücke zerbrochen, wenn er nach einem solchen Sturzflug hätte hochziehen wollen. Nach heutiger Auffassung war Pteranodon nicht solch eine teuflische Kampfmaschine, sondern *„ein anmutiges, hochintelligentes Geschöpf, das sein Dasein damit zubrachte, friedlich über den weiten Meeren der Kreidezeit zu segeln“* (Desmond 1981, S. 280).

Aber inzwischen hatte sich schon die Fantasie der Schriftsteller der Flugsaurier bemächtigt und aus ihnen mörderische Ungeheuer gemacht. So ließ Arthur Conan Doyle in dem bereits erwähnten Roman *„The Lost World“* auf dem sagenhaften Amazonasplateau einen Nistplatz der Pterodaktylen erstehen, der an Scheußlichkeit nicht zu übertreffen ist: *„Hunderte von ihnen waren hier versammelt. Der ganze Boden um die Wasserpfützen herum wimmelte von ihren Jungen und von Müttern, die brütend auf ihren ledernen gelblichen Eiern hockten. Von dieser krabbelnden, flatternden Masse widerlicher Reptilien kam der abstoßende Lärm, und ein höllischer, ekelhaft muffiger Gestank erfüllte die Luft. Oben jedoch, jeder auf einem Stein für sich, groß, grau und runzelig, eher toten und vertrockneten Mumien* *als wirklichen Lebewesen gleichend, saßen die entsetzlichen Männchen. Sie verharrten völlig bewegungslos, abgesehen von ihren rollenden Augen und den rattenfallenartigen Schnäbeln, die nach vorbeifliegenden Libellen schnappten. Ihre gewaltigen Hautflügel hatten sie mit verschränkten Armen zusammengefaltet, sodass sie da saßen wie riesige alte Weiber, die sich in abscheuliche spinnwebartige Schals gehüllt hatten und mit ihren grausigen Köpfen daraus hervorsahen. Insgesamt beherbergte die Höhle vor uns mindestens tausend dieser schmutzigen Kreaturen. Das am nächsten sitzende Männchen stieß augenblicklich einen schrillen, pfeifenden Schrei aus, schlug mit seinen zwanzig Fuß breiten Flügeln und schwang sich hoch in die Lüfte. Die Weibchen und Jungen drängten sich neben dem Wasser dicht zusammen, während im ganzen Umkreis die Wachtposten einer nach dem anderen aufstiegen und himmelwärts segelten. Es war ein grandioser Anblick, etwa hundert dieser riesigen, hässlichen Geschöpfe gleichzeitig mit schnellem Flügelschlag wie Schwalben über uns dahinschießen zu sehen. Aber wir sollten bald erfahren, dass dies kein Schauspiel war, bei dem wir uns noch längeres Verweilen leisten konnten. Zuerst flogen die Bestien in einem riesigen Kreis herum, als wenn sie sich über das Ausmaß der Gefahr vergewissern wollten. Darauf wurde ihre Flughöhe niedriger und der Kreis enger, bis sie direkt um uns herumschwirrten. Der trockene Schlag ihrer schieferfarbenen Flügel erfüllte die Luft mit lautem Klatschen. Im gleichen Moment, als wir den Rückzug antreten wollten, schloss sich der Kreis um uns, sodass die am nächsten Fliegenden uns mit ihren Flügelspitzen fast im Gesicht streiften. Wir schlugen mit den Gewehrkolben nach ihnen, konnten aber nichts Festes oder Verwundbares treffen. Dann schoss plötzlich aus dem schwirrenden, schieferfarbenen Kreis ein langer Hals hervor, und ein scharfer Schnabel hackte nach uns. Wuchtige Stöße ins Gesicht und ins Genick ließen die entsetzten Teilnehmer der Expedition zu Boden gehen, bis endlich ein Gewehrschuss diesen Überfall beendete. Eines der Scheusale flatterte mit gebrochenem Flügel zu Boden. Mit weit aufgerissenem Schnabel und blutunterlaufenen, hervorquellenden Augen spie und gurgelte es zu uns herüber, gleich einem Teufel auf einem mittelalterlichen Bild. Seine Genossen waren bei dem plötzlichen Krach höhergestiegen und kreisten über unseren Köpfen. Wir sahen die Ungetüme noch für geraume Zeit hoch am blauen Himmel über uns kreisen, nicht größer als Tauben anzusehen*" (verkürzt zit. nach Doyle 1973, S. 96 ff.). Doyle, dem auch die Erkenntnisse über die känguruartige Zweibeinigkeit sowohl des Pflanzenfressers Iguanodon als auch der Fleisch fressenden großen Raubsaurier bekannt war, ließ es sich nicht nehmen, auch eine Begegnung mit diesen Ungeheuern auszumalen: *„Das Gebüsch auf der gegenüberliegenden Seite der Lichtung geriet in Bewegung. Ein großer, dunkler Schatten tauchte daraus hervor und hüpfte heraus in das helle Mondlicht. Ich sage bewusst ‚hüpfte', denn das Ungeheuer bewegte sich wie ein Känguru und sprang aufrecht auf seinen mächtigen Hinterbeinen vorwärts; die Vorderpfoten hielt es angewinkelt vor der Brust. Es sah größer aus als ein aufgerichteter Elefant. Aber trotz seiner ungeheuren Massigkeit waren seine Bewegungen außerordentlich behende. Als ich seine Gestalt erblickte, hoffte ich für einen Augenblick, es handelte sich um ein Iguanodon, das ich als harmlos kannte. Aber das war nicht der sanfte, rehartige Kopf des großen, dreizehigen Blattfressers, sondern ein breites, gedrungenes, krötenartiges Gesicht. Sein grausiger Schrei und die unbändige Energie seiner Verfolgung gaben mir vollends die Gewissheit, dass dies ganz sicher einer der großen Fleisch fressenden Dinosaurier war, eine der schrecklichsten Bestien, die je auf Erden wandelten"* (verkürzt zit. nach Doyle 1973, S. 118 f.).

Die Welt der Dinosaurier wurde im Lauf der Zeit durch weitere Entdeckungen bereichert. Bisher wurden ungefähr 300 Dinosauriergattungen beschrieben. Sie lebten zwar nicht alle zur gleichen Zeit, aber 65 Prozent gehörten der Kreidezeit an. Außerdem hat bereits Cuvier auch erfahren, dass sich mitten unter diesen fliegenden Reptilien, diesem ungeheuren Megalosaurus, diesem monströsen Plesiosaurus, zuerst einige kleine Säugetiere gezeigt hatten. Für ihn war es gewiss, dass sich keine Art von diesen kleinen Säugern, die zum Großteil nur Insektenfresser waren, in dieser Welt der Tiergiganten hätte weiterentwickeln können, wenn es nicht eine große Katastrophe gegeben hätte, welche die Welt von diesen Ungeheuern befreit hat.

Auch die Entdecker der Dinosaurier waren wie Cuvier Katastrophentheoretiker und Gegner der damals schon von Lamarck vertretenen Evolutionstheorie. So erkannte bereits Richard Owen, der den Dinosauriern ihren Namen gab, als Paläontologe neben dem von Cuvier kritisierten Fehlen der Bindeglieder einen weiteren schwachen Punkt in der Beweiskette Lamarcks. Wenn die gegenwärtigen Tierspezies durch die fortschreitende Entwicklung älterer Arten entstanden waren, dann *„müsste nunmehr jede Klasse ihre typischen Formen in einer Verfassung präsentieren, die ihren organischen Aufbau in seiner höchsten Ausbildung zeigt"*. Doch ein Blick auf die fossilen Urkunden bewies das Gegenteil. Im Vergleich zu der Großartigkeit der Dinosaurier sind die Echsen und Krokodile der Jetztzeit niedere Geschöpfe. Auf der Entwicklungsleiter stehen sie tiefer, in der Zeitenfolge kamen sie aber sehr viel später. Das war mit der von Lamarck geforderten ansteigenden Komplexität der Arten nicht zu erklären. Dieses Beweismaterial lässt daher nach Owens Meinung *„keinen anderen Schluss zu als den, dass die verschiedenen Arten der Reptilien unvermittelt auf den Erdboden gesetzt wurden"* (Owen 1841, S. 202). Dass Gott das Erdmittelalter gewählt hatte, um die Welt mit hoch organisierten Reptilien aller Arten zu bevölkern, lag nach seiner Auffassung in der dichten und sauerstoffarmen Atmosphäre begründet, die zu dieser Zeit vorherrschend war, aber für die kaltblütigen Reptilien, die nur geringerer Mengen des Energie spendenden Sauerstoffs als die Säugetiere bedurften, völlig ausreichte. Denn sie nahmen ihre Energie von der Sonne auf, um ihre Körpertemperatur vor der Aktivität zu steigern. Außerdem dürfte nach Owens Meinung die sauerstoffarme Atmosphäre dicht genug gewesen sein, um den Flugechsen wie Pterodaktylus den Gleitflug zu ermöglichen. Erst als der Sauerstoffgehalt der Atmosphäre stieg und der Luftdruck sank, wurde die Erde unbewohnbar für die Dinosaurier, die am Ende der Kreidezeit in Massen verendeten.

Owens wissenschaftlicher Konkurrent Mantell hatte jedoch ebenso wie Cuvier eine andere Vorstellung von jenen großen Katastrophen, die derartige Massenausterben von Arten verursachten. Nach Mantells Auffassung war damals *„die Atmosphäre nicht wesentlich verschieden von der tertiären und den modernen Perioden"* (Mantell 1839, vol. 2, S. 500). Alle Umstände, unter denen die Überreste der Dinosaurier gefunden wurden, weisen vielmehr darauf hin, dass nach einer teilweisen Senkung das Land von einer Überschwemmung überflutet worden ist. Diese Senkung ereignete sich so plötzlich, dass viele von den Bäumen obwohl zerrissen und verdreht in aufrechter Position verblieben sind. Solche Überschwemmungen ereigneten sich mehrmals, bei denen die Bewohner dieses Landes weggeschwemmt und in großer Tiefe begraben wurden. Dann aber ereigneten sich auch langsame Hebungen, durch die das Land des ausgestorbenen Iguanodons wieder aus dem Wasser auftauchte (Mantell 1839, vol. 1, S. 406 ff.).

2. Evolution in kleinen Schritten und großen Sprüngen

Die alten Katastrophentheoretiker, vor allem diejenigen, welche ihre Vorstellungen mit den zeitlichen Angaben der Bibel in Übereinstimmung zu bringen versuchten, aber auch jene, die sich wie Buffon und Cuvier davon befreiten, machten einen verhängnisvollen Fehler: Sie nahmen viel zu kurze Zeiträume an, in denen sich die erdgeschichtlichen Entwicklungen abgespielt haben sollten. Mit der Annahme, dass sich diese Prozesse nicht in Hunderten oder Tausenden, sondern in Millionen von Jahren vollzogen haben, wurden auch die Vorgänge, die man als plötzlich auftretende Katastrophen ansah, fragwürdig. Grundlage für diese neue Einsicht war die verbesserte Erkenntnis von der zeitlichen Abfolge der Gesteinsschichten. Als Charles Lyell im Jahre 1832 am King's College seine geologischen Vorlesungen begann, war das Verfahren, durch Heranziehung von Fossilien zu einer Klassifikation der Gesteinsschichten zu kommen, bereits seit Langem anerkannt. Er aber benützte diese paläontologische Betrachtungsweise zur eigentlichen Begründung seiner Lehre von der immerwährenden Gleichartigkeit der Naturvorgänge, die sich in unermesslichen Zeiträumen abspielen.

Die Entdeckung der Tiefenzeit: James Hutton

So schwer es nach der kopernikanischen Revolution für die menschliche Anschauung war, die ungeheure Ausdehnung des Weltraumes zu begreifen, so fiel es ihr noch schwerer, die riesenhafte Ausdehnung der Zeit zu verstehen, in der sich die Entwicklung unserer Erde abgespielt hat. Während uns bereits ein Blick in den nächtlichen Himmel eine Ahnung von den ungeheuren Entfernungen im Weltraum gibt, liegen die Dimensionen der Zeiträume, wie sie heute die Geologie für die Erdgeschichte annimmt, so außerhalb unserer normalen Erfahrungswelt, dass sie für den Alltagsverstand immer unfassbar bleiben werden. Um diese ungeheuren Zeiträume verständlich zu machen, musste man seit jeher auf Metaphern und Analogien zurückgreifen. Eine besonders anschauliche Analogie hat der amerikanische Schriftsteller Mark Twain erfunden. Er vergleicht das Alter der Erde mit der Höhe des Eiffelturmes und gibt an, dass dann dem Alter der Menschheit die dünne Lackschicht auf der obersten Turmspitze entspräche (vgl. Gould 1992, S. 14). Diese Vorstellung bedeutet aber eine fast ebenso schmerzliche Kränkung für das menschliche Selbstbewusstsein wie der Verlust der zentralen Stellung im Kosmos. Denn die Annahme von einer schier unbegreiflichen Unermesslichkeit der Zeiträume, in denen sich das menschliche Erdendasein letzten Endes nur auf einen verschwindend kleinen Teil beschränkt, ist ebenso bedrückend wie die Vorstellung, in die Unendlichkeit des Weltraums geworfen zu sein.

Der Entdecker der heute sogenannten *„Tiefenzeit“*, James Hutton (1726–1797), gewann seine Überzeugung von den unendlichen Zeiträumen, in denen sich die Entwicklung der Erde abgespielt hat, durch die Entdeckung der in der Schichtenstruktur der Erdkruste auftretenden *„Diskordanzen“* (Gould 1992, S. 94). Eine solche Diskordanz weist auf eine zeitliche Kluft zwischen zwei Abschnitten der Gesteinsbildung hin, die für Hutton dadurch erkennbar war, dass die ebenen horizontal abgelagerten Schichten durch vertikale Schichten durchbrochen sind (Hutton 1795, Bd. 1, Kap. 6; vgl. Abb. 13).

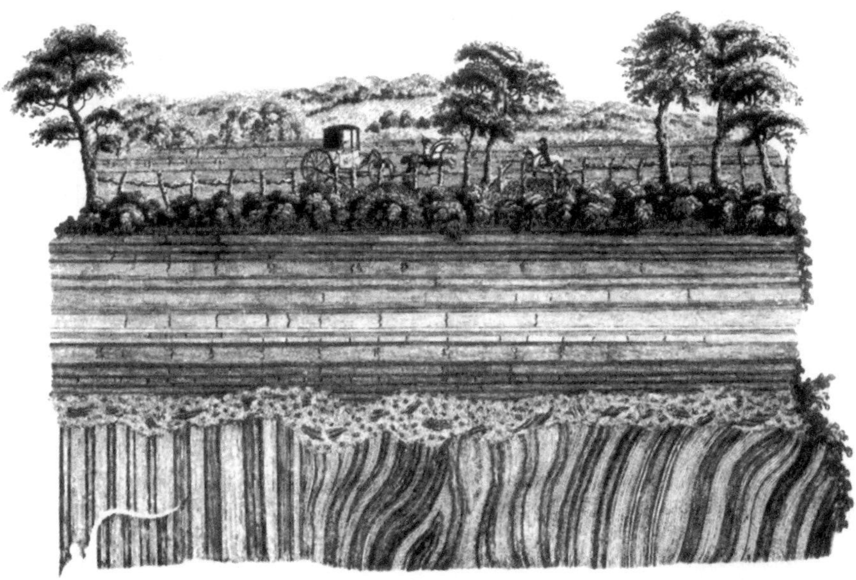

Abb. 13: Darstellung der horizontalen und vertikalen Schichtenstruktur im schottischen Jedburgh (aus Hutton 1795)

Die Konsequenz daraus war die Einsicht, dass es endlose zeitliche Zyklen gegeben haben muss, in denen zuerst die Flüsse das Gestein der Festländer aufgelöst und in die Weltmeere geschwemmt haben, wo sich dieses aufgelöste Material als horizontale Schichten abgelagert hat. Die übereinanderliegenden Schichten haben sich dann nach Huttons Auffassung durch den dadurch erzeugten Druck in den unteren Bereichen erhitzt. Die Hitze der schmelzenden Gesteinsablagerungen und des aus dem Erdinnern eindringenden Magmas führt dann dazu, dass sich diese erhitzte Materie *„mit erstaunlicher Gewalt"* (Hutton 1788, S. 266) ausdehnt und umfangreiche Erhebungen hervorbringt, die dann zerbrochen und senkrecht wieder abgefallen sind. Die Vorstellung von dem riesigen Abgrund der Zeit, in dem sich diese Zyklen immer wieder abspielen, hat aber niemand besser ausgedrückt als Huttons begeisterter Anhänger John Playfair (1748–1819), wenn er schreibt: *„Auf uns, die wir diese Erscheinungen zum ersten Male sahen, machten sie einen unvergesslichen Eindruck ... Uns schwindelte beim Blick in den Abyssus der Zeit"* (Playfair 1802; zit. nach Gould 1992, S. 94).

Hutton selbst konnte jedoch keine konkreten Zahlen über das Ausmaß dieser gewaltigen Zeiträume angeben. Für ihn waren sie im wahrsten Sinn des Wortes unermesslich: *„Die Zeit, die in unserer Vorstellung jedes Ding bemisst und für unsere Pläne oft nicht ausreicht, ist für die Natur endlos und wie nichts"* (Hutton 1788, S. 215; zit. nach Gould 1992, S. 99). Und genauso klingt auch das viel zitierte Ende seiner berühmten Abhandlung: *„Das Ergebnis der vorliegenden Untersuchung ist daher, dass wir keine Spur eines Anfangs, kein Anzeichen eines Endes finden"* (Hutton 1788, S. 304; zit. nach Gould 1992, S. 99). Wie Playfair ausführt, ähnelt das geologischen System Huttons in vielerlei Hinsicht dem System der Himmelsmechanik Newtons: *„In beiden ist Vorsorge für eine unbegrenzte Dauer getroffen, und das Vergehen der Zeit hat nicht zur Folge, eine Maschine, die mit so viel Weisheit konstruiert ward, zu verschleißen oder zu zerstören. Wo die Bewegungen alle so vollkommen sind, müssen ihr Anfang wie ihr Ende gleichermaßen unsichtbar sein"* (Playfair 1802, S. 440). Die Tiefenzeit wird damit aus dem Wirken einer sich ständig selbst erneuernden Weltmaschine erklärt, die keine Begrenzung kennt und keine Geschichte hat: *„In ihr ist keine Spur des Werdens oder Vergehens eingesenkt, kein Zeichen, aus welchem wir ihre Zukunft oder bisherige Dauer ersehen können"* (Playfair 1802, S. 119). Daher waren auch die Fossilien, die in den klassischen Katastrophentheorien zur Einteilung der Erdgeschichte in unterschiedliche Zeitabschnitte dienten, in Huttons Theorie der Erde keine Anzeichen für eine unterscheidbare Veränderung in der Zeit. Denn diese fossilen Überreste von Tieren unterscheiden sich nach seiner damaligen Kenntnis nicht von den heute lebenden Tieren. So ergibt sich das Paradoxon, dass der Entdecker der Tiefenzeit mit seiner Vorstellung von einer zyklischen Zeit die Geschichtlichkeit und jede Art von bleibender Veränderung und Einmaligkeit geleugnet hat (vgl. Gould 1992, S.120 ff.). Wie in der Newton'schen universalen Mechanik, in der es die Zeitumkehr aller Bewegungen gibt, gibt es auch im geologischen System Huttons die ewige Wiederkehr des Gleichen. Und wie es in der Entwicklung der Physik erst die Thermodynamik war, die dem Zeitpfeil einen Widerhaken gab, weil die Vermischung zweier Wärmezustände nicht mehr rückgängig gemacht werden kann, so war es erst die Evolutionstheorie, die der Entwicklung der Erde und des Lebens auf ihr eine zeitliche Richtung gab.

Die ewige Wiederkehr des Gleichen: Charles Lyell

Auch Lyell beginnt seine *„Principles of Geology"* mit einer Reflexion auf die unfassbar langen Zeiträume der Erdgeschichte: *„Solche Ansichten von der Unermesslichkeit der vergangenen Zeit, ebenso wie jene Ansichten, welche die Newton'sche Philosophie in Bezug auf den Raum entfaltet hatte, waren allzu groß, als dass sie eine Empfindung der Erhabenheit ohne das schmerzliche Gefühl unseres Unvermögens geweckt hätten, den Plan einer solchen unbegrenzten Ausdehnung zu erfassen. Man sieht Welten hinter Welten, voneinander unmessbar weit entfernt, und dahinter wiederum unzählige andere Systeme, schwach sich abzeichnend an den Rändern des sichtbaren Universums"* (Lyell 1830, S. 63). Trotz dieser Vorstellung einer unermesslich langen Vergangenheit war aber Lyell davon überzeugt, dass die Ursachen, die das Aussehen der Erde bestimmen, keine anderen sind als die heutigen. Zwar hatten schon Hutton und Playfair einen aktualistischen Standpunkt vertreten, der die ständige Wirksamkeit der noch heute tätigen Ursachen behauptete, doch blieb diese Auffassung noch weitgehend unbestimmt und offen. Nachdem aber Cuvier seine Katastrophentheorie formuliert hatte, mit der er die aktualistische Auffassung verurteilte, kann man Lyells scharfe, dogmatische Darstellung des Aktualismus als eine Gegenreaktion betrachten. Lyell war nämlich so sehr von dem Gedanken der Gleichförmigkeit (uniformity) der Entwicklung der Erde bestimmt, dass er sich keinerlei bedeutende Veränderungen in der Natur vorstellen konnte. Der Untertitel seines Werkes zeigt programmatisch den Gegensatz zu Cuviers Auffassung: *„An Attempt to Explain the Former Changes of the Earth's Surface by Reference to Causes now in Operation."* Nicht Cuviers *„Révolu-*

tions de la surface", sondern die stetig und fast unmerklich wirkende Kraft der *„Erosion"*, der *„Ausnagung"* der Gesteine durch Wind und Wetter, bestimmen das Aussehen der Erde. Es sind die fortwährend tätigen Ursachen (actual causes), die in unendlich kleinen Übergängen über Jahrtausende und Jahrmillionen hinweg Veränderungen hervorbringen und auch heute noch in demselben Maße wirken. Nicht nur die Erosion der Gesteine durch Wind und Wetter, die Abtragung und Aufschüttung von Erhebungen der Erdkruste durch die Gewässer, sondern auch die von Lyell nicht bestrittenen Vulkaneruptionen und Erdbeben sind, wie er meint, Vorgänge, die sich über Jahrtausende hinweg erstrecken und nur die andere Seite eines gleichförmigen Prozesses darstellen: Die *„wässrigen Agentien"* sind unaufhörlich damit beschäftigt, die Unebenheiten des Niveaus zu reduzieren, wogegen die feurigen im gleichen Maße tätig sind, diese Unebenheiten wiederherzustellen.

Während Hutton und Playfair noch die Vorstellung von zyklisch eintretenden gewaltsamen Hebungen vertraten, lehnt jedoch Lyell das Prinzip der gewaltsamen Akte in der Natur in jeder Form ab. Ebenso unannehmbar war für ihn die Vorstellung von einem feurigflüssigen Erdkern, die nach seiner Meinung kein sinnvoller Gegenstand der Geologie ist. Lyell meinte zwar ähnlich wie Hutton und Playfair, dass man in der Geologie auf Spekulationen über den Anfang der Erde überhaupt verzichten müsste, ebenso wie auch die Astronomen mit ihren Fernrohren nicht die Grenze des beobachtbaren Raumes erreichen können. Aber im Gegensatz zu Hutton, der von einem feurigflüssigen Erdkern ausging, sind für ihn bei den Vorgängen im Erdinneren auch nur die heute bekannten mechanischen Ursachen heranzuziehen. Langsame Hebungen und Senkungen, die überall heute noch nachweisbar und auf mechanische Erhitzung und nachfolgende Abkühlung zurückzuführen sind, bilden nach Lyells Ansicht die Grundlage aller erdgeschichtlichen Veränderungen, die nie irreversibel sind, sondern ständig wiederkehren können. So glaubte er, dem bereits die Entdeckung der fossilen Dinosaurier bekannt war, dass bei entsprechender Erwärmung auch die alten Steinkohlewälder wieder zurückkehren könnten. Und in einem fantasiereichen Bild behauptete er sogar die Möglichkeit des Wiederauftretens der damaligen Tierwelt: *„Dann würden jene Tiergeschlechter wiederkehren, von denen die Erinnerung in den ältern Felsarten unseres Festlandes geblieben ist. Das ungeheure Iguanodon würde in den Gehölzen wiedererscheinen und der Ichthyosaurus in dem Meere, wogegen der Pterodaktylus wieder durch die schattigen Wälder von Baumfarnen fliegen würde"* (Lyell 1834, vol. I, S. 183; dt. 1833, Bd. 1, S. 108).

Abb. 14: Fantasielandschaft mit Iguanodon und Pterodaktylus (nach Flammarion 1896)

Aus diesen mit der zyklischen Weltauffassung Huttons vollkommen übereinstimmenden Worten, die jedoch in den späteren Auflagen der *„Principles of Geology"* nicht mehr aufscheinen, geht hervor, dass Lyell zunächst noch nicht erkannt hat, dass die Auffassung von den langsam und ständig wirkenden Ursachen der Veränderungen der Erdoberfläche auch die Erneuerung der Evolutionstheorie bedeutet. Denn es war auch die Auffassung Lamarcks, der, analog dem alten Grundsatz, *„dass die Natur nichts Plötzliches macht"*, der Meinung war, dass die erdgeschichtliche Entwicklung langsam und in allmählichen Übergängen vor sich geht. Und deshalb sah auch er Cuviers Katastrophentheorie als vollkommen unnötig und sogar als falsch an. Daher erhebt sich die Frage, warum Lyell nicht ebenfalls aus seiner geologischen Theorie der aktuellen Ursachen die weitere Konsequenz einer allmählichen Umwandlung der Arten zog, sondern sich erst nach Erscheinen von Darwins *„Entstehung der Arten“* öffentlich zur biologischen Evolutionstheorie bekannt hat. Wie Lyell von sich selbst sagt, war er bei der Abfassung seiner *„Geologie“* noch nicht imstande, vollständig die tiefe Überzeugung von der langsamen Art, in welcher geologische Veränderungen vor sich gehen, nach ihrem ganzen Wert zu würdigen. Nach dem Erscheinen von Darwins *„Entstehung der Arten“* war er jedoch einer der ersten Geologen, welche die Evolutionstheorie anerkannten, wozu er durch seine eigenen Ansichten mit geradezu logischer Notwendigkeit gezwungen war, wie eine Bemerkung seines Gegners Adam Sedgwich (1785 – 1873) deutlich zeigt: *„Lyell hat die ganze Theorie gierig aufgenommen, worüber ich nicht überrascht bin, denn ohne sie wären die Grundlagen der Geologie, so wie er sie darlegt, unlogisch“* (zit. nach Mason 1961, S. 485).

Evolution in kleinen Schritten: Der Gradualismus Darwins

Der Gedanke, dass es unter den Lebewesen eine Umwandlung und Evolution der Arten geben müsse, ergab sich für Darwin konsequent aus der Weiterführung von Lyells Methode und deren Übertragung und Anwendung auf die Biologie. So schreibt er in seiner Autobiografie: *„Nach meiner Rückkehr nach England kam mir der Gedanke, dass durch Befolgung des von Lyell für die Geologie gegebenen Beispiels und durch Sammeln von Tatsachen, die in irgendeiner Weise sich auf das Abändern der Tiere und Pflanzen im Zustand der Domestikation und im Naturzustand beziehen, vielleicht etwas Licht auf das ganze Problem geworfen werden könnte“* (Darwin 1982, S. 92). Ebenso wie Lyell war auch Darwin der Überzeugung, dass für die Erklärung vergangener Ereignisse keine Ursachen heranzuziehen seien, die sich von denjenigen, die jederzeit empirisch feststellbar sind, unterscheiden. Dass die Evolution sich in kleinen Schritten und über lange Zeiträume abspielt, hat Darwin in ähnlicher Weise wie Lamarck begründet, indem er ebenfalls auf das alte lateinische Sprichwort hingewiesen hat, dass die Natur keine Sprünge macht: *„Da die natürliche Zuchtwahl nur durch Häufung kleiner aufeinanderfolgender günstiger Abänderungen wirkt, so kann sie keine großen oder plötzlichen Umgestaltungen bewirken. Sie kann nur mit sehr langsamen und kurzen Schritten vorgehen. Daher auch der Kanon ‚Natura non facit saltum‘, welcher sich mit jeder neuen Erweiterung unse-*

rer Kenntnisse mehr bestätigt, aus dieser Theorie einfach begreiflich wird" (Darwin 1876, S. 557 f.).

Den ursprünglichen Ausgangspunkt für Darwins Auffassung von der langsamen Veränderung der Arten bildeten ganz bestimmte konkrete Einzelbeobachtungen, die Darwin während einer Forschungsreise an Bord des Schiffes *„Beagle"* machte. Ein großer und bedeutender Teil dieser Untersuchungen war geologischer Art (vgl. Oeser 2003, S. 64 ff.) und bezog sich auf den Gesamtrahmen der Lyell'schen Theorie, deren begeisterter Anhänger Darwin schon immer gewesen war. Während dieser sich über mehrere Jahre erstreckenden Untersuchungen stand es für Darwin jedoch keineswegs von vornherein fest, dass es so etwas wie eine Veränderung der Arten gebe. Als Anhänger Lyells war auch er am Beginn seiner Untersuchungen eher der Meinung, dass die Arten unveränderlich seien und sich auch nicht im Sinne Lamarcks *„höher entwickelt"* hätten. Je weiter aber Darwin an der Küste des südamerikanischen Festlands nach Süden vordrang, umso deutlicher konnte er feststellen, dass nahe verwandte Tiere einander ablösten, bis er schließlich auf den Galápagos-Inseln beobachtete, dass die einzelnen Arten der Tier- und Pflanzenwelt sogar von Insel zu Insel geringfügig variierten. Es war der Zwang dieser Tatsachen zusammen mit der strikten Übernahme des Lyell'schen Grundsatzes von den aktualen, heute wie immer schon gleich wirkenden Ursachen, die ihn zur Annahme einer Veränderung der Arten führten. Wie nach Lyell vor allem die stetig wirkenden Kräfte von Wind und Wellen das Aussehen der Erde verändern, so sind es nach Darwin die ständig wechselnden physischen Lebensbedingungen sowie die Beziehungen der organischen Lebewesen zueinander, welche die Veränderung der Arten zur Folge haben.

Als Ausgangspunkt der Evolutionstheorie Darwins wird zwar zumeist jene von dem englischen Nationalökonomen Thomas Robert Malthus in seinem *„Essay on the Principle of Population"* (1798) vertretene Idee von dem Konkurrenzkampf aller Lebewesen angesehen. Tatsächlich aber hat Darwin selbst sehr genau zwischen der Evolution als empirisch feststellbarer Tatsache und der Evolutionstheorie als einer Erklärung der Ursachen und des *„Mechanismus"* der Evolution unterschieden, wobei das Hauptgewicht für ihn auf der Feststellung der Tatsache der Evolution lag. Der *„Kampf ums Leben"* war für Darwin selbst nur eine nachträgliche Erklärung, die als solche die Kenntnis empirischer Tatsachen voraussetzt. Darwin betrachtet daher den Kampf ums Dasein von vornherein nur als eine brauchbare Arbeitshypothese, auf die er erst nachträglich und rein zufällig gestoßen war (vgl. Darwin 1876, Bd. XIV, S. 74). Dass aber Darwin keineswegs von vornherein durch Übertragung soziologischer Vorstellungen auf die Biologie zur Annahme des Selektionsprinzips kam, vielmehr diese Idee deswegen von Malthus übernahm, weil dieser in seinen soziologischen Betrachtungen biologisch dachte und das Leben des Menschen in der Gesellschaft von der Gesamtheit der organischen Welt nicht trennte, zeigt das folgende Zitat: *„Überall im Tier- und Pflanzenreich hat die Natur die Samen des Lebens mit freigebigster und verschwenderischster Hand umhergestreut. Sie war jedoch verhältnismäßig sparsam in Bezug auf den Raum und die Ernährung, die erforderlich sind, um sie großzuziehen. Das Geschlecht der Pflanzen und das Geschlecht der Tiere schrumpfen unter diesem großen einschränkenden Gesetz zusammen. Und das Geschlecht des Menschen kann ihm durch keinerlei Vernunftanstrengung entrinnen. Unter Pflanzen und Tieren sind seine Folgen Vergeudung von Samen, Krankheit und vorzeitiger Tod. Unter den Menschen Elend und Laster“* (Malthus 1768, zit. nach Mason 1961, S. 489).

Was Darwin direkt von Malthus übernimmt, ist ein konkretes mathematisches Zahlenverhältnis: die geometrische Zunahme der Zahl aller organischen Wesen, die sich empirisch und rechnerisch feststellen lässt. Derartige Berechnungen hat, wie Darwin selbst angibt, bereits Carl von Linné (1707 – 1778) durchgeführt, der bei der Annahme einer geringfügigen Produktivität von zwei Samen einer einjährigen Pflanze auf ein Endprodukt von einer Million Pflanzen dieser Art in 20 Jahren gekommen ist. Darwin macht sich selbst die Mühe, eine gleichartige Berechnung bei dem in der Fortpflanzung am trägsten Tier, nämlich dem Elefanten, durchzuführen, und er stellt fest, dass nach Verlauf von 740 bis 750 Jahren ungefähr 19 Millionen Elefanten existieren müssten, die alle ihre Abkunft von einem einzigen Paar herleiten (Darwin 1876, S. 86). Bessere Beweise als solche Berechnungen und theoretische Betrachtungen sieht Darwin jedoch in einer Reihe von empirisch feststellbaren Fällen, bei denen es durch Einführung von Pflanzen und Tieren in Länder und Kontinente mit günstigeren Lebensbedingungen zu einer ungewöhnlich starken Vermehrung gekommen ist. Beispiel dafür ist etwa die Einführung von europäischen Pferden (vgl. Oeser 2007, S. 108) und Rindern in Amerika und Australien oder die Einführung einer hohen Distelart aus Europa in Südamerika, die tatsächlich nach kürzester Zeit weite Ebenen des La-Plata-Gebietes fast mit Ausschluss aller anderen Pflanzen bedeckte (Darwin 1876, S. 86). Aus diesen und anderen Beispielen zieht Darwin die induktive Schlussfolgerung, *„dass jedes organische Wesen nach Zunahme in einem geometrischen Verhältnis strebt; das jedes zu irgendeiner Zeit seines Lebens oder zu einer gewissen Jahreszeit, in je-*

der Generation oder nach Zwischenräumen ums Leben kämpfen muss und großer Vernichtung ausgesetzt ist". Doch er kommt auch zur Erkenntnis, dass dieser Krieg der Natur nicht ununterbrochen stattfindet *„und dass der Kräftige, der Gesunde und Glückliche überlebt und sich vermehrt"* (Darwin 1876, S. 99).

Hintergrundaussterben und Massenaussterben

Entsprechend seiner gradualistischen Vorstellung vom Wirken des Selektionsprinzips spielt sich auch das von Darwin gar nicht geleugnete Aussterben von Arten im Gegensatz zur Auffassung der Katastrophentheoretiker nur allmählich und über lange Zeiträume und über unterschiedliche Gebiete verteilt ab. Nach seiner Meinung haben unter Lyells Einfluss auch jene Geologen, wie Elie de Beaumont, die noch an große geologische Umwälzungen geglaubt hatten, die alte Meinung aufgegeben, *„dass von Zeit zu Zeit sämtliche Bewohner der Erde durch große Umwälzungen von der Erde weggefegt worden seien."* Dagegen glaubt Darwin nach den damaligen paläontologischen Erkenntnissen allen Grund zur Annahme zu haben, *„dass Arten und Artengruppen ganz allmählich eine nach der andern zuerst von einer Stelle, dann von einer andern und endlich überall verschwinden"*. Nur in einigen wenigen Fällen wie beim Durchbruch einer Landenge und der nachfolgenden Einwanderung einer Menge von neuen Bewohnern in ein benachbartes Meer oder beim Untergang einer Insel mag nach seiner Meinung *„das Erlöschen verhältnismäßig rasch vor sich gegangen sein"*. Aber Darwin wusste bereits, dass es auch Fälle gibt, wo ganze Artengruppen fast schlagartig aussterben, was nach seinen Vorstellungen durch das langsame Wirken des Selektionsprinzips nicht erklärbar ist: *„Doch ist in einigen Fällen das Erlöschen ganzer Gruppen von Lebewesen, wie das der Ammoniten gegen das Ende der Sekundärzeit, den meisten andern Gruppen gegenüber, wunderbar plötzlich erfolgt."* Aber er meint, dass *„die ganze Frage vom Erlöschen der Arten ohne Grund in das geheimnisvollste Dunkel gehüllt worden ist"* (Darwin 1876, S. 404). Und er weist bereits auf die heute als Vergreisungshypothese bekannte Erklärung des Artentodes hin, wenn er sagt, dass *„einige Schriftsteller sogar angenommen haben, dass Arten geradeso wie Individuen eine regelmäßige Lebensdauer haben"*. Er selbst aber ist der Meinung, dass die Zunahme einer jeden Art von lebenden Wesen durch *„unbemerkbare schädliche Agentien"* (Darwin 1876, S. 405) fortwährend aufgehalten wird und dass diese unbemerkbaren Ursachen vollkommen genügen können, um eine fortdauernde Verminderung und schließlich das vollständige Auslöschen einer Art von Lebewesen zu bewirken. Darwin glaubt daher auch, dass die Verwunderung darüber unberechtigt ist, *„dass so große Tiere wie das Mastodon und die älteren Dinosaurier haben untergehen können, als ob die bloße Körperstärke schon genüge, um den Sieg im Kampfe ums Dasein zu sichern"*. Und er beruft sich in diesem Zusammenhang sogar auf Richard Owen, der doch ein Gegner der Evolutionstheorie war: *„Im Gegenteile könnte gerade eine beträchtliche Größe, wie Owen bemerkt hat, in manchen Fällen des größeren Nahrungsbedarfes wegen das Erlöschen beschleunigen"* (Darwin 1876, S. 406). Doch im Unterschied zu Owen war das für Darwin kein plötzlicher Vorgang, der durch katastrophale Veränderungen der Erdatmosphäre hervorgerufen wurde, sondern wie viele andere Beispiele nach seiner Meinung zeigen, ging dem gänzlichen Verschwinden ein Seltenwerden dieser Lebewesen voran. Das war auch der Fall bei denjenigen Tierarten, welche durch den Einfluss des Menschen örtlich oder überall von der Erde verschwunden sind. Es ist daher für Darwin völlig unlogisch, wenn man zugibt, dass Arten gewöhnlich selten werden, ehe sie erlöschen, und dann doch *„hoch erstaunt"* ist, wenn sie endlich zugrunde gehen. Das heißt für Darwin *„so ziemlich dasselbe, wie: Zugeben, dass bei Individuen Krankheit dem Tode vorangeht, und sich über das Erkranken eines Individuums nicht befremdet fühlen, aber sich wundern, wenn der kranke Mensch stirbt, und seinen Tod irgendeiner unbekannten Gewalttat zuschreiben"* (Darwin 1876, S. 406).

Die Selektionstheorie oder, wie Darwin selbst sagt, die *„Theorie der natürlichen Zuchtwahl"* beruht auf der Annahme, dass jede neue Varietät und schließlich auch jede neue Art dadurch gebildet und erhalten worden ist, dass sie irgendeinen Vorteil vor den konkurrierenden Arten an sich hat, infolgedessen die weniger begünstigten Arten fast unvermeidlich erlöschen. Dabei geht er davon aus, dass sich das Aussterben und die Neuentstehung der Arten letzten Endes das Gleichgewicht halten: *„In manchen wohl gedeihenden Gruppen ist die Anzahl der in einer gegebenen Zeit gebildeten neuen Artformen wahrscheinlich zu manchen Perioden größer gewesen als die Zahl der alten spezifischen Formen, welche ausgetilgt worden sind; da wir aber wissen, dass gleichwohl die Artenzahl wenigstens in den letzten geologischen Perioden nicht unbeschränkt zugenommen hat, so dürfen wir im Hinblick auf die spätern Zeiten annehmen, dass eben die Hervorbringung neuer Formen das Erlöschen einer ungefähr gleichen Anzahl alter veranlasst hat"* (Darwin 1876, S. 407). Für diese Art des ständig ablaufenden, fast unmerklichen Aussterbens von Individuen und ganzen Arten, dem auf der anderen Seite die Artenbildung entspricht, ist im Gegensatz zu dem heutzutage immer deutlicher gewordenen Massenaussterben von dem amerikanischen Paläontologen David Jablonski (1986) die Bezeichnung *„Hintergrundaussterben“* geprägt worden. Dass es dieses Hintergrundaussterben nach dem von Darwin vorgeschlagenen Selektionsprinzip zu allen Zeiten gegeben hat, wird zwar von kaum einem der heutigen Paläontologen, die sich mit der Untersuchung des Massenaussterbens beschäftigen, geleugnet. Doch eine wachsende Anzahl unter ihnen ist der Überzeugung, dass es in der Geschichte des Lebens mehrmals ein katastrophales Massenaussterben gegeben hat, bei dem die Qualität der Anpassung der betroffenen Lebewesen gewöhnlich keine Rolle gespielt hat. Darwin selbst waren bereits einige Fälle bekannt, die seine Vorstellung vom langsamen Aussterben der Arten in Schwierigkeit brachten, wenn er vom Aussterben der Ammoniten und Dinosaurier und des Mastodons und noch von viel früher in der Erdgeschichte zurückliegenden Aussterbeereignissen spricht. Aber er versucht solche Fälle immer wieder durch lange Zeiträume zu erklären, in denen sich diese Vorgänge seiner Meinung nach abgespielt haben: *„Was das anscheinend plötzliche Aussterben ganzer Familien und Ordnungen betrifft, wie das der Trilobiten am Ende der paläozoischen und der Ammoniten am Ende der sekundären Periode, so müssen wir uns zunächst dessen erinnern, was schon über die wahrscheinlich sehr langen Zwischenräume zwischen unseren verschiedenen aufeinander folgenden Formationen gesagt worden ist, während welcher viele Formen langsam erloschen sein mögen“* (Darwin 1876, S. 408). Wenn wir uns aber *„von dem Erlöschen dieser oder jener einzelnen Spezies oder Artengruppe keine Rechenschaft zu geben im Stande sind“*, so rührt das nach Darwin daher, dass wir wegen der Komplexität der Lebenserscheinungen nicht immer angeben können, was die jeweilige unmerklich, aber ständig wirkende Ursache ist, welche das Wachstum einer Art bis zu ihrem endgültigen Verschwinden einschränkt. Die Frage nach der Ursache des Erlöschens ganzer Arten oder Artengruppen, wie Trilobiten, Ammoniten und Dinosaurier bleibt also für Darwin noch offen.

Evolution in Sprüngen: Saltationismus und Punktualismus

Der von Darwin vertretene Gradualismus wurde zunächst konsequent von der neodarwinistischen *„Synthetischen Theorie“*, die eine Verbindung von Darwins Evolutionstheorie und Mendel'scher Genetik darstellt, fortgesetzt. Diese *„große Synthese“*, wie sie Julian Huxley zu Recht genannt hat, liefert auch eine tiefer gehende Begründung der Evolution als einen kontinuierlichen, langsamen Prozess. Sie behauptet, dass sich sowohl die Artbildungsprozesse als auch die Entstehung neuer Organisationstypen in der sogenannten *„Makroevolution"* in kleinen Schritten vollziehen. Denn auch die schon von Cuvier festgestellten Unterschiede oder Diskontinuitäten zwischen den verschiedenen Organismengruppen sind nach dieser Auffassung durch eine Summierung kleiner Veränderungen auf der genetischen Ebene entstanden. Ebenso wie für Darwin selbst ist das Fehlen fossiler Bindeglieder für die Vertreter der Synthetischen Theorie weder ein Argument gegen die Evolutionstheorie überhaupt noch gegen die Annahme einer kontinuierlich ohne große Sprünge verlaufenden Evolution, da nur ein Bruchteil einstiger Lebewesen als Fossilien erhalten ist und zukünftige Funde einige Lücken schließen können. Dass aber auch im Rahmen des gradualistischen Modells Phasen einer *„explosiven"* Entwicklung von Phasen langsamerer Evolution zu unterscheiden sind, ergab sich notgedrungen aus der empirisch nachweisbaren Einsicht, dass beim Auftreten neuer *„Baupläne"* einerseits eine relativ rasche Entwicklung einsetzt, dass aber andererseits in der Evolution vieler Organismen Verlangsamungen auftreten, die einen scheinbaren Entwicklungsstillstand hervorrufen, wie die Existenz der sogenannten *„lebenden Fossilien"* zeigt.

Während es der Anspruch der Vertreter der Synthetischen Theorie ist, auch alle Prozesse der Makroevolution aus mikroevolutiven Vorgängen, die in kleinen Schritten ablaufen, erklären zu können, entwickelte sich aufgrund dieser nachweisbaren Ungleichförmigkeit des Ablaufs des Evolutionsprozesses eine Gegenposition zum Gradualismus, die hauptsächlich von Paläontologen wie Otto Heinrich Schindewolf (1896 – 1971) vertreten wurde. Schindewolf fasste seine Position im Gegensatz zum neodarwinistischen Gradualismus und Darwin selbst folgendermaßen zusammen: *„Nach der Lehre Darwins sollte ... die Stammesentwicklung ausschließlich auf dem Wege langsamer, kontinuierlicher Artbildung und -umbildung erfolgen ... Unsere aus dem fossilen Stoff gewonnenen Erfahrungen stehen in ausgesprochenem Gegensatz zu dieser Deutung. Das Organisationsgefüge einer Familie oder Ordnung ist danach nicht durch fortgesetzten Artenwandel in einer langen Artenkette geworden, sondern es ist sprunghaft, diskontinuierlich entstanden"* (1950, S. 253, zit. nach Wuketits 1988, S. 86). Eine solche Vorstellung, dass die Evolution zumindest beim Auftreten neuer Baupläne oder Typen sprunghaft verläuft, hat bereits der Verteidiger Lamarcks Etienne Geoffroy de Saint-Hilaire (1772 – 1844) vertreten, wenn er behauptet, dass *„der erste Vogel aus einem Reptilei geschlüpft"* sei (Geoffroy de Saint-Hilaire 1828, zit. nach Zimmermann 1953, S. 298). Die modernen Saltationisten oder *„Sprungtheoretiker"* des 20. Jahrhunderts, die bereits auf Grundlage der Genetik argumentierten, postulierten daher auch „Makromutationen", das heißt *„große sprunghafte Abweichungen von der Norm innerhalb der normalen Entwicklungsmöglichkeiten"*. So nahm vor allem der Genetiker Richard Goldschmidt (1878–1958) solche Großmutationen an, die für ihn im Prinzip auch die Möglichkeit von *„Evolutionssprüngen"* beweisen sollen, die auf Systemmutationen beruhen. Er sah in Schindewolf einen Gewährsmann, widersprach aber gleichzeitig jenen Vertretern der Synthetischen Theorie, die ihm den Vorwurf gemacht hatten, er würde eine Katastrophentheorie im Sinne Cuviers vertreten (Goldschmidt 1961, S. 488, vgl. Wuketits 1988, S. 86), während Schindewolf selbst logisch konsequent auch zum Wortführer des *„Neokatastrophismus"* wurde (siehe Kapitel 3).

Einen noch engeren Bezug zur Katastrophentheorie als der alte Saltationismus weist der von Niles Eldredge und Stephen Jay Gould vertretene *„Punktualismus"* auf. Ausgangspunkt ist auch hier die in der Paläontologie immer stärker gewordene Einsicht, dass die Lücken in den fossilen Funden wirkliche Lücken sind. Deshalb lässt sich die Geschichte des Lebens nach diesen beiden Autoren viel adäquater als die Annahme eines stammesgeschichtlichen Gradualismus durch das Bild der unterbrochenen Gleichgewichte (*„punctuated equilibria"*) darstellen (Eldredge und Gould 1972, S. 84). Diese Auffassung bedeutet jedoch keineswegs die Preisgabe der Evolutionstheorie, sondern nur die Korrektur des von Darwin selbst und der neodarwinistischen Synthetischen Evolutionstheorie vertretenen strikten Gradualimus, der jedoch nur eine Komponente der Evolutionstheorie Darwins ausmacht und auf der ebenso strikten Übernahme von Lyells geologischem Aktualismus beruht, der Katastrophen als Ursache des Massenaussterbens völlig ausschließt.

Das derzeit vorhandene Material an Fossilien lässt zwar einerseits die Deutung zu, dass es in der Regel sehr lange dauert, bis sich eine Art so weit verändert, dass sie einen neuen Namen verdient, also eine andere Art geworden ist. Auf der anderen Seite hat man aufgrund paläontologischer Forschungen immer deutlicher erkannt, dass in bestimmten geologischen Zeiten plötzlich neue Arten von Lebewesen auftreten. Die Evolution muss also *„schubweise"* verlaufen. *„Evolutionsschübe"* lösen lange Phasen der Stagnation ab. Dieses Auftreten neuer Arten bzw. Stammeslinien ist genauso ein Hinweis auf plötzliche Änderungen in der Evolution wie das Aussterben einer Stammeslinie. Die Selektion im Sinne Darwins und der Synthetischen Theorie kann daher zwar das langsame Hintergrundaussterben erklären, reicht aber als Erklärung für das Massenaussterben nicht aus, das

„ein völlig neues Merkmal der Makroevolution im Vergleich zur Mikroevolution darstellt“ (Stanley 1983, S. 214). Daraus folgt, dass der Makroevolution gegenüber mikroevolutiven Änderungen zumindest eine gewisse Autonomie zukommt, jedoch nicht, dass Punktualismus und Gradualismus sich gegenseitig ausschließende Gegensätze sind. Denn auf der einen Seite werden auch von Autoren, die dem Gradualismus verpflichtet sind, explosive Evolutionsphasen angenommen. Und als eine bestimmte Form der Artenbildung wurde auch im Rahmen der Synthetischen Theorie ein als *„quantum evolution“* bezeichneter Prozess diskutiert (vgl. Dobzhansky et al. 1977, Simpson 1953), der zu einer raschen Änderung von Arten, innerhalb nur weniger Generationen, führt. Und auf der anderen Seite haben gerade die Begründer des Punktualimus betont, dass *„die ursprüngliche darwinistische Vorstellung ebenfalls viel Wahrheit enthält“* (Eldredge 1997, S. 91). Es geht also nicht um ein Entweder-oder, nicht einmal darum, welches Bild zutreffender ist, sondern um die Frage, wie beide, Gradualismus und Punktualismus, zusammenpassen. Und Eldredge ist der Meinung, *„dass sie zusammenpassen und uns dadurch die bestmögliche Vorstellung von der Geschichte des Lebens“* (Eldredge 1997, S. 91) geben. Damit erfährt aber auch die Katastrophentheorie, welche das mit solchen Evolutionsschüben verbundene Massenaussterben erklären kann, bereits eine gewisse Rechtfertigung. Gould, der andere Hauptvertreter der Theorie von den unterbrochenen Gleichgewichten in der Geschichte des Lebens, geht sogar in seiner Kritik des auf der strikten Ablehnung der Katastrophentheorie beruhenden Gradualismus so weit, dass er Lyell vorwirft, *„eine legitime Forschung gelähmt“* zu haben, und verweist in diesem Zusammenhang auf die ungerechtfertigte Kritik Lyells an William Whiston, der es gewagt hatte, Kometen und nicht nur irdische Wirkkräfte als Ursachen geologischer Veränderungen zu postulieren.

Unterstützung findet die Wiederbelebung der Katastrophentheorie durch den Punktualismus auch im Rahmen grundlegender physikalischer Überlegungen, wenn ein Experte wie der amerikanische Astrophysiker John S. Lewis schreibt: *„Um die Welt der seltenen, gewaltsamen Katastrophen zu beschreiben, werden neue Paradigmen benötigt. Solch ein Paradigma ist das Konzept der unterbrochenen Gleichgewichte, das seine Bekanntheit zum Teil dem beredten Eintreten von Stephen Jay Gould verdankt. Der hier verwendete Begriff des Gleichgewichts ist das Darwin'sche Kontinuum der langsamen Änderungen in der Evolution. Ein System ist im Gleichgewicht, wenn seine Zustandsgrößen sich niemals ändern. Umgangssprachlich gesagt: Ein solches System im Gleichgewicht ist tot. Systeme im unterbrochenen*

Gleichgewichtszustand sind oft weit vom Gleichgewicht entfernt. Sie weisen einen inneren Energiefluss auf und können oft große Reserven zur Verfügung stehender Energie erschließen. Mit einem Wort, ein System im punktierten, d. h. unterbrochenen Gleichgewicht ist lebendig. Die Störung dieses Gleichgewichts im Gould'schen Sinne wird durch katastrophale Vorgänge hervorgerufen, die all die feinen Gleichgewichte von Flüssen und Gradienten, die den Gleichgewichtszustand ausmachen, zerstören" (verkürzt zitiert aus Lewis 1997, S. 152 f.). Dass diese katastrophalen Vorgänge extraterrestrischer Art sind, das heißt außerhalb unserer Erde liegen, wie bereits einige der alten Katastrophentheoretiker behauptet haben, wird heutzutage mehr und mehr nicht nur von den Fachleuten der Astrophysik, sondern auch von Geologen (vgl. Tollmann 1993) angenommen, die darin eine völlige Abkehr vom Gradualismus sehen. Dabei spielt vor allem der Untergang der Dinosaurier am Ende der Kreidezeit die entscheidende Rolle.

3. Tod aus dem Weltraum:

Der Untergang der Dinosaurier

Die Dinosaurier haben seit der Entdeckung ihrer fossilen Skelette der wissenschaftlichen Forschung viele Rätsel aufgegeben. Bis zum heutigen Tag ist die Diskussion über ihren Untergang nicht abgerissen. Nach der Kritik Lyells an Cuvier waren sich die Paläontologen hundert Jahre lang darüber einig, dass der Untergang der Dinosaurier nicht auf eine einzige große Katastrophe zurückzuführen ist. Doch alle anderen Erklärungsversuche erwiesen sich als unzureichend. Den entscheidenden Fortschritt in der Lösung dieses Rätsels brachte schließlich eine weltweite Zusammenarbeit von Wissenschaftlern aus allen Gebieten der Naturwissenschaften (Alvarez 1990, S. 95). Geologen, Paläontologen, Biologen, Physiker, Astronomen und Astrophysiker kamen nach heftigen Kontroversen schließlich darin überein, dass es sich bei diesem Massentod von Arten und Artengruppen von Lebewesen, von denen die Dinosaurier keineswegs die Einzigen waren, die für immer untergingen, um eine Katastrophe von kosmischem Ausmaß handeln musste: Der Tod kam aus dem Weltraum in Form eines Einschlages eines gewaltigen Himmelskörpers, der für die Lebewesen der gesamten Erde katastrophale Folgen hatte.

Das Massenaussterben am Ende der Kreidezeit

Am Ende der Kreidezeit verschwand fast schlagartig – zumindest in geologischen Zeiträumen gemessen – die gesamte Welt der großen Reptilien. Zahlreiche äußere und innere Gründe wurden angegeben. Sie reichen von Erklärungsversuchen wie vulkanische Aktivität, Veränderung des Meeresspiegels, Verfolgung und Tötung durch andere Lebewesen, Degeneration oder Überalterung bis zu speziellen Nahrungs- und Stoffwechselproblemen. So sah man in den überdimensionierten Panzern, z. B. in der Nackenkrause der Ceratopsia und in den Nasenhörnern und Kämmen der Hadrosaurier, funktionslos gewordene Überalterungserscheinungen. Man ging von der Analogie zwischen individueller Lebensspanne und der Existenzdauer ganzer Tiergruppen aus und zog daraus den Schluss, dass die Dinosaurier in ihrer Gesamtheit alt wurden und als Gruppe degenerierten, weil sie schon so lange lebten. Doch ist es fraglich, ob man am Ende der Kreidezeit schon von der letzten Phase sprechen kann. Die ungeheure Formenvielfalt und der Artenreichtum weisen eher auf eine Blütezeit der Saurier zu dieser Zeit hin: *„Überaus schwere Sauropoden und Ceratopsia, gepanzerte Anklyosaurier, große wachsame Hadrosaurier, riesige Raubsaurier, schnelle Straußsaurier, kleine lebhafte großhirnige Dromaeosaurier – alles andere als eine Versammlung, die den Gedanken an Überalterung und Degeneration nahelegt“* (Tweedie 1977, S. 113). Auch die anderen viel spezielleren Ursachen reichen für sich genommen nicht aus, um den plötzlichen Untergang der Dinosaurier zu erklären: Etwa die Hypothese von den Raupen, welche die Blätter aufgefressen hätten, von denen die Dinosaurier abhingen, oder das Aussterben einer Pflanze mit abführenden Eigenschaften, was bewirkt habe, dass die Pflanzen fressenden Dinosaurier an Verstopfung zugrunde gingen. Ebenso wenig lässt sich als alleiniger Grund für das Aussterben der Dinosaurier eine andere Hypothese annehmen. Sie hängt mit der Fortpflanzung der Dinosaurier zusammen und bezieht sich auf die Größe der Eier. Denn das Missverhältnis zwischen der Größe des neu geschlüpften Jungen und des erwachsenen Tieres ist unübersehbar. Geht man von den heute lebenden Eier legenden Tieren aus, so zeigt sich, dass schon bei kleineren Vögeln das Gewicht bis zum völligen Ausgewachsensein vervier- oder verfünffacht werden muss; beim Strauß ist das Verhältnis immerhin schon 60 : 1, beim heute lebenden Flusskrokodil dagegen bereits 2000 : 1. Aber was bedeuten solche Zahlen gegenüber der Vorstellung, dass ein Junges des Brachiosauriers, der ausgewachsen 80 Tonnen wiegt, bis zu 100 000-mal sein Gewicht multiplizieren muss, wenn man von einer begrenzten Größe der Eier ausgeht! Denn eine Begrenzung der maximalen Größe von Eiern gibt es deswegen, weil sonst der Druck der Innenflüssigkeit die Eierschale zerbricht. Auf der anderen Seite darf aber die Eierschale nicht zu dick sein, sonst kann sich das Junge nicht den Weg nach draußen bahnen. Pathologische Veränderungen an den Eierschalenstrukturen können daher zumindest ein Faktor des Aussterbens der Dinosaurier gewesen sein (vgl. Erben 1984).

Wie immer es auch gewesen war, die Welt der Dinosaurier am Ende der Kreidezeit mit ihrer Formenvielfalt hätte uns nie eine Chance zur Entwicklung geboten. Denn zumindest unter den kleineren Dinosauriern gab es solche, deren Verhältnis von Hirn- und Körpergewicht den frühen Säugetieren entsprach. Wären die Dinosaurier nicht durch eine weltweite Katastrophe ausgestorben, dann wäre es durchaus möglich gewesen, dass eine dieser in-

Abb. 15: Ammoniten (aus Flammarion 1896)

telligenten Arten von Dinosauriern heute als dominante Lebensform die Erde beherrschte. Fest steht jedenfalls, dass nicht nur die Dinosaurier, sondern überhaupt bis zu 75 Prozent der vorher existierenden Pflanzen- und Tierarten am Ende der Kreidezeit verschwanden. Es überlebten zwar die meisten größeren Familien der Meerestiere, aber sie verloren viele Gattungen und Arten. So starben fast alle Arten der ehemals vorhandenen Schalen tragenden Einzeller (Foraminiferen) aus. Ebenso erging es verschiedenen Weichtieren wie den Ammoniten (Abb. 15), die mit ihren aus gasgefüllten Kammern bestehenden Muscheln auf der Meeresoberfläche trieben und deren plötzliches Aussterben bereits für Darwin ein unlösbares Rätsel war.

Ob nun der Untergang der Welt der Dinosaurier schlagartig oder schubweise geschah, die Vernichtung war jedenfalls rasch und vollständig – sodass die Vermutung nahelag, dass sie extraterrestrische Ursachen gehabt haben könnte. Schon lange bevor man dafür eindeutige Beweise erbringen konnte, vermuteten manche Astronomen, dass unsere Erde durch den Einschlag von gewaltigen Himmelskörpern bedroht sein könnte, obwohl sie die Wahrscheinlichkeit einer solchen Katastrophe als sehr gering einschätzten.

Vom Himmel fallende Steine

Während die großen, bei ihrer Annäherung an die Erde schon mit bloßem Auge sichtbaren Kometen von den Astronomen der Neuzeit, wie Halley, Newton und Whiston, bereits als weit im Weltraum herumschweifende Himmelskörper erkannt worden waren, galten Sternschnuppen (Meteore) und Feuerkugeln (Boliden), die überhaupt erst sichtbar wurden, wenn sie in die Erdatmosphäre eintraten, noch lange im Sinne der aristotelischen Tradition als atmosphärische Erscheinungen. Daher waren Einschläge von Meteoriten, von festen Körpern aus Stein oder Eisen, die den Erdboden erreichten und oft schwere Schäden verursachten und sogar Menschen und Tiere erschlugen, völlig unverständliche Ereignisse, die man bis ins 19. Jahrhundert als bloß erfundene Lügenmärchen betrachtete. Zwar hatten schon antike Schriftsteller wie Diogenes Laertius (II, 10) und Plinius der Ältere (Hist. nat. 2. Buch, Kap. 43) berichtet, dass im zweiten Jahr der 78. Olympiade (das ist 464 v. Chr.) an einem Fluss in Thrakien mit Namen Aigospotamoi (Ziegenfluss) ein riesiger Stein vom Himmel gefallen sei. Er soll ein verbranntes Aussehen gehabt haben, so groß wie zwei Mühlsteine gewesen sein und das Gewicht eines beladenen Wagens gehabt haben. Zu Lebzeiten des Plinius um das Jahr 70 n. Chr. soll man ihn noch vorgezeigt bekommen haben. Der große deutsche Naturforscher Alexander von Humboldt hatte sogar die Hoffnung, *„man werde einst diese, so schwer zerstörbare, thrakische Meteormasse in einer den Europäern jetzt sehr zugänglichen Gegend (nach 2312 Jahren) wieder auffinden“* (Humboldt 1845, 1. Bd., S. 124). Doch dieser große Meteorit wurde nie mehr wieder gefunden und auch sein Ursprung aus dem Weltraum wurde nicht nur total verleugnet, sondern sogar als eine verbrecherische Meinung angesehen. Schon der berühmte Naturforscher und Astronom Anaxagoras, der die Ansicht vertrat, dass dieser Stein aus der Sonne gefallen sei, die auch nichts anderes sei als ein riesengroßer glühender Stein, wurde wegen dieser Behauptung der Gottlosigkeit angeklagt und nur durch die Fürsprache von Perikles, dem bekannten für die Wissenschaft aufgeschlossenen Staatsmann in Athen, vor der Verurteilung zum Tode bewahrt.

Obwohl es im Mittelalter und vor allem auch in der Neuzeit immer wieder Berichte vom *„Herabfallen von Steinen aus der Luft"* gab, die man deswegen auch *„Aerolithen"* (Luftsteine) nannte, hielten es die gelehrten Naturforscher der Neuzeit für völlig absurd, dass Steine oder gar Eisentrümmer vom Himmel fallen könnten. Man sah in solchen Berichten weiter nichts als die Ausgeburt einer krankhaften Fantasie. Auch die erste urkundliche Beglaubigung eines Meteoritenfalles, die das Konsistorium zu Agram im Jahre 1751 lieferte, wurde als Lügenbericht aufgrund einer Sinnestäuschung erklärt. Und noch 1790, als die Stadtverwaltung von Juillac in der Gascogne eine mit der Unterschrift von mehr als 300 Augenzeugen versehene Urkunde über den Steinfall erstellte, der sich dort am 24. Juli abends nach 9 Uhr ereignet hatte, fand man es in der Pariser Akademie erheiternd, dass man über eine solche Absurdität ein authentisches Protokoll zugeschickt bekommen könne. Das sollte sich erst dann ändern, als der berühmte Forschungsreisende Peter Simon Pallas (1741 – 1811) im dritten Teil seiner *„Reise durch verschiedene Provinzen des Russischen Reichs"* über eine große Eisenmasse berichtete, welche die Tataren als ein vom Himmel gefallenes Heiligtum angesehen hatten (Pallas 1776, S. 411 – 417). Sie wurde in Sibirien zwischen Krasnojarsk und Abakansk gefunden und wog 1600 Pfund. Außen war sie von einer rauen eisensteinartigen Hülle umgeben, während das Innere aus einem geschmeidigen, rotbrüchigen, wie ein grober Seeschwamm aussehenden löchrigen Eisen bestand, dessen Zwischenräume mit einem spröden, harten, bernsteingelben Glas ausgefüllt waren.

Es war das Verdienst des deutschen Naturwissenschaftlers Ernst F. F. Chladni (1756 – 1827), der sich damals mit der Untersuchung dieser *„Eisenmasse"* befasste und auch ein Stück davon in seinen Privatbesitz bekommen konnte, ihren kosmischen Ursprung erkannt zu haben. Vor allem war es die Übereinstimmung von drei aus weit entfernten Gegenden in Frankreich an die Pariser Akademie der Wissenschaften übersendeten Nachrichten über das mit einem Donner begleitete Herabfallen von Massen, die ihn zur Ansicht brachten, dass sich diese Erscheinungen nur auf eine einzige Art erklären lassen. Alle drei waren, was die Farbe und ihre Beschaffenheit betrifft, wodurch sie sich von anderen irdischen Mineralien unterschieden, einander so ähnlich, dass man sich von Seiten der Akademie entschloss, diese Nachrichten zu veröffentlichen, um weitere Untersuchungen und Erklärungsmöglichkeiten anzuregen (vgl. Chladni 1794, S. 69). Nach einer genauen Untersuchung aller ihn erreichenden Nachrichten kam Chladni jedenfalls zu dem Schluss, dass sich solche rätselhafte Naturerscheinungen wie Sternschnuppen, Feuerkugeln und das Herabfallen von eisenhaltigen Massen von selbst erklären, „*wenn man ihre Identität annimmt*", aus der sich dann als einzig mögliche Erklärung ihr außerirdischer Ursprung aus dem Weltall ergibt. Aus dieser Perspektive entwickelt Chladni zum Abschluss eine durchaus modern anmutende Katastrophentheorie des Weltalls: „*Nimmt man nun an, dass Weltkörper entstanden sind, so lässt sich ein solches Entstehen wohl nicht anders denken als dadurch, dass entweder materielle Teile, die vorher in einem mehr lockeren und chaotischen Zustande in einem größeren Raume zerstreut gewesen sind, sich durch die Anziehungskraft in große Massen angehäuft haben; oder dass Weltkörper aus den Teilen einer zerstückten weit größeren Masse gebildet worden sind, welche Zerteilung vielleicht durch irgendeinen Stoß von außen oder durch eine Explosion von innen könnte bewirkt sein. Nun mag von diesen Hypothesen die richtigere sein, welche da wolle, so ist es nicht unwahrscheinlich oder wenigstens der Natur nicht widersprechend, wenn man annimmt, dass sehr viele dergleichen materielle Teile, entweder wegen zu großer Entfernung oder weil es eine ihnen mitgeteilte stärkere Bewegung nach einer andern Richtung verhindert hat, sich mit keiner zu einem Weltkörper sich anhäufenden größeren Masse vereinigt haben, sondern einzeln übrig geblieben sind und, durch Anziehung oder durch irgendeinen erhaltenen Stoß getrieben, ihre Bewegung durch den unendlichen Weltraum fortsetzen, bis sie etwa einmal einem Weltkörper so nahekommen, dass sie, von dessen Anziehung ergriffen, darauf niederfallen und Erscheinungen, wie in gegenwärtiger Abhandlung erwähnt worden sind, verursachen*" (Chladni 1794, S. 85 f.).

Dass es außer den bereits bekannten großen Weltkörpern, den Planeten und ihren Monden noch andere kleinere Himmelskörper gibt, sollte sich bereits wenige Jahre später durch die Entdeckung der Planetoiden oder Asteroiden bestätigen. Seit Piazzi in Palermo den Planetoiden Ceres und Olbers den Planetoiden Pallas entdeckten (vgl. Oeser 1979, 2. Bd., S. 130), hat man eine Unzahl solcher Himmelskörper aller Größen gefunden, von denen viele unsere Erdbahn durchkreuzen und damit genauso wie die Kometen eine Gefahr für unseren Planeten darstellen.

Die älteren Vorstellungen über die Bedrohung der Erde durch Kometeneinschläge

Seit den ältesten Zeiten gab es eine weit verbreitete Furcht vor Kometen. Wenn man auch nicht an einen Zusammenstoß dieser Himmelskörper mit der Erde dachte, da sie seit Aristoteles nur als Erscheinungen innerhalb der Atmosphäre der Erde angesehen wurden, galten sie doch als Unglücksbringer oder Vorboten von Kriegen, Krankheitsepidemien oder anderen Katastrophen. Die Vorstellung, dass sie durch ihren Einsturz für die Erde eine direkte Bedrohung darstellen könnten, kam erst viel später, als die Astronomen der Neuzeit ihren wahren Charakter als Himmelskörper erkannten, die weit von der Atmosphäre der Erde entfernt ihre lang gestreckten Bahnen im Weltall ziehen. Da aber die meisten Astronomen zunächst von der Unwahrscheinlichkeit eines Kometeneinschlages auf die Erde überzeugt waren, wurde diese Bedrohung aus dem Weltall weitgehend unterschätzt.

Schon lange bevor Cuvier durch die Entdeckung der Fossilien ausgestorbener Arten zu seiner Katastrophentheorie kam, hatte jedoch der französische Naturforscher und Philosoph Pierre-Louis Moreau de Maupertuis im Jahre 1751 ein Szenario eines Kometenaufschlages auf unserer Erde entworfen, das eine erstaunliche Vorwegnahme der gegenwärtigen Impakttheorien bedeutet: „*Angesichts der Laufbahn der Kometen, die alle Regionen des Himmels durchqueren, indem sie sich manchmal so sehr der Sonne nähern, dass sie von ihr verschlungen werden könnten, dann wiederum sich auf ungeheure Distanzen entfernen, haben manche Philosophen diesen Himmelskörpern seltsame Eigenschaften zugeordnet. In ihren Augen dienen sie einerseits der Sonne als Nahrung, wenn sie auf sie stürzen, andererseits sind sie dazu ausersehen, den Planeten die Feuchtigkeit zu ersetzen, die sie ständig verlieren. In der Tat sind die Kometen oft von dichten Atmosphären umgeben oder mit langen Schweifen versehen, die ihr Entstehen den Ausdünstungen und Dämpfen verdanken. Andere Philosophen hingegen haben anstelle dieser günstigen Einflüsse sehr unheilvolle Folgen zu bedenken gegeben. Der Aufschlag eines dieser Himmelskörper, der mit irgendeinem Planeten zusammenstößt, würde diesen von Grund auf zerstören. Natürlich wäre es ein schrecklicher Zufall, wenn einer dieser Körper, die sich nach allen Richtungen in der Unendlichkeit des Weltraumes bewegen, irgendeinen Planeten treffen würde. Denn trotz der Masse dieser Himmelskörper sind sie doch nur winzige Atome in dem Raum, in dem sie sich bewegen. Der Fall ist nicht unmöglich, obwohl es lächerlich wäre, ihn zu befürchten. Allein die Annäherung derartig erhitzter Körper, wie es einige Kometen sind, die sich in geringer Entfernung von der Sonne bewegt haben, oder nur die Überflutung eines Planeten mit ihren Atmosphären oder ihren Schweifen würde eine große Veränderung auf dem Planeten, der dem ausgesetzt wäre, verursachen. Zweifellos würde die Mehrzahl der Tiere zugrunde gehen, die gezwungen wären, sich gegen die außergewöhnliche Hitze zu behaupten oder in einer Flüssigkeit zu schwimmen, die so verschieden von der ihnen bekannten ist, oder derartig fremde Dämp-*

fe einzuatmen. Nur die robustesten und vielleicht auch die wildesten Tiere würden hier überleben. Ganze Spezies würden vernichtet werden und unter denen, die übrig blieben, würde man nicht mehr die Ordnung und Harmonie wiederfinden, die sie zuvor hatten ... Wenn diese Überlegungen manchen zu gewagt erscheinen, so mögen sie doch einen Blick auf die unbestreitbaren Veränderungen werfen, die unser Planet erlitten hat. Diese Muscheln, diese versteinerten Fische, die man auf den höchsten Erhebungen findet und an Stellen, die am weitesten vom Ufer entfernt sind, geben sie nicht Zeugnis davon, dass einmal das Meer diese Stellen bedeckt hat? Diese zertrümmerten Erdschichten, diese Lagen von verschiedenen Materialien zerstückelt und ohne Ordnung, sind das nicht alles Beweise für einen gewaltigen Einschlag, den die Erde erlitten hat?" (Maupertuis 1751, S. 165 – 175, übers. von W. Oeser).

Doch Maupertuis war nicht der einzige Astronom in dieser Zeit, der den Einschlag eines Kometen auf die Erde für möglich hielt. Der deutsche Astronom, Mathematiker und Philosoph Johann Heinrich Lambert (1728 – 1777) nahm sogar an, dass ein Zusammenstoß mit einem Kometen *„die Erde wegheben und uns in einen Winter von mehreren Jahrhunderten Dauer versetzen würde, welchem weder Tiere noch Menschen zu widerstehen fähig wären"* (zit. nach Flammarion o. J., S. 510). Und im Jahre 1773 war ganz Paris in gewaltigen Schrecken geraten, als der damals bekannteste Astronom von Frankreich Joseph Jérôme de Lalande (1732 – 1807) in der Akademie eine Vorlesung über Kometen halten wollte, die sich der Erde nähern können. Es hatte sich damals, man weiß nicht wie, das Gerücht verbreitet, dem Gelehrten sei von der Polizei verboten worden, diese Vorlesung zu halten, weil er darin für den 12. Mai jenes Jahres den Weltuntergang durch Zusammenstoß mit einem Kometen hätte ankündigen wollen. Obgleich davon nicht im Entferntesten die Rede sein konnte, wie die schleunige Veröffentlichung dieser Vorlesung erwies, so waren doch die Gemüter nicht mehr zu beruhigen: *„Dieses bloße Gerücht reichte hin, einen so panischen Schrecken zu verbreiten, dass nicht nur ganz Paris diesem Tag entgegenjammerte, sondern sogar infolge der Angst Frühgeburten, Todesfälle etc. eintraten, und unwürdige Geistliche, welche um schweres Geld Absolution anboten, die besten Geschäfte machten"* (nach Wolfs *„Geschichte der Astronomie"*, zit. von Meyer 1898, S. 236). Lalande selbst hat später in seinem *„Astronomischen Handbuch"* diese Angelegenheit folgendermaßen aufgeklärt: *„Ich finde, dass es unter den 60 Kometen, die wir kennen, verschiedene gibt, die der Erde nahekommen können, um merkliche Wirkungen auf ihr hervorzubringen; und unter der großen Anzahl von denen, die uns un-*

bekannt sind, könnte es wohl welche geben, die gleichermaßen im Stande wären, erstaunliche Veränderungen auf ihr zu verursachen. Ein Komet so groß wie die Erde, der nur 13 290 Meilen von uns wäre, würde so viel Kraft haben, als nötig ist, eine Flut oder Erhebung 2000 Toisen in den Wassern des Meeres hervorzubringen; und wenn er sich genugsam lange Zeit da aufhielte, würde er die vier Teile des Erdbodens unter Wasser setzen können, wie ich viel umständlicher in meinen 1773 gedruckten ‚Réflexions sur les comètes' dargetan habe; es ist schwer, dass künftig einmal ein Vorfall von dieser Art sich zutragen sollte: die Zeit davon aber vorherzubestimmen, ist unmöglich. Wir kennen wahrscheinlicherweise nicht den vierten Teil von der Anzahl der Kometen, und unter den sechzigen, die beobachtet worden sind, gibt es sieben oder acht, die der Erde nahekommen können, und sogar auf sie stoßen, wenn die Erde sich in eben dem Zeitpunkt in dem Knoten sich befände, da ein Komet dadurch ginge, so, dass sein Knoten alsdann ganz genau in dem Umfange der Erdbahn wäre: diese drei Umstände aber können sich schwerlich so vereinigen, dass man demnach das allgemeine Schrecken, das sich am verwichenen Monat Mai, bei Gelegenheit meiner Abhandlung, verbreitet hatte, für eine Torheit hat erkennen müssen" (Lalande 1775, S. 609 f.).

Auch der durch seine kosmologischen Vorstellungen berühmte Astronom Pierre Simon de Laplace (1749 – 1827) hat sich Gedanken über die verheerenden Auswirkungen eines Zusammenstoßes eines Kometen mit der Erde gemacht. Der Schreck, den früher in alten Zeiten das Erscheinen eines Kometen hervorrief, hat nach seiner Meinung der nicht unberechtigten Furcht Platz gemacht, dass sich unter der großen Zahl der Kometen, die das Planetensystem in allen Richtungen durchkreuzen, vielleicht einer befinden könnte, der *„die Erde über den Haufen wirft."* Die Wirkung eines solchen Zusammenstoßes hatte er sich dann so vorgestellt: *„Eine Veränderung der Erdachse und der Erdrotation; ein Austreten der Meere aus ihrer früheren Lage, um sich nach dem neuen Äquator zu wälzen; der Ertrinkungstod einer großen Menge Menschen und Tiere in der allgemeinen Flut, oder deren Untergang durch die auf dem Erdball bewirkte heftige Erschütterung; die Vernichtung ganzer Gattungen; die Zerstörung aller Denkmäler menschlichen Fleißes: das sind die Verheerungen, welche ein Kometenstoß anrichten könnte"* (Laplace 1979, II, S. 63 f., zit. nach Flammarion 1894, dt. Übers. von K. Wenzel, o. J., S. 25 f.). Diese düstere, aber nur rein theoretische Schilderung eines Kometeneinschlages auf der Erde sollte jedoch eine beängstigende Realität bekommen, als ein Komet im Jahre 1772 erschien und dann 1805 wieder auftauchte. Bei seiner Wiederentdeckung am 27. Februar 1826 durch den österreichischen Hauptmann Biala setzte dieser nach ihm benannte Biala'sche Komet die ganze Welt in nicht geringe Aufregung. Denn die Berechnung seiner Bahn durch die Astronomen Gauß und Bessel hatte ergeben, dass sie diesmal fast genau die Erdbahn kreuzen musste. Auch der berühmteste Kometenforscher seiner Zeit, Olbers in Bremen, hatte zwar darauf hingewiesen, *„dass dieser Komet am 29. Oktober jenes Jahres so nahe an der Erdbahn vorüberstreifen müsste, dass seine Nebelhülle von ihr durchschnitten würde“*. Jedenfalls würde der Komet, wenn er gleichzeitig mit der Erde in diesem Schnittpunkt einträfe, dieser mindestens 13-mal näherkommen als der Mond. Auch diesmal wurde von der durch diese Aussagen und Berechnungen der Astronomen aufgescheuchten Bevölkerung, die blind durch Furcht oder Sensationslust geworden war, übersehen, dass sich zwar die Bahnen dieser Körper so nahekommen, dass aber die Erde in demselben Augenblick, in dem der Komet die gefährliche Stelle ihrer Bahn passieren würde, volle 11 Millionen Meilen von ihr entfernt sein würde. Nur dann, wenn beide Himmelskörper zugleich in diesem Kreuzungspunkt einträfen, wäre ein Zusammenstoß unvermeidlich, der alle Schrecken eines Weltunterganges mit sich bringen würde, wie sie bereits von Maupertuis, Laplace und anderen geschildert worden sind. Der Komet Biala stellte jedoch bei seinem nächsten Wiedererscheinen keine Gefahr mehr dar. Denn zu dieser Zeit hatte er sich bereits in zwei Teile gespalten und blieb dann überhaupt verschollen.

Doch damit war nicht alle Gefahr eines Kometenzusammenstoßes mit der Erde gebannt. Denn wie bereits der Wiener Astronom Littrow festgestellt hat, gibt es noch viele Kometen, die *„in allen Richtungen um die Erde herumschwärmen“*. Und die Fälle, wo ihre Bahn die der Erde durchkreuzt, sind keineswegs so selten, wie man bisher geglaubt hat. Bereits nach seiner damaligen Kenntnis hatte man schon eine ganze Reihe von Kometen entdeckt, *„deren Bahnen eine nahezu ebenso besorgliche Lage haben wie die des Biala'schen“* (Littrow 1897, S. 541). Bei der Häufigkeit solcher Erdbahn kreuzenden Kometen war es auch keineswegs abwegig, dass einige weitblickende Astronomen, denen Cuviers Katastrophentheorie zur Kenntnis kam, schon frühzeitig als Ursache dieser Katastrophen Zusammenstöße von Kometen mit der Erde vermuteten. Während es Cuvier selbst ablehnte, über die Ursachen dieser verheerenden Überschwemmungskatastrophen konkrete Angaben zu machen, waren es vor allem zwei der zeitgenössischen Astronomen, die dafür Kometeneinschläge verantwortlich machten. Bereits 1810 vertrat Olbers, wie schon die bibelgläubigen Astronomen vor ihm, die Vorstellung, dass als Verursacher solcher sintflutartigen Zerstörungen in erster Linie die Kometen in Betracht zu ziehen seien. Doch meist ging man bei den älteren Vermutungen von viel zu massiven Körpern aus. Olbers dagegen dachte an Kollisionen mit verhältnismäßig kleinen Kometen und kam damit sowie mit seinen Vorstellungen über deren wahre Häufigkeit unserem heutigen Wissen schon recht nahe (vgl. Reichstein 1985, S. 188). Er war der Meinung, dass *„der Anstoß eines Kometen an die Erde nicht bloß möglich, sondern in einer langen Reihe von mehreren 100 Millionen Jahren sogar sehr wahrscheinlich ist"*. Daher könnte man nach seiner Meinung annehmen, *„die Erde habe vor nicht gar vielen Tausend Jahren einen Stoß von einem Kometen erhalten, der die große Revolution bewirkte, die ihrer Oberfläche die jetzige Form gab"* (zit. nach Reichstein 1985, S. 188). Als Olbers schließlich von Cuviers Katastrophentheorie erfahren hatte, stellte er sich die Frage, ob nicht schon *„wo nicht mehrere Male, wenigstens schon einmal auf unserer Erde, eine ganze Vorwelt mit allen ihren belebten und organisierten Geschöpfen durch irgendeine große Revolution untergegangen sei?"*. Und Bezug nehmend auf die Fossilienfunde Cuviers stellt Olbers fest: *„So hat doch dieser vortreffliche Geologe bewiesen, dass die letzte Revolution, die diese Tiergattungen vertilgte, sehr plötzlich eintrat und in einer großen, aber vorübergehenden Meeresflut bestand ... Kurz, dass diese Revolution so beschaffen war, wie sie der Anstoß eines Kometen und man möchte fast sagen, nur der Anstoß eines Kometen bewirken konnte"* (Reichstein 1985, S. 188).

Die gleiche Ansicht vertrat der von Olbers wegen seiner Mondbeobachtungen hoch geschätzte Münchener Astronom Franz von Paula Gruithuisen. Angeregt durch die Übersetzung der Cuvier'schen Schrift von dessen Freund Nöggerath, wo von ungeheuren Wasserfluten die Rede ist, welche die Alpentäler überschwemmt hatten (Cuvier 1822, Bd. 1, S. 239), verfasste Gruithuisen in dem von ihm herausgegebenen *„Naturwissenschaftlich-astronomischen Jahrbuch"* vom Jahre 1846 eine Abhandlung mit dem Titel: *„Die vorgeschichtlichen Fluten und ihre kosmologische Kausalität"*. Dort geht er von der Hypothese aus, dass *„alle vorgeschichtlichen Fluten, sofern sie allgemein waren, bloß allein von der Vereinigung von Kometen mit der Erde herrührten"* (Gruithuisen 1846, S. 85). Ähnlich wie Cuvier unterscheidet er drei Arten von Fluten. Die ältesten sind durch das Kalksteingeschiebe der sogenannten Nagelfluh gekennzeichnet. Es sind tief liegende Gerölle, die ihren Namen deswegen erhielten, weil die an ihrer Oberfläche auftretenden halbkugeligen Gebilde Nagelköpfen gleichen. Keinerlei Gebilde dieser Art konnten nach Gruithuisens Meinung durch Flüsse hervorgebracht werden. Diese *„rund gerollten Urfelstrümmer"* müssen durch Wellenbewegungen und Wirbel erzeugt worden sein, die bis in die untersten Tiefen eingedrungen sind. Diese Wellenbewegungen, die *„an Heftigkeit alle Einbildungskraft des Menschen übersteigen“*, können nur *„durch Versenkung ungeheurer Weltkörpermassen in die Erde erregt worden sein“* (Gruithuisen 1846, S. 87). Nach seinen Berechnungen müsste dieser Komet, der wie alle Kometen aus Wasser und einem festen mineralischen Kern besteht und bei seinem Einschlag solche verheerenden Fluten hervorrufen kann, einen Gesamtdurchmesser von 964 und einen Kern von 96,4 geographischen Meilen gehabt haben. Doch er schließt nicht aus, dass die *„Ursache einer solchen Meereshöhe nicht aus mehreren aufeinanderfolgenden in die Erde sich versenkten Kometen bestand“* (Gruithuisen 1846, S. 88). Eine andere Art von Flut stellt jene dar, welche die Ursache des Transports der Findlinge aus entfernten Ländern war; z. B. aus Skandinavien ins mittlere europäische Russland, wo sie dort in gebirgigen Gegenden wie in Sümpfen von enormer Größe liegen. Darauf weist auch Nöggerath in der ersten Auflage seiner Übersetzung der Cuvier'schen Ansichten von der Urwelt hin: *„Wir sehen zwar große Geschiebe und Sandbänke beim Hochgewässer von den Gebirgsströmen auftürmen; aber, unsere Einbildungskraft erschrickt doch vor dem Gedanken, dass bis 50 000 Kubikfuß große Felsblöcke ebenfalls in der Höhe von Wasserfluten, die einst stattgehabt haben sollten, fortgeschwemmt worden sein könnten“* (Cuvier 1822, Bd. 1, S. 239). Ein solcher Komet, der derartige Wirkungen hervorrufen kann, müsste nach Gruithuisens Berechnungen im Ganzen 320 und der Kern 32 geographische Meilen zum Durchmesser gehabt haben, wenn, wie bei allen übrigen Kometen, sich das Verhältnis des festen Kerns zu seinem Urwasser im Durchmesser wie 1 : 10 verhält. Nach solchen vorgeschichtlichen Fluten konnte sich nach Gruithuisens Meinung jene Katastrophe ereignet haben, die im Norden den Untergang des *„Urelefants, des Mammuts“* verursacht hat. Auch hier soll es ein Kometeneinschlag gewesen sein, der jene Flut hervorrief, die diese Riesentiere ertränkt und nach einer daraufhin eingetretenen *„rauen Winternacht“* in Schutt und Eis vergraben hat. Dieser relativ kleine Komet, dessen ganzer Durchmesser nicht ganz 17 und sein Kern nicht ganz zwei geographische Meilen betragen konnte, war für Gruithuisen das *„neueste, instruktivste Exemplar. Denn er war sichtbar und die Wirkung seines Einschlages auf Grund der Knochenfunde erfahrbar.“* Cuviers Ansichten vom *„plötzlichen Entstehen aller Revolutionen“* entspricht daher nach Gruithuisens Meinung nur zu deutlich seinen eigenen Vorstellungen von den kosmologischen Ursachen der großen Flutkatastrophen, sodass er am Schluss seiner Abhandlung voll Stolz erklären kann: *„So führten uns die Natur und ihre Gesetze in den Wirkungen der in die Erde versunkenen Kometen, von welchen noch Myriaden übrig sind, aus den spätesten geologischen Begebenheiten, der Zeit nach, bis über die Grenze der beginnenden Geschichte, und ich habe meine Aufgabe von den vorgeschichtlichen Fluten und ihrer Kausalität gelöst“* (Gruithuisen 1846, S. 91).

Obwohl die meisten Astronomen nach Olbers und Gruithuisen die Wahrscheinlichkeit eines Zusammenstoßes noch immer als sehr gering einschätzten, waren sie doch der Überzeugung, dass eine solche Begegnung nicht unmöglich sei: *„Kein Gesetz der Himmelsmechanik steht dem Zusammenstoß zweier Gestirne entgegen, die sich zerschmettern, zu Pulver zerreiben, sich gegenseitig zu Dampf auflösen“* (Flammarion o. J., S. 509). Der durch seine populären Schriften beliebte französische Astronom Camille Flammarion hält sogar den Zusammenstoß eines Kometen mit der Erde *„unter wissenschaftlichem Gesichtspunkt im höchsten Grade für wünschenswert“*. Obwohl auch er der Meinung ist, dass das nicht ungefährlich wäre – es könnten ganze Kontinente oder zumindest ganze Länder oder Großstädte wie Paris, London, New York oder Peking vernichtet werden – , wäre ein solches Ereignis von höchstem Interesse für die Astronomen, die sich natürlich weit genug vom Ort des Schrecknisses befinden müssten. Sie könnten nachher die herumliegenden Bruchstücke des Kometen untersuchen. Doch da Flammarion mit seinem großen Vorbild Arago annehmen muss, dass die Aussicht auf ein Nichteintreten dieses Falles 280 Millionen : 1 beträgt, darf man auch nach seiner Meinung *„darauf nicht hoffen, aber auch nicht verzweifeln. Denn der Zufall ist sehr groß“* (Flammarion o. J., S. 509). Zumindest ermöglicht er dem fantasiereichen Astronomen und Vorkämpfer der Astrobiologie (vgl. Oeser 2009) ein Szenario zu entwerfen, das durchaus den heutigen Vorstellungen eines Kometeneinschlages entspricht. In seinem 1894 erschienenen Buch *„La fin du monde“* geht er von der Fiktion aus, dass Astronomen einen neuen Kometen entdeckt haben und bei der Berechnung der Bahn erkennen mussten, dass er sich auf Kollisionskurs mit der Erde befindet (Abb. 16).

Wäre die Zusammensetzung dieses Kometen lediglich eine Ansammlung von gefrorenen Gasen, die sich bei der Temperatur von 273 Grad unter null im Weltraum im Zustand eines Nebels oder festen Staubes befände, dann würde die Begegnung mit ihm nur *„einen hübschen Sternschnuppenregen“* verursachen und keinen folgenschweren Einfluss auf das menschliche Leben nach sich ziehen: *„Höchstens würden die schwachen Lungen dabei unterliegen. Es wäre eine Art Influenza, welche die Zahl der tägli-*

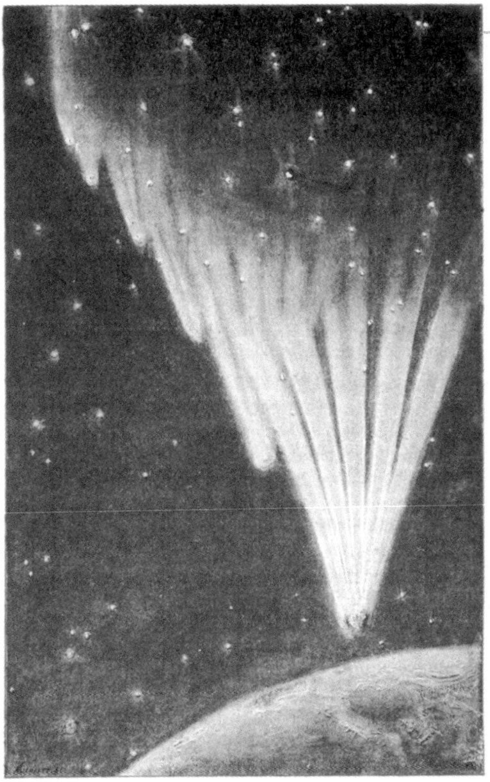

Abb. 16: Ein Komet vor dem Einschlag auf die Erde (aus Flammarion 1894)

chen Todesfälle verdrei- oder verfünffachen könnte.“ Wenn aber der Kern dieses Kometen metallische Massen oder Meteorsteine von mehreren Kilometern Durchmesser und Millionen Tonnen schwer enthielte, dann würde die Gegend, auf die diese Massen stoßen, rettungslos zermalmt werden. *„Doch warum sollten diese Stellen gerade bewohnt sein?“*, fragt sich Flammarion. *„Drei Viertel des Erdballs sind mit Wasser bedeckt. Jene Massen können auch ins Meer fallen.*“ Jedenfalls wird nur auf gewissen Teilen der Erde eine Katastrophe eintreten. Es wird ein Stoß, eine *„Anrempelung im großen Stil, ein lokales Unglück geben, aber weiter auch nichts*“ (Flammarion 1894, S. 34 f.). Aber eine Todesgefahr für die ganze Menschheit könnte sich aus den hochgiftigen Gasen ergeben, die nach damaliger Meinung den Kern des Kometen umgeben sollen. Beim Zusammentreffen der ungeheuren gasförmigen Hülle des Kometen mit der Erde werden diese hochgiftigen Gase mehrere Stunden lang den ganzen Erdball umgeben und für alle Menschen den Tod bedeuten: *„Man wird sehen, wie diese unglücklichen*

Abb. 17: Erstickungstod der Menschen durch die giftigen Gase des Kometen (aus Flammarion 1894)

Sterblichen vergebens nach atembarer Luft ringen und erstickt hinfallen" (Flammarion 1894, S. 39; vgl. Abb. 17).

Eine weitere Folge des Zusammenstoßes mit der gasförmigen Kometenmasse, so dünn sie auch sein mag, wäre die Umsetzung der Bewegung in Wärme. Nach thermodynamischen Prinzipien würde das *„eine solche Temperatursteigerung nach sich ziehen, dass wahrscheinlich unsere ganze Atmosphäre Feuer finge ... Die Lufttemperatur würde um mehrere Hunderte von Graden steigen. Wälder, Gärten, Pflanzen, menschliche Wohnungen in Städten und Dörfern, alles würde rasch verzehrt werden; das Meer, die Seen und die Flüsse würden anfangen zu sieden; Menschen, Tiere, von diesem glühenden Atem der Kometen überfallen, würden den Erstickungstod erleiden, ehe sie verbrannt wären, da die keuchenden Lungen nur noch Feuer einatmeten"* (Flammarion 1894, S. 46 f.). Flammarion hat aber auch bereits einen Großteil der modernen Szenarien eines Asteroidenimpaktes vorweggenommen, wenn er die Folgen eines angenommenen Zusammenstoßes mit einem festen Kometenkern schildert: *„Nach der ersten Berührung der äußersten Zonen der Kometenatmosphäre strömte die Hitze eines glühenden Ofens von oben herab und ein widerlicher Schwefelgeruch verpestete die Atmosphäre. Gleichzeitig fiel ein Feuerregen aus der Höhe herab, ein Regen von Sternschnuppen und Meteoren, deren ungeheure Mehrzahl zwar nicht bis auf den Boden gelangte, von denen aber doch ein großer Teil wie Bomben zersprangen und die Dächer durchschlugen. Überall entstanden Feuersbrünste. Der Himmel stand in Flammen, wie wenn ein Heer von Blitzen plötzlich die Welt entzündet hätte. Ohne Unterbrechung folgten betäubende Donnerschläge aufeinander, die einesteils von dem Zerplatzen der Feuerkugeln, andererseits von einem grausigen Gewitter herkamen, in das sich alle atmosphärische Wärme in Elektrizität umgesetzt hatte. Ein beständiges Rollen, wie von entfernten Trommeln, erfüllte die Ohren mit einem langen dumpfen Getöse, das von haarsträubenden Stößen und von unheimlichem Schlangengezisch durchbrochen wurde. Dazwischen hörte man wildes Geschrei, das Gebrodel eines ungeheuren siedenden Kessels und donnernde Explosionen, wiederholte Kanonaden und Windesgeheul, Menschenseufzer und Bodenerschütterungen, wie wenn die Erde zusammenstürzte"* (Flammarion 1894, S. 148 f., vgl. Abb. 18).

Bei einen Zusammenstoß mit einem sehr großen Kometen hält es Flammarion sogar für möglich, dass die ganze von der ungeheuren Kometenmasse getroffene Seite der Erde schon verbrannt sein würde, bevor sich die Bewohner der anderen Seite des katastrophalen Ereignisses bewusst sein würden. Durch den auf der Einschlagseite der Erde zustande gekommenen

Abb. 18: Einschlag von Meteoriten in die Dächer der Häuser von Paris (aus Flammarion 1894)

Glutofen würde eine sturmwindartige Luftströmung entstehen, die heftiger wäre als die fürchterlichsten Orkane, die jemals auf der Erde gewütet haben. Noch furchtbarer als die ständigen am Äquator des Jupiters herrschenden Strömungen würde sie auf ihrem Wege alles umstürzen.

Flammarions Visionen über die Folgen eines Kometeneinschlages auf unserer Erde sollten in einem bescheidenen Maß nur wenige Jahre später zur Realität werden. Zum Glück fand dieser tatsächlich eingetretene Kometeneinschlag nicht in einer Großstadt wie Paris, Rom oder London statt, sondern in einem kaum bewohnten Gebiet des nördlichen Sibiriens. Am

Morgen des 30. Juni 1908 zog eine helle Feuerkugel am Nordende des Baikalsees vorbei in Richtung Nordwesten und hinterließ nach Zeugenaussagen einen noch lange am Taghimmel sichtbaren Dunstschweif. Nach dem Verschwinden dieser Feuerkugel war bald das dumpfe Grollen einer fernen Explosion zu hören. Diese Explosion, von der es direkt keinen Augenzeugenbericht gibt, vollzog sich im Flussgebiet der steinigen Tunguska, einem östlichen Nebenfluss des Jenissej. Wie spätere Untersuchungen zeigten, musste dieser Himmelskörper schon durch den Bremsvorgang in der Atmosphäre so stark erhitzt worden sein, dass er noch vor Erreichen des Erdbodens in einer Höhe von 8,5 Kilometern, oder vorsichtiger ausgedrückt zwischen 5 und 10 Kilometern, zur Explosion kam. Das konnte man einerseits aus dem Fehlen eines Kraters und andererseits aus der verheerenden Wirkung an dem von Wäldern bedeckten Boden erschließen: In einem Gebiet von 2000 Quadratkilometern mit einem Radius von durchschnittlich 30 Kilometern waren die Bäume in radialer Richtung gefällt worden. Dort wo sie noch aufrecht standen, waren alle Zweige abgerissen und zu Boden geschleudert worden. Sie boten den Anblick eines sogenannten Telegrafenstangenwaldes (vgl. Abb. 19).

Die Druckwellen rasten zweimal um den Erdball; während der folgenden beiden Nächte sah man in Europa hoch am Himmel die Wolken des bei dem

Abb. 19: Die verheerende Wirkung des Tunguska-Impakts (aus Herrmann 1936)

Aufprall aufgeworfenen Staubes glühen, da sie noch immer von der Sonne angestrahlt wurden, die für die Erdenbewohner längst untergegangen war. Zum Gegenstand systematischer wissenschaftlicher Forschung wurde das Ereignis aber erst zwei Jahrzehnte später. Erst 1927 besuchten sowjetische Wissenschaftler unter Leitung von Leonid Kulik die Einschlagsstelle. Man fand dort einen großen Sumpf und zahlreiche Gruben. Kulik glaubte, er habe es hier mit Kratern vom Einschlag kleinerer Meteoritenfragmente zu tun. Also wurde ein Graben ausgehoben, um eine der größeren Gruben zu entwässern, doch von einem Meteoriten fand sich darin keine Spur. Drei spätere Expeditionen, die zur Aufschlagsstelle kamen, bevor die Forschungen durch den Ausbruch des Zweiten Weltkrieges unterbrochen wurden, gelangten zu dem Ergebnis, die Gruben seien wahrscheinlich schon vorhanden gewesen, bevor der Feuerball einschlug. Von dem in die Erdatmosphäre eingetretenen Objekt seien keine nennenswerten Bruchstücke erhalten geblieben und in den Boden geschlagen. Nach dem Krieg nahm man die wissenschaftlichen Forschungsarbeiten an der Einschlagsstelle wieder auf. Zwar fand man noch immer keine Meteoriten, doch Bodenproben aus diesem Gebiet enthielten kleine, annähernd kugelförmige Objekte. Die chemische Zusammensetzung dieser erstarrten Gesteinsschmelzetropfen ließ am ehesten an kosmischen Staub denken. Anscheinend handelte es sich in diesem Fall nicht um Auswurf aus dem Aufprallkrater. Vielmehr stammten die Kügelchen direkt von dem Kometen, der mehrere Kilometer über der Gegend explodiert war; sie waren als kosmischer Fallout auf die Erde herabgeprasselt (vgl. Hsü 1990).

Auf die möglichen Beziehungen des Tunguska-Ereignisses zum Kometen Encke bzw. eines Bruchstücks von ihm hatte der tschechoslowakische Astrophysiker Lubor Kresák hingewiesen. Nach seinen Berechnungen könnte der Erde an dem bewussten 30. Juni 1908 über Sibirien eine Begegnung mit einem Teilstück des Encke'schen Kometen widerfahren sein. Dieses Teilstück sollte sich aber schon vor einigen Tausend Jahren von seinem Mutterkometen abgespalten haben, wobei sich seine Bahn gegenüber dem Hauptkörper allmählich bis zum Kollisionskurs von 1908 verschoben haben müsste. Außerdem machte Kresák noch darauf aufmerksam, dass der Meteorstrom der Beta-Tauriden, dessen Sichtbarkeit vom 25. Juni bis 7. Juli anhält, nur wenig von der Herkunftsrichtung des Tunguska-Objektes abweicht. So könnte es sein, dass das Encke-Bruchstück irgendwo mittendrin im Beta-Tauriden-Meteorstrom seine Bahn bis zur Katastrophe zog. Ein Hinweis darauf ist das Phänomen der anomal hellen Nächte von 1908, das nach den älteren Berichten vor allem in den letzten Tagen des Juni zu beobachten war und das nicht schon Tage früher einsetzen konnte, als sich der Staub aufwirbelnde Einschlag des kosmischen Körpers überhaupt vollzogen hat (vgl. Reichstein 1985, S. 186). Dass aber auch diese Katastrophe eines Kometeneinschlags nicht nur Tod und Zerstörung bedeutete, sondern auch der Neubeginn einer Lebenswelt war, ließ sich durch eindeutige Anzeichen von Wachstumsbeschleunigungen am Baumbestand des Katastrophengebietes in den Folgejahren nachweisen.

Die Anfänge moderner Impakttheorien

Die spekulativen Visionen der alten Astronomen des 18. und 19. Jahrhunderts über Kometeneinschläge, die, wie das Tunguska-Ereignis zeigt, durchaus Realität werden können, wurden jedoch von den Geologen und Paläontologen der Gegenwart nicht beachtet oder bald wieder vergessen. Sie scheinen auch nicht bei jenen Vertretern des Neokatastrophismus auf, die nach ihren historischen Vorläufern gesucht hatten, ob sie nun Astronomen (John S. Lewis 1997), Geologen (Alexander Tollmann 1993) oder Paläontologen (David M. Raup 1990) sind. Als Vorläufer werden vielmehr jene *„Querdenker“* mit ihren *„tollkühnen Thesen“* (Raup 1990, S. 38) angesehen, die erst in der zweiten Hälfte des vergangenen Jahrhunderts völlig unabhängig voneinander ihre revolutionär anmutenden aber, wie eben gezeigt, nicht wirklich neuen Ansichten vertreten haben. Einer der Ersten von diesen Vorläufern des im 20. Jahrhundert wieder neu auflebenden Katastrophismus war der aus Estland stammende Astronom Ernst Julius Öpik (1893–1985), der die Ansicht vertrat, dass Kometeneinschläge unter den Lebewesen der Erde Schäden verheerenden Ausmaßes bis hin zur Artenauslöschung anrichten können (Öpik 1951). Er ging bei seinen Überlegungen nicht von globalen, sondern von regional begrenzten Auswirkungen aus. Nach seiner Auffassung wäre der Schaden, den ein Kometeneinschlag verursacht, in der Regel auf einen gewissen *„Letalbereich“* rund um die Einschlagsstelle begrenzt, was vielmehr der alten Vorstellung Cuviers entspricht, der ebenfalls keine weltweite Katastrophen angenommen hatte und dadurch nicht gezwungen war, Neuschöpfungen anzunehmen. Im Zusammenhang mit einer Untersuchung der Flugdynamik von Meteoren in der Atmosphäre und der Kollisionswahrscheinlichkeiten naher Asteroiden mit der Erde fand Öpik, dass neben den todbringenden Effekten großer Einschläge auch genügend große Körper die Erdkruste durchdringen und große Flächen von Ergussbasalten bilden können, wie man sie in den Dekkan-Trapp-Schichten im indischen Hochland und dem Bett des Columbia-Flusses im amerikanischen

Nordwesten findet. Sehr starker Vulkanismus wäre also eine Folge von Arten zerstörenden Einschlägen und keine Alternative dazu. Aber auch diese Arbeiten Öpiks wie alle seine anderen blieben außerhalb der Fachgrenzen der Astronomie weitgehend unbeachtet.

Die kosmischen Ursachen des Massensterbens wurden auch von zwei Geologen (Allan Kelly und Frank Dachille 1953) behandelt. Sie versuchten die starke Verschiebung der Erdmagnetpole damit zu erklären, dass Einschläge von Kometen und Asteroiden die Achsenlage der Erde von Zeit zu Zeit stark verändern könnten. Eine einfache Berechnung zeigt jedoch, dass ein Einschlag der Größenordnung, die nötig wäre, die Erdachse merklich zu verändern, die Biosphäre völlig vernichtet hätte. Heute weiß man, dass die Einschlagskraterrate auf den Planeten mindestens 10 000-mal geringer ist, als sich Kelly und Dachille dies vorstellten. Doch ihr Szenario ist in einigen Punkten immer noch von Interesse: Sie nahmen an, dass diese abrupten Achsenänderungen die Ozeane buchstäblich aus ihren Becken herausgeschoben haben und dramatische Klimaänderungen nahe den Polen verursachten. In ihrer Vorstellung, dass solche Ereignisse sehr häufig auftreten, führten sie, ähnlich wie später die beiden österreichischen Geologen Alexander und Edith Tollmann (1993), die weitverbreiteten Mythen über die Sintflut und andere Überschwemmungen in vielen Weltkulturen (der jüdisch-christlichen, babylonischen, hinduistischen, chinesischen, chaldäischen, griechischen und der Kultur der amerikanischen Indianer) auf das letzte dieser Ereignisse zurück. Sie verknüpften dann das Aussterben des Mammuts, des wolligen Rhinozeros, der Säbelzahnkatze, des Riesenfaultiers und anderer Tierarten mit einem vor 8000 bis 15 000 Jahren aufgetretenen Einschlag. Aber sie brachten ihre Ideen nicht mit den viel früher aufgetretenen Fällen eines Artensterbens in Verbindung, das in den Sedimentgesteinen aufgezeichnet ist (Lewis 1997, S. 149).

Dass auch das Dinosauriersterben auf den Einschlag eines riesigen Meteoriten auf die Erde zurückzuführen ist, hatte bereits der amerikanische Professor für Paläontologie an der Staatsuniversität von Oregon Max Walker de Laubenfels angenommen. Nach seinen Berechnungen genügte dafür ein Eisenmeteorit von 100 Metern Durchmesser und einem Gewicht von 30 Millionen Tonnen. Sein Aufprall auf die Erde hätte Energien freigesetzt, die der Explosivkraft von 3000 Megatonnen des konventionellen Sprengstoffes Trinitrotoluol (TNT) entsprechen. Er vertrat die These, dass als Folge eines solchen Einschlages eine zwar sehr kurze, aber mit extrem hoher Temperatur ausgestattete Hitzeperiode den Untergang der Dinosaurier bewirkt habe. Er nahm Temperaturen an, die in den Tropen dem Siedepunkt nahekommen und bis zu 50 Grad Celsius in höheren Breiten erreichen sollten. Verheerende Böen überhitzter Luft wirbelten überall umher, und nur vereinzelte kleine Partien der Kontinente blieben verschont. Die Dinosaurier mussten unter derartigen Umständen verenden, denn sie konnten sich nicht vor der Hitze in Sicherheit bringen. Schildkröten dagegen, welche die Fähigkeit besitzen, stundenlang unter Wasser den Atem anzuhalten, konnten überleben, desgleichen Krokodile. Auch die Gelege ihrer Eier, die gut im Schlamm vergraben waren, überstanden die Katastrophe. Die kleinen Echsen überlebten, weil sie sich in Felsspalten oder in ihren Nisthöhlen vor der Hitze verbergen konnten. Auch Schlangen lebten weiter, weil auch sie sich in der Erde verkriechen konnten. Vögel und Säugetiere überstanden die Katastrophe am besten, weil sie in schneebedeckten hohen Breiten lebten, wo sich die siedendheiße Luft, wenn sie meilenweit über Schneefelder streicht, so weit abkühlen konnte, dass man sie noch atmen kann. Eine kurze Hitzewelle, wie sie de Laubenfels annahm, hätte auch genügend Vegetation übrig gelassen, um die Erde anschließend wieder ergrünen zu lassen. Mochten viele Pflanzen bis hin zum Boden verbrannt sein, ihre Wurzeln konnten dann doch wieder treiben (de Laubenfels 1956; vgl. Hsü 1990, S. 123 f.). Doch auch dieser selbständige von seinen historischen Vorläufern unabhängige Ansatz zur Erneuerung der Impakthypothese wurde kaum beachtet, denn de Laubenfels starb bereits zwei Jahre nach dessen Veröffentlichung.

Dass einer der Hauptvertreter des Saltationismus, also der Vorstellung von der Evolution in großen Sprüngen (siehe Kap. 2), logisch konsequent auch zum Wortführer des *„Neokatastrophismus"* wurde, lässt sich leicht nachvollziehen. Es war Otto Heinrich Schindewolf, der auf der 13. Hauptversammlung der Deutschen Geologischen Gesellschaft die Bezeichnung *„Neokatastrophismus"* nicht nur für seine Vorstellung annehmbar hielt, sondern auch darauf hinwies, dass sie eigentlich gar nicht neu ist: *„Sie liegt letzten Endes, wenn auch vielleicht nicht klar ausgesprochen, unserer altbewährten Gliederung der Erdgeschichte in Proterozoikum, Paläozoikum, Mesozoikum und Känozoikum zugrunde. Die Schöpfer dieser Einteilung hatten offenbar das deutliche Gefühl, dass an den Grenzen jener zoisch begründeten Ären ausgeprägte Wandlungen der tierischen Lebewelt vorliegen, die jeweils eine Summe von Formationen bzw. Systemen zu Kategorien höherer Ordnung zusammenschließen lassen"* (Schindewolf 1962, S. 430 f.). Er, der seinen Ruf als Paläontologe vor allem auf seine Forschungen über das große Massenaussterben am Ende des Perms begründete, stellte die Hypothese zur Diskussion, dass diese Massenauslöschung am Ende des Perm auf den

Ausbruch einer *„Supernova"*, einer in Erdnähe erfolgten Explosion eines Sterns, zurückzuführen sei. Doch die Wahrscheinlichkeit, dass mindestens einmal im Lauf der Erdgeschichte ein Supernova-Ausbruch nahe genug bei der Erde stattgefunden haben könnte, um auf unserem Planeten ein Massenaussterben anzurichten, ist nicht sehr hoch. Nach zuverlässiger Schätzung beträgt der Wahrscheinlichkeitswert für einen Supernova-Ausbruch im Erdumkreis von 100 Millionen Lichtjahren im Mittel 1 pro 750 Millionen Jahre. Das wäre zwar in Bezug auf das Perm-Massenaussterben ein durchaus plausibler Häufigkeitsgrad. Doch eine Distanz von 100 Millionen Lichtjahren zur Erde reicht für diesen Effekt bei Weitem nicht aus. Für eine Supernova in nur zehn Lichtjahren Entfernung ist die Wahrscheinlichkeit weitaus geringer. Abgesehen von diesen statistischen Erwägungen fällt jedoch der Umstand noch schwerer ins Gewicht, dass Schindewolf keinerlei unabhängiges Indiz für einen Sternausbruch im Perm vorzuweisen hatte. Seine Hypothese ist einzig in der ansonsten unerklärlichen Plötzlichkeit und Umfänglichkeit des Artensterbens begründet: *„Schindewolf mochte sich das Gehirn zermartern, wie er wollte: er kam auf keinen irdischen Vorgang, kein irdisches Phänomen, der oder das ihm die Erklärung für die Dinge geboten hätte, die er aus der Fossilgeschichte des Perms herauslas. So war seine Hypothese gewissermaßen ein Akt der Verzweiflung. Hätte irgendjemand anderer die gleiche Idee geäußert – jemand ohne Schindewolfs ausgewiesene Kennerschaft der Schichtfolgen des Perm oder ohne seine Beschlagenheit in der Paläontologie im Allgemeinen – wäre ein solches Postulat wahrscheinlich als offenkundiges Hirngespinst mit stillschweigender Missbilligung ad acta gelegt worden"* (Raup 1990, S. 42).

Doch bereits wenige Jahre später hatte der kanadische Geologe und Paläontologe Digby J. McLaren in seiner Rede zum Amtsantritt als Präsident der Paleontological Society im Jahr 1970 eine weitere Hypothese über das Massenaussterben einer anderen erdgeschichtlichen Epoche vertreten. Nach seiner Meinung sei die Frasne-Auslöschung des Devons vor rund 365 Millionen Jahren möglicherweise die indirekte Folge eines Meteoriteneinschlags gewaltigen Ausmaßes gewesen: *„Die immer deutlicheren Hinweise auf gewaltsame Ereignisse in der Erdgeschichte werden durch die Entdeckung von Kratern auf der Rückseite des Mondes und auf der Marsoberfläche unterstützt, das heißt, in allen Teilen des Sonnensystems, die einer gründlichen Untersuchung zugänglich geworden sind. Ich postuliere deshalb den Einschlag eines großen oder sehr großen Meteoriten im Pazifik zur Zeit des Paläozoikums, am Ende des Frasniums"* (zit. nach Lewis 1997, S. 141). McLaren war jedoch darauf bedacht, diese Annahme nur als eine von mehreren denkbaren Erklärungsmöglichkeiten zu präsentieren. Wie Schindewolf verfügte auch er damals über keinerlei handgreifliches Beweismaterial für das angenommene Ereignis (Raup 1990, S. 43). Erst mehr als 10 Jahre später konnte er in Australien eine Iridiumanomalie in der Frasne-Stufe des Devons entdecken (McLaren 1985) und damit ein anerkanntes Indiz für seine Hypothese von der kosmischen Ursache dieser Katastrophe liefern. Denn Iridium ist ein Element, das in den Gesteinen der Erdkruste nur sehr selten vorkommt, aber einen häufigen Bestandteil von Meteoriten bildet und sonst nur in den Metallkernen der Planeten zu finden ist. Das konzentrierte Vorkommen dieses Elements an verschiedenen Orten in den gleichen Ablagerungsschichten lässt daher den Schluss zu, dass in dieser Epoche in kurzer Zeit eine große Menge außerirdischen Materials auf der Oberfläche der Erde abgelagert wurde.

Auch der Nobelpreisträger für Chemie Harold Urey konnte für seine im Jahre 1973 aufgestellte Hypothese, dass mehrere der in den letzten 40 bis 50 Millionen Jahren eingetretenen Auslöschungsvorfälle jeweils durch den Einschlag eines großen Kometen verursacht worden seien, durch ein anderes ebenso stichhaltiges Indiz begründen: die Auffindung und Datierung der sogenannten Tektiten. Das sind kleine tropfenförmige glasige Kügelchen, die man auf dem Erdboden findet und allgemein für das Ergebnis von Meteoriten- oder Kometeneinschlägen hält. Bei der statistischen Analyse seines Datenmaterials stellte Urey eine so große Übereinstimmung zwischen der Chronologie des Aussterbens auf der einen und der Altersstufung der Tektiten auf der anderen Seite fest, dass es nicht auf bloßen Zufall beruhen konnte. Zum Abschluss seines Artikels von 1973 äußerte er die Vermutung, dass man eines Tages vielleicht einmal Tektite finden werde, deren Alter dem des Dinosaurier-Aussterbens am Ende der Kreidezeit entspreche. Seiner Meinung nach war auch dieses Aussterben höchstwahrscheinlich durch einen Kometeneinschlag bedingt: *„But it does seem possible and even probable that a comet collision with the Earth destroyed the dinosaurs and initiated the Tertiary division of geologic Time“* (Urey 1973, S. 32).

Der Dinosaurier-Impakt: Alvarez 1980

Es war jedoch nicht von vornherein die Suche nach dem seltenen Edelmetall Iridium oder nach den Tektiten, um die Hypothese zu bestätigen, dass das Aussterben der Dinosaurier auf den Einschlag eines Himmelskörpers zurückzuführen sei, sondern das ursprüngliche Ziel einer Forschergruppe um den Nobelpreisträger Luis Alvarez und seinen Sohn, den Geologen Walter Alvarez, war zunächst nur die Suche nach einem Maß für die Sedimentationsgeschwindigkeit in den Schichten an der Kreide-Tertiär-Grenze. Dazu eignet sich am besten die Feststellung des Iridiumgehaltes dieser Schichten, die am deutlichsten in der Bottacione-Schlucht bei Gubbio in Umbrien (Italien) zutage treten. Im sogenannten *„Grenzton"*, einer schmalen, unscheinbaren bloß einen Zentimeter dicken Schicht, welche die Kreide-Tertiär-Grenze vor 65 Millionen Jahren markiert, wurde von Alvarez und seinen Mitarbeitern überraschenderweise ein außergewöhnlicher, 63-fach über der Norm liegender Iridiumgehalt festgestellt. Ein derartig hoher Iridiumgehalt konnte nicht aus der Erdkruste oder aus den darunterliegenden Schichten hergeleitet werden. Zuerst nahm man an, dass eine Supernova für diesen hohen Iridiumgehalt verantwortlich sein könnte. In den Proben aus Gubbio war jedoch die Iridiumkonzentration so hoch, dass die Entfernung zu dem angenommenen explodierenden Stern nur etwa ein Zehntel eines Lichtjahres betragen haben konnte. Doch wegen der äußerst geringen Wahrscheinlichkeit, dass sich während der letzten 100 Millionen Jahre eine solche Explosion derart nahe bei unserem Sonnensystem ereignete, wurde diese Annahme sehr bald von Alvarez selbst als unhaltbare Spekulation verworfen (vgl. Alvarez et al. 1980, S. 1102).

Weitere geologische Untersuchungen zeigten nicht nur, dass diese Iridiumanomalie auch an anderen Orten in Europa feststellbar war – so hatte die Grenztonschicht zwischen Kreide und Tertiär in Dänemark einen noch höheren Überschuss an Iridium als in Gubbio –, sondern dass sie auch an so weit entfernten Stellen der Erde wie Neuseeland vorkommt. Entscheidend war jedoch, dass diese Iridiumanomalie genau mit der Zeit eines der größten Massenausterben der Erdgeschichte, dem Untergang der Dinosaurier und vieler Arten von Meerestieren, zusammenfällt. Das war ein Indiz dafür, dass der Überschuss an Iridium nicht durch ein langsames Anhäufen des äußerst gering, aber gleichmäßig auf die Erde einfallenden Meteoritenstaubs, sondern nur durch ein außergewöhnliches Ereignis zustande gekommen sein konnte. Dieses außergewöhnliche Ereignis konnte nach der Auffassung von Alvarez und seinen Mitarbeitern nur der Einschlag eines Asteroiden sein, der zu dieser Zeit die Erdbahn kreuzte: *„In Kürze besagt unsere Hypothese, dass ein Asteroid auf die Erde einschlug und einen Krater verursachte. Eine Menge des staubförmigen Materials, das aus dem Krater ausgeworfen wurde, erreichte die Stratosphäre und verbreitete sich rund um den Erdball. Dieser Staub verhinderte, dass das Sonnenlicht für eine Periode von mehreren Jahren die Erdoberfläche erreichen konnte, bis* *sich der Staub auf die Erde niederschlug. Der Verlust des Sonnenlichts unterdrückte die Fotosynthese, was dazu führte, dass die meisten Nahrungsketten zusammenbrachen und dadurch das Aussterben erfolgte"* (Alvarez et al. 1980, S. 1105).

Gegen diese *„Verdunkelungsthese"* mit der anschließenden Konsequenz des Hungertodes vieler Arten von Lebewesen gab es zwar kein stichhaltiges Argument, doch sie war zu einfach (Hsü 1990, S. 173). Zwar erklärt das Modell der Finsternis am helllichten Tage das Absterben der Pflanzen am Ende der Kreidezeit, doch für den Untergang der Dinosaurier reicht diese Erklärung nicht aus. Wenn die Verfinsterung nur ein paar Monate dauerte, wie die Berechnungen nahelegen, blieb doch noch immer genug Nahrung übrig, um einige Pflanzenfresser am Leben zu erhalten. Auch muss es genügend Kadaver gegeben haben, um die Fleischfresser zu ernähren. Vor allem war diese *„Verdunkelungsthese"* nicht geeignet, um das gesamte Muster des Massensterbens am Ende der Kreidezeit zu erklären, bei dem es nicht nur um die ausgestorbenen, sondern auch um die überlebenden Organismen geht: *„Das Rätsel der Katastrophe am Ende der Kreidezeit besteht nicht so sehr darin, warum viele Arten ausstarben, sondern warum einige überhaupt überlebten. Hart betroffen wurde das an der Oberfläche der Ozeane lebende Meeresplankton. Tief am Meeresboden heimische benthische Organismen aber kamen davon. Von den Plankton-Lebewesen wurden diejenigen nahezu ausgerottet, die Skelette aus Kalziumkarbonat besaßen, wogegen die mit Kieselsäurepanzern ausgerüsteten nahezu ungeschoren überlebten. Die schwimmenden Ammoniten und Belemniten wurden ausgerottet, doch die nautilusartigen Mollusken überlebten die Krise. Unter den benthischen Organismen, die in flachen Gewässern lebten, war die Todesrate gleichfalls unterschiedlich: Echinoiden (Seeigeln) ging es besser als Brachiopoden (Armfüßern), und während Brachiopoden auf schlammigen Böden überlebten, kamen ihre Verwandten, die Kalkböden bevorzugten, um. Kleine wirbellose Süßwassertiere, – z. B. Fluss- und Seemuscheln – schienen überhaupt nicht betroffen worden zu sein. An Land erwiesen sich besonders die größeren Tiere, vor allem die mit einem geschätzten Körpergewicht von mehr als 25 Kilogramm als verwundbar"* (Hsü 1990, S. 173). Dieses Muster des endkreidezeitlichen Massensterbens ist nur erklärbar, *„wenn die Biologie der unterschiedlichen Organismen verstanden wird, denn das Verderben (oder auch nur eine vorübergehende Krise) der einen Kreatur ist die Chance der anderen. Und dies hängt stets davon ab, wie jede einzelne ihr Leben nach den ihr gemäßen Bedingungen leben kann"* (Hsü 1990, S. 173).

Abb. 20: Der Dinosaurier-Impakt

Doch hier stößt man an Grenzen der Erklärungsmöglichkeiten, die nicht überwindbar sind. Keines dieser ausgestorbenen Tiere, ob es sich nun um Meerestiere wie die Ammoniten oder Landtiere wie die Dinosaurier und Riesenreptilien handelt, kann man heutzutage beobachten, um sichere Erkenntnisse über ihre Lebensgewohnheiten zu bekommen. Nur indirekte Schlüsse, ausgehend von immer wieder verbesserten Rekonstruktionen ihrer physischen Gestalt und der damaligen Umwelt, sind hier möglich. So streiten sich die Paläontologen noch immer über die Frage, ob Tyrannosaurus Rex das größte Fleisch fressende Raubtier war, das jemals die Erde getragen hat, oder ob er nur wegen seiner verkümmerten Arme, die zum Festhalten der Beute nicht geeignet waren, ein gewöhnlicher Aasfresser war, oder ob er vielleicht beide Strategien für seine Ernährung benutzt haben könnte. Und genauso wenig kann man direkt überprüfen, wie weit diese ausgestorbenen Tierarten fähig waren, Hitze, Kälte, Säuregehalt und Luftverschmutzung oder andere Veränderungen ihrer Umwelt zu ertragen; ob ihr Aussterben schlagartig im wahrsten Sinn des Wortes erfolgte oder ob es sich über größere Zeiträume erstreckt hat. Fest steht jedenfalls, dass bereits fünf Millionen Jahre vor dem Ende der Kreidezeit ein großer Teil der Meeresreptilien ausstarb und drei Millionen Jahre vor dem Endkreide-Impakt auch die meisten Saurier des Festlandes nach dem Muster des Darwin'schen Hintergrundaussterbens verschwanden. Fest steht aber auch, dass der Asteroiden-Einschlag das Ende von mindestens sieben der letzten Dinosauriergattungen (vgl. Eldredge 1997, S. 148) bedeutete, unter denen sich auch der berühmt-berüchtigte Tyrannosaurus Rex befand (vgl. Abb. 20).

Nach dem Erscheinen des Artikels von Alvarez und seinen Mitarbeitern gab es daher nicht nur heftige Kritik an der Impakttheorie von den Vertretern des Lyell'schen Uniformismus, sondern es setzte auch ein Wettlauf von Naturwissenschaftlern aller Art nach weiteren Erklärungsmöglichkeiten über das nicht nur auf die Dinosaurier beschränkte Massenaussterben am Ende der Kreidezeit ein. Das Resultat war, dass man nach 30 Jahren intensiver Untersuchungen und Debatten nicht ein einziges Argument gegen die Impakttheorie hatte entdecken können, *„während gleichzeitig eine Welt von geologischen und geophysikalischen Beweisen gezeigt hat, dass kein einziger plausibler irdischer Mechanismus passen würde“* (Sharpton und Grieve 1990, S. 314). Vor allem war es durch diese beispiellose Zusammenarbeit von Wissenschaftlern verschiedener Provenienz möglich, eine genaue Chronologie des Ablaufs dieses katastrophalen Impakts zu rekonstruieren (vgl. Tollmann 1993, S. 32 ff.).

Weltenbrand, Winternacht und saurer Regen

Der Einschlag eines solchen großen Asteroiden, wie ihn Alvarez und seine Mitarbeiter annahmen, kann eine Materiemenge auswerfen und auf Geschwindigkeiten beschleunigen, die Hunderte Male größer sind als die des einschlagenden Körpers. Diese Geschwindigkeiten sind groß genug, dass das Material in Bereiche außerhalb der Atmosphäre gelangt und weite Entfernungen zurücklegt, bevor es wieder zur Erde fällt. Auch die Trümmer eines großen Einschlags können über weite Entfernungen fliegen und nach ihrem Wiedereintritt in die Atmosphäre überall auf der Oberfläche des Planeten landen. Die Zeit, die ein Bruchstück aus einem solchen Einschlagskrater benötigt, um zum entgegengesetzt liegenden Punkt der Erdoberfläche zu gelangen, liegt zwischen 45 und 60 Minuten. Während der auf einen großen Einschlag folgenden Stunde können daher überall auf der Erde mit hoher Geschwindigkeit zurückfallende Trümmer niedergehen. Aber die erste Folge des Einschlages war der Hitzeschock, der vor der Einschlagsstelle mit unvorstellbarer Gewalt seinen Ausgang nahm und innerhalb von kurzer Zeit einen Weltenbrand entfachte. Die Wucht der Hitzewelle war so groß, dass die Wälder in einem Umkreis von über tausend Kilometern um die Einschlagsstelle herum wie Streichhölzer geknickt, entastet, gefällt und zugleich vorgetrocknet wurden. Es wäre sogar möglich, dass die Wälder durch die Explosionsdruckwelle weltweit gefällt worden sind (Napier 1989, S. 138).

Als Reaktion auf den Hitzesturm setzte in der nächsten Phase ein zum Zentrum des Einschlages hin gerichteter Gegensturm ein, der das verheerende, nicht mehr auszulöschende Feuer noch mehr entfachte. Die ungeheuren Massen des aufsteigenden Rauches und des von dem Einschlag hochgewirbelten Staubes reflektierten noch dazu die Hitzestrahlung, so dass sich dieser Weltenbrand immer weiter ausbreitete und die Hitze immer größer wurde. Dieses erschreckende Szenario, das de Laubenfels noch ohne Beweismöglichkeit schon dreißig Jahre zuvor postuliert hatte, konnte durch die weltweit nachgewiesene Rußschicht im Grenzton bestätigt werden (Wolbach et al. 1985). Außerdem hat man weltweit im Grenzton auch direkt Holzkohle in hoher Anreicherung gefunden, die mit den Rauchfahnen des Weltenbrandes hoch in die Atmosphäre emporgetragen und durch die Luftströmungen über den ganzen Erdball verbreitet worden ist.

Für dieses weltweit tobende Feuer kann kein Vulkanausbruch auf irgendeinem Kontinent verantwortlich gewesen sein, wie manche Geologen annahmen (vgl. Hansen et al. 1987), ebenso wenig wie man den hohen Iridiumgehalt auf den indischen Dekkan-Vulkanismus zurückführen kann, der in der Kreide-Tertiär-Grenzschicht mehr als tausendfach höher ist als in den indischen Vulkangesteinen, aus denen das Iridium stammen soll (vgl. Officer und Drake 1983, Hallam 1987). Vielmehr war es gerade der Impakt, der nicht nur Erdbeben, sondern auch den verstärkten Vulkanismus auslöste, was bereits Öpik vermutet hat. Nach Berechnungen der Astronomen Stace Victor Murray Clube und William M. Napier vom Observatorium in Edinburgh wäre die Bebenwirkung des am Ende der Kreidezeit erfolgten Einschlages eines Himmelskörpers unvergleichlich größer als die verheerendsten Erdbeben, die jemals in historischen Zeiten unsere Erde erschüttert haben (Clube und Napier 1982, S. 257). Die Folgen eines solchen durch den Aufprall eines Himmelskörpers ausgelösten Bebens beschränken sich nicht nur auf Berg- und Felsstürze im Gebirge. Es kommt auch zu großräumigen Veränderungen der Landschaft, weil sich in tektonisch aktiven, unter Spannung stehenden Regionen Schollen der Erdkruste heben oder senken, kippen oder verformen. Bewegliche Krustenstrukturen der Erde brechen auf, sodass es in diesen Zonen nicht nur zusätzlich zu sekundären Beben kommt, sondern in vulkanischen Regionen aus den so entstandenen Spalten gewaltige Mengen von Lava austreten (vgl. Tollmann 1993, S. 42).

In der Debatte über die räumliche und zeitliche Ausdehnung der durch den Einschlag hervorgerufenen Staubschicht in der Atmosphäre der Erde waren es vor allem zwei analoge Vorgänge, die bei der Berechnung dieser umstrittenen Einschätzungen hilfreich waren. Ein Forschungsteam der NASA erkannte, dass das plötzliche weltweite Auftreten einer Staubhülle mit Methoden untersucht werden könnte, die schon im Planetenerforschungsprogramm entwickelt worden waren (vgl. Lewis 1997, S. 137). Eine physikalisch brauchbare Analogie für eine solch rasche Verbreitung des Staubes wird durch die Staubstürme auf dem Mars geliefert, die in ein bis zwei Wochen von einer örtlichen zu einer über den ganzen Planeten verbreiteten Ausdehnung anwachsen können. Obwohl die Umweltbedingungen auf dem Mars von denen auf der Erde sehr verschieden sind, zeigten diese Erkenntnisse über die Staubbewegungen auf dem Mars, dass es unter extremen Bedingungen wie etwa beim Einschlag eines Himmelskörpers auch auf der Erde zu solchen sich weit verbreitenden und lang anhaltenden Staubbewegungen kommen kann. Eine weitere Analogie für die Entstehung eines solchen weltweiten Staubsturms könnte sich aber auch als Folge eines Atomkrieges ergeben. Denn die Bodenexplosionen großer Atomsprengköpfe wirbeln Riesenmengen von Staub auf, der durch die aufsteigenden pilzförmigen Wolken in die Stratosphäre gelangt. Noch verheerender ist eine Luftexplosion, wenn sie über einem bewohnten Stadtgebiet vorkommt. Sie entzündet brennbare Materialien in einem Umkreis von vielen Kilometern vom Explosionspunkt. Die Strahlungs- und Druckwelle zerbricht Treibstofftanks und Gasleitungen, lässt Fahrzeuge umstürzen und in Flammen geraten. Die Unmenge von Staub, Rauch und Ruß, die durch diese Explosionen aufgewirbelt wird, würde ausreichen, um nach diesen verheerenden Bränden einen *„nuklearen Winter“* (vgl. Turco et al. 1983) hervorzurufen. Die Sonne würde für Monate unsichtbar werden und die Temperaturen würden dramatisch sinken. Von all den natürlichen Ereignissen sind es nur die Kometen- und Asteroideneinschläge, die einer solchen atomaren Katastrophe entsprechen oder sie sogar übertreffen. Die dadurch entstandene Staubschicht müsste ebenfalls eine monatelange Winternacht hervorrufen. Die Folge davon sind ebenfalls Temperaturen unter dem Gefrierpunkt und Dunkelheit, welche, wie bereits Alvarez und seine Mitarbeiter vermutet hatten, die Fotosynthese zum Stillstand bringen und die Nahrungskette an ihrer Ursprungsquelle abschneiden. Unterkühlung und Verhungern müssen dann die Todesursachen für zahlreiche Lebewesen sein, die in der Nahrungskette weiter oben angesiedelt sind.

Eine weitere unvermeidbare Folge großer Einschläge ist das Auftreten chemischer Reaktionsketten, an deren Ende die Verunreinigung der Atmosphäre durch Stickoxide und *„sauren Regen"* steht. Stickoxide sind für Lebewesen schädlich. Tiere, die direkt die belastete Luft einatmen, erleiden ernsthafte Lungenschäden: Lungenödeme, die den Tod zur Folge haben. Die gleichen Stickoxide verursachen in hohen Konzentrationen bei Pflanzen Blattverlust, während die Salpetersäure das gesamte Regenwasser der Erde in sauren Regen verwandelt, und zwar in einer noch viel größeren Stärke, wie sie jemals an manchen Stellen durch Industrieverschmutzung zustande gekommen ist. Die Oberfläche der Ozeane wird dadurch bis zu einer Tiefe von einigen Zehnermetern so sauer, dass sich Kalkschalen auflösen und ihre Bewohner sterben. Kohlensaure Salze, die durch den sauren Regen aufgelöst werden, setzen riesige Mengen von Kohlendioxid frei, das in die Atmosphäre gelangt. Der auf den Kontinenten niedergehende saure Regen kann auch giftige Metalle aus den Gesteinen und dem Erdboden freisetzen. Diese Metalle werden von Flüssen in Seen und Ozeane transportiert und verursachen ein Massensterben von Lebewesen sowohl im Süßwasser als auch in den Meeren. Wie man sieht, herrscht kein Mangel an verheerenden Katastrophen, die durch einen großen Einschlag eines Himmelskörpers hervorgerufen werden.

Nachdem die extraterrestrische Ursache des am besten untersuchten Massenaussterbens am Ende der Kreidezeit nach anfänglicher heftiger Diskussion mit wenigen Ausnahmen allgemein akzeptiert worden war, war es naheliegend, auch für alle großen Aussterbeereignisse anzunehmen, dass sie durch den katastrophalen Einschlag großer Himmelsköper, wie Asteroiden oder Kometen, zustande gekommen sind. In der Paläontologie spricht man von wenigstens fünf Massenaussterben: *„Je eines fand im Ordovizium, Devon, Perm, Trias und in der Kreidezeit statt"* (Raup 1992, S. 83). Die Zeitabstände zwischen diesen *„Großen Fünf"* sind jedoch immens. Sie reichen von 438 Millionen Jahren am Ende des Ordoviziums bis zu den 65 Millionen Jahren am Ende der Kreidezeit. Dazwischen hat es ein ständiges, nicht sehr umfangreiches Artensterben gegeben, das sogenannte *„Hintergrundaussterben"*, vielleicht ebenfalls mit ein paar kleinen Wellen, die man aber nicht als Massenaussterben bezeichnen kann. Manche Paläontologen wie David M. Raup sind nun der Meinung, dass Einschläge von Kometen und Asteroiden nicht nur für eines oder mehrere der *„Großen Fünf"*, sondern auch für die vielen kleineren Aussterbeereignisse des Hintergrundaussterbens verantwortlich sind, und befürworten sogar eine gewisse Periodizität oder zyklische Wiederkehr von derartigen Impaktkatastrophen. Doch für die entwicklungsgeschichtliche Betrachtungsweise stellt es keinen großen Unterschied dar, ob Arten in regelmäßigen oder unregelmäßigen Abständen aussterben.

Dass Einschläge von Himmelskörpern in der Geschichte des Lebens auf der Erde eine wichtige Rolle spielen, scheint jedenfalls klar zu sein. In welchem Ausmaß ist aber auch der Ursprung des Lebens durch solche Einschläge beeinflusst worden? Auch dafür haben Astrophysiker bereits eine Antwort gegeben: *„Einschläge müssen in der Uratmosphäre der Erde, bevor es dort Leben gab, einfache organische Moleküle wie Formaldehyd und Wasserstoffzyanid gebildet haben, die miteinander und mit Wasser reagieren und so eine Vielfalt von Molekülen bilden konnten, die als Bausteine des Lebens dienten. Somit unterstützten Einschläge in der Frühzeit der Erde die Entstehung von Leben, wie dies auch andere hochenergetische Prozesse wie ultraviolettes Licht, kosmische Strahlung und Blitzentladungen taten"* (Lewis 1997, S. 159). Aber die Einschlagsrate war in der Vergangenheit der Erde wesentlich höher. Sie fanden so häufig statt, dass sie zu einer Gefahr für das beginnende Leben auf unserer Erde wurden. Ein genügend großer Einschlag kann so viel Energie freisetzen, dass die Atmosphäre auf extreme Temperaturen aufgeheizt wird, die Temperatur der Meere bis zum Siedepunkt steigt und die Ozeane völlig verdampfen. Selbst Leben, das sich an Heißwasserquellen am abgrundtiefen Meeresboden zusammendrängt und sogar vor solch katastrophalen Ereignissen wie einer nahen Supernovaexplosion vollkommen geschützt ist, würde vernichtet werden. Von den gegenwärtigen Erkenntnissen der Astrophysik scheint in der Tat am wahrscheinlichsten zu sein, *„dass die Urformen des Lebens immer wieder durch sehr große Einschläge zerstört wurden"* (Lewis 1997, S. 159).

Ein freilich sehr umstrittenes Beispiel einer solchen totalen Auslöschung der gesamten Tierwelt in der *„Morgendämmerung des Lebens"* (Glaessner 1984) ist die nach den australischen Ediacarabergen sogenannte Ediacarafauna, die sich vor 650 Millionen Jahren mit einer Fülle von abenteuerlichen Formen entfaltet hat, welche in keiner Weise mit den späteren Lebensformen vergleichbar waren. Diese erste weltweit verbreitete mit freiem Auge sichtbare Fauna mutet, soweit sie aus den fossilen Abdrücken erkennbar ist, wie die Vision einer Tierwelt auf einem fremden Planeten an. Es waren nur wenige Zentimeter große federförmige, farnartige oder auch runde Weichtiere, die sich durch Schlamm und Sand hindurchpflügten und die, wie manche Geologen (Tollmann 1993, S. 305) glauben, durch eine gewaltige Katastrophe am Beginn des Erdaltertums für immer von unserem Planeten hinweggefegt wurden. Sie machten für ganz andersartig organisierte Lebewesen Platz, deren Nachfahren, wie Korallen, Schnecken, Muscheln, Quallen und verschiedene Stachelhäuter, noch heute existieren. Aber glücklicherweise nahmen die Einschlagsraten in der weiteren Entwicklungsgeschichte der Erde ab und einzelne Einschläge der Größenordnung, die nötig ist, auf der gesamten Erde das Leben zu vernichten, wurden immer unwahrscheinlicher. Jedenfalls ist kein solches Ereignis in den letzten vier Milliarden Jahren eingetreten (Lewis 1997, S. 160).

Entscheidend ist aber der Schluss, den man aus den nicht mehr wegzuleugnenden Bedrohungen aus dem Weltall ziehen kann: *„Das Aussterben ist für die Evolution, wie wir sie kennen, notwendig, und das vorherrschende Prinzip war wahrscheinlich ein selektives Artensterben, das nicht auf der Anpassungsfähigkeit der Organismen beruhte“* (Raup 1992, S. 224). Damit ist aber die natürliche Selektion, wie sie von Darwin und dem Neodarwinismus vertreten worden ist, nicht in Frage gestellt. Sie kann jedoch nach heutiger Sicht die Vielfalt des Lebens nicht erklären, für welche die Zeit, die dafür in einer Evolution der kleinen Schritte zur Verfügung steht, einfach nicht ausreicht. Es muss daher auch ein Artensterben geben, das nicht auf der Unfähigkeit zur Anpassung beruht, sondern auf nicht vorsehbaren großen Katastrophen, auf die eine explosive Phase der Neuentwicklung folgt und auf diese Weise die Evolution beschleunigt.

Ein solcher großartiger Evolutionsschub ist aber mit Sicherheit nach der verheerenden Katastrophe am Ende der Kreidezeit eingetreten. Der rasante Aufstieg der Säugetiere zählt nach Meinung der Paläontologen zu den dramatischsten Veränderungen des beginnenden Känozoikums, des neuen Zeitalters der heutigen Lebewesen: *„Zunächst war es gewissermaßen ein kampfloser ökologischer Sieg, da die Dinosaurier das Feld geräumt hatten, und eine Zeitlang blieben die Säugetierarten recht klein und mehr oder weniger nagetierartig“* (Stanley 1998, S. 181). Aber dann breiteten sie sich weithin aus und entwickelten vielerlei Formen, von den Nagetieren und Urpferden bis zu so unterschiedlichen Tieren wie Fledermäusen und Walen und schließlich zu den urtümlichen Affen und unseren Vorfahren, den Hominiden.

4. Die Katastrophen der Hominidenevolution

Mehr als drei Milliarden Jahre lang ist die Evolution des Lebens mit all ihren großen und kleinen Katastrophen ohne den Menschen abgelaufen. Mit dem Auftreten des Menschen innerhalb der neuen Welt der Säugetiere ergibt sich jedoch ein Wendepunkt in der Entwicklung des Lebens, wie es ihn zuvor noch nicht gegeben hat. Denn hier erscheint zum ersten Mal ein Wesen, das nicht nur sein Dasein einer Katastrophe verdankt, die seine Konkurrenten hinweggerafft hat, sondern es tritt ein Wesen auf, das selbst durch eigenes Handeln Katastrophen auslöst und für das Aussterben anderer Arten von Lebewesen und sogar seiner nächsten Verwandten verantwortlich ist. An dieser Stelle zeigt sich in aller Deutlichkeit, dass die klassische Vorstellung von der graduellen Evolution, wie sie sowohl Lamarck als auch Darwin unter Hinweis auf den alten Spruch *„Natura non facit saltum“* vertreten hatten, nicht mehr aufrechtzuerhalten ist. Dass es sich bei der Entwicklung zum heutigen Menschen nicht nur um eine sprunghafte organische Evolution des Gehirns handelt, sondern auch um einen *„Qualitätsumschlag“* im Verhalten, darauf hat man schon frühzeitig in der vergleichenden Verhaltensforschung hingewiesen. So sagt ihr Begründer Konrad Lorenz: *„Es gibt nur wenige philosophische Lehrsätze, die so gründlich das Gegenteil der Wahrheit behaupten wie der alte Satz ‚Natura non facit saltum!‘ ... Wir wundern uns daher durchaus nicht, dass der Entwicklungssprung vom Anthropoiden zum Menschen, der sich, geologisch gesehen, so ungeheuer plötzlich abgespielt hat, gewaltige Gefahren für das neu entstandene Wesen mit sich bringt“* (Lorenz 1950, S. 186). Dieser Entwicklungssprung, der durch ein großes Gehirn, Sprache und Werkzeuggebrauch gekennzeichnet ist, trennt nach Meinung von Julian Huxley, einem Enkel von Thomas Henry Huxley, den Menschen von allen anderen Lebewesen in der Natur, sodass man ihn *„einer anderen Kategorie zuordnen muss, die man als Psychozoa bezeichnen könnte“* (Huxley 1986, S. 35). Dass besonders die Evolution des Menschen als ein dem Gradualismus widersprechendes Phänomen von den *„Punktualisten“* aufgegriffen wird, versteht sich daher von selbst, wie auch Stanley mit einer kritischen Bemerkung gegenüber dem Gradualismus feststellt: *„Es liegt eine besondere Ironie darin, dass bei der Erforschung der menschlichen Evolution noch immer der Gradualismus das Feld behauptet, während das Beweismaterial gerade unsere eigene Art als Produkt eines bemerkenswerten Quantenspezifikationsvorgangs ausweist, und damit eindeutig für das punktualistische Modell spricht“* (Stanley 1983, S. 162).

Sprunghaftes Gehirnwachstum: Psychozoikum

Dass die Gattung Homo heutzutage nur aus einer Art besteht, nämlich der unsrigen, ist eine so altbekannte Tatsache, dass zunächst die Existenz unserer ausgestorbenen nächsten Verwandten geleugnet worden ist, bis ein erdrückendes fossiles Datenmaterial den Beweis erbrachte, dass die Lücke zwischen unserer Art und den höheren Affen zumindest in der Vergangenheit durch eine ganze Reihe von Zwischengliedern geschlossen war. Der klassischen Darstellung der Hominidenevolution lag jedoch die gradualistische Vorstellung zugrunde, dass es sich lediglich um eine sequentielle Reihenfolge von Australopithecus, Homo erectus, Neandertaler und Homo sapiens handelt (Abb. 21), die zeitlich hintereinander in der Weise der Darwin'schen Umwandlung der Arten auseinander hervorgegangen sind.

Doch diese Vorstellung muss nach heutigem Wissen korrigiert werden. Es ist vielmehr anzunehmen, dass die Hominiden sich in verschiedene Gattungen und Arten aufgespalten und teilweise auch über Jahrtausende hinweg zeitlich nebeneinander gelebt haben.

Wie aber kam es zu dieser Entwicklung? Nach Meinung des bekannten Paläoanthropologen Richard Leakey waren die Ursache dafür mehrere Katastrophen. So zog sich vor 20 Millionen Jahren ein üppiger Waldgürtel von Westen nach Osten quer über den afrikanischen Kontinent. Es gab ein Dutzend Arten von Menschenaffen, vielleicht sogar noch mehr. Während der nächsten 15 Millionen Jahre ereigneten sich überall auf dem Kontinent tief greifende Veränderungen, ausgelöst vor allem durch geologische Kräfte aus dem Erdinneren. Danach, vor etwa fünf Millionen Jahren, war nur noch eine Handvoll Menschenaffenarten übrig, und irgendwo in Ostafrika war die Menschenfamilie entstanden. Weitere 2,5 Millionen Jahre später sanken weltweit die Temperaturen, und an den Polen bildeten sich gewaltige Eiskappen. Die geologischen Kräfte, die das Antlitz des afrikanischen Kontinents veränderten, stammten aus der Trennlinie zweier tekto-

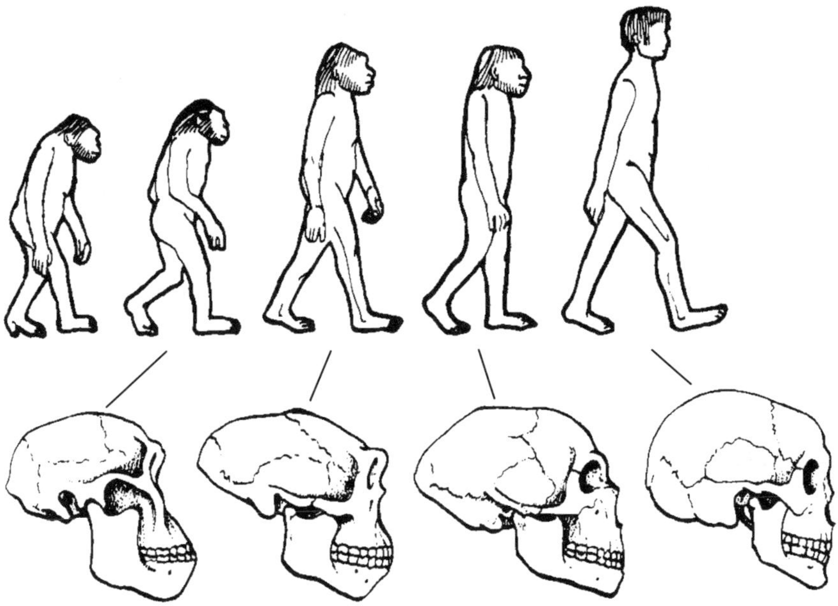

Abb. 21: Hominidenevolution (verändert, aus Oeser 1987)

nischer Platten, die sich vom Roten Meer im Norden bis nach Mosambik im Süden zieht. Emporquellendes Magma drückte zwei riesige Wölbungen nach oben, den äthiopischen und den kenianischen Dom, jeder mindestens 2000 Meter hoch. Diese physikalischen Veränderungen hatten tief greifende ökologische Folgen. Die Winde, die vorwiegend von West nach Ost geweht und die Wälder des ganzen Kontinents mit Feuchtigkeit vom Atlantik versorgt hatten, wurden jetzt durch eine Barriere aufgehalten. Westlich dieser Barriere konnten die Menschenaffen weiterhin so leben, wie es ihrer Anpassung an dicht bewaldetes Gelände entsprach. Dagegen eignete sich das Gebiet östlich der Erhebung, wo die Wälder wegen des ausbleibenden Regens schnell verschwanden, nicht mehr für Menschenaffen. Der aufrechte Gang, das charakteristische Merkmal der Menschenfamilie, entstand dann als Anpassung zur effizienteren Fortbewegung zwischen weit voneinander entfernten und auch beweglichen Nahrungsquellen, die nicht nur Pflanzen, sondern auch das Fleisch von Tieren umfassten: *„Der Motor der Evolution wird demnach von äußeren Umweltveränderungen angetrieben und nicht, wie es der klassischen darwinistischen Theorie entspräche, durch interne Konkurrenz ... Wäre die Temperatur vor 2,5 Millionen Jahren nicht gesunken, hätte kein Evolutionsschub eingesetzt, der zu einer Anpas-*

sung an eine trockenere Umwelt führte: keine Arten von Homo, keine Menschen" (Leakey / Lewin 1996, S. 110). Mit dem aufrechten Gang war auch ein drastischer Entwicklungsschub des Gehirns verbunden, der zur Herstellung und Verwendung von Steinwerkzeugen führte. Nach diesen neuen Erkenntnissen über die Hominidenevolution musste aber die unter Anthropologen lange Zeit herrschende Vorstellung, unsere Vorfahren seien praktisch seit der Entstehung der Menschenfamilie im wesentlichen Menschen gewesen, zu Bruch gehen: „*Die viel gepriesenen Eigenschaften des größeren Gehirns und der technischen Fähigkeiten tauchten erst vor 2,5 Millionen Jahren auf. Während einer langen Phase unserer Vorgeschichte waren wir aufrecht gehende Affen, mehr nicht*" (Leakey / Lewin 1995, S. 99).

Das nach dieser Katastrophe vor 2,5 Millionen Jahren einsetzende explosionsartige Hirnwachstum im Laufe der Hominidenevolution war schon ein Streitpunkt unter den Begründern der Evolutionstheorie. Darwin musste nach seinem von Lyell beeinflussten Gradualismus ein langsames Hirnwachstum und damit ein langsames Anwachsen der geistigen Fähigkeiten annehmen. Wallace dagegen nahm ein sprunghaftes Hirnwachstum an, das sich nach seiner Meinung nicht durch die natürliche Auslese erklären lässt, die den Frühmenschen höchstens mit einem Gehirn ausgestattet hätte, das nur etwas höher entwickelt wäre als das der Affen. Vom Standpunkt des Punktualismus muss man heute Wallace recht geben. Innerhalb von nur einigen Hunderttausenden von Jahren, aber weniger als zwei Millionen Jahren, hat sich das Volumen des Hominidengehirns fast verdreifacht. Es gab zunächst drei verschiedene Hominidenarten, die als Australopithecinen bezeichnet werden. Mit einer mittleren Körpergröße von 145 bis 153 Zentimetern hatten sie ein Hirnvolumen von 428 bis 530 Kubikzentimetern. Der früheste war Australopithecus afarensis, benannt nach dem Fundort des sogenannten Afar-Dreiecks in Äthiopien. Er wurde dort in drei Millionen Jahre alten Schichten gefunden. Bereits zuvor hatte der australische Anatom und Anthropologe Raymond A. Dart (1893 – 1988) in dem südafrikanischen Steinbruch in der Nähe von Taung einen menschenähnlichen Schädel eines jungen Individuums entdeckt, das er für das lang gesuchte fehlende Zwischenglied (missing link) zwischen Affe und Mensch ansah. Er führte für dieses „*Kind von Taung*" den Artnamen „*Australopithecus africanus*" (afrikanischer Südaffe) ein. Ein weiterer Vertreter dieser Gattung Australopithecus ist „*Australopithecus boisei*", auch „*robustus*" genannt, weil er sich von seinem nächsten Verwandten, dem grazilen Australopithecus africanus, durch seine robuste Gestalt und seinen mächtigen Kauapparat, der ihn als Pflanzenfresser kennzeichnet, unterscheidet. Vertreter der Gattung Homo erscheinen zum ersten Mal vor etwa 2 Millionen Jahren. Sie werden heute nach dem englischen Anthropologen Louis B. Leakey, der 1963 in Olduvai den Namen gebenden Fund machte, unter der Bezeichnung *„Homo habilis“* zusammengefasst. Mit ihrem Hirnvolumen von 770 Kubikzentimetern und ihrem Gestalttyp stellen sie, wie ihre Bezeichnung ausdrückt, das Verbindungsglied zwischen Australopithecus und Homo dar, der über Homo erectus zum heutigen Menschen führt. Auch bei Homo erectus ist ein weiterer Schub im Wachstum des Gehirns festzustellen, das bereits 1225 Kubikzentimeter erreicht. Und jene nach ihrem Fundort als *„Neandertaler“* bezeichnete Seitenlinie des Homo sapiens übertraf sogar mit einer Schädelkapazität von 1723 Kubikzentimetern im Durchschnitt die des heutigen Menschen.

Dieses wahrhaft explosive Gehirnwachstum, von den Fachleuten der Neurowissenschaften als *„progressive Zerebration“* (Economo 1928, vgl. Oeser 2006, S. 122) bezeichnet, hat den Menschen nicht nur zum Tüchtigsten in der Tierwelt gemacht, sondern auch zu einem Wesen, das an Überlegenheit alle anderen um ein Mehrfaches überragt. Denn ein großes Gehirn in Kombination mit der durch die Aufrichtung des Körpers freigelegten Hand hat einen immensen Selektionsvorteil.

Der Untergang der Hominiden

Aber wo sind alle diese nächsten Verwandten des heutigen Menschen geblieben? Alle, die gegenüber der gesamten Tierwelt durch ihr Gehirn besser für den Kampf ums Leben ausgerüstet waren: der Fleisch fressende grazile Australopithecus, der ein ausgezeichneter Jäger war, oder der friedliche, Pflanzen fressende, robuste Australopithecus, der wegen seiner extremen Kaumuskulatur noch den Scheitelkamm des Gorilla trug, oder der ostasiatische Homo erectus, der vielleicht schon das Feuer kannte, oder der Neandertaler, der ein schwereres Hirn hatte als mancher von uns. Wo sind sie – auch alle diejenigen, die wir noch nicht gefunden haben und vielleicht noch finden werden – geblieben? Die Antwort darauf lautet: Sie sind alle in einem geologisch gesehen relativ kurzen Zeitraum von weniger als fünf Millionen Jahren ausgestorben. Nur so konnte sich der moderne Mensch konkurrenzlos zu dem entwickeln, was er heute ist: der unumschränkte Herrscher dieser Welt, über die er sich überall verbreiten konnte, der heute, weil er allen Lebewesen turmhoch überlegen war, nur einen einzigen wahren Feind kennt: sich selbst. Damit bestätigt sich eine Aussage von einem der beiden Begründer des Punktualismus, der Theorie der unterbrochenen Gleichgewichte: *„Evolution hängt so sehr vom Aussterben ab, dass* *es beinahe eine schöpferische Rolle in der Geschichte des Lebens spielt"* (Eldredge 1994, S. 29). Doch der komplexe Evolutionsverlauf der Hominiden bedarf auch entsprechend komplexer Modelle und Erklärungen (Wuketits 1988, S. 166). Dementsprechend müssten auch die Aussterbemuster in der Hominidenevolution ähnlich komplex sein und von einem darwinistischen Hintergrundaussterben bis zum katastrophalen Massentod einer Hominidenart reichen.

Dass das langsame Hintergrundaussterben durch gewaltsame Tötung einer unterlegenen Art durch eine andere überlegene Art beschleunigt werden kann, hat bereits Darwin gewusst. Auch nach Auffassung einiger heutiger Biologen gehören die Fleisch fressenden Hominidenarten und somit auch der moderne Mensch zu jenen *„Totschlägerarten"* (Bresch 1977) wie Hyänen, Löwen und Adler, die es sich zumindest in bestimmten Konkurrenzsituationen leisten können, die Zahl ihrer Artgenossen selbst zu reduzieren. Daher könnte das vergleichsweise schnelle Aussterben mancher Hominidenarten wenigstens zum Teil auch das Resultat eines mörderischen Kampfes im *„Tier-Mensch-Übergangsfeld"* sein. Der eigentliche Begründer dieser Auffassung von der *„ursprünglichen Raubtiernatur"* des Menschen ist der Entdecker des Australopithecus africanus Raymond A. Dart, der die These aufstellte, dass der von ihm entdeckte Hominide, den er für den direkten Vorläufer des Menschen hielt, ein bewaffnetes Raubtier war (Dart 1953). Zur Unterstützung seiner Theorie hatte er ein umfangreiches Material an fossilen Knochen gesammelt, aus dem hervorgehen sollte, dass Australopithecus ein systematischer, vorsätzlicher Benutzer von Waffen gewesen war. Dabei bediente Dart sich des folgenden Arguments: Es war ihm schon sehr früh aufgefallen, dass an den verschiedenen Fundstätten des Australopithecus in den gleichen Ablagerungen Fossilien von Pavianen anzutreffen waren, deren Schädel zerbrochen waren. Um festzustellen, dass es sich dabei um vorsätzliche Gewaltanwendung handelte, versicherte er sich der Hilfe eines Fachmanns der forensischen Medizin, Dr. R. H. Mackintosh, der aus der Art der Schädelverletzungen erkannte, dass es sich um eine Gewalttat handeln musste. Auf der Suche nach dem Mordinstrument sichtete Dart seine reichen Knochenfunde aus der berühmten Fundstätte der Australopithecinen im Tal von Makapan. Die Sortierung ergab, dass statistisch am häufigsten vor allem solche Knochen vertreten waren, die sehr gut als Waffen brauchbar waren, wie z. B. der Unterkieferknochen einer kleinen Antilopenart, der dreimal so oft vertreten war wie der weniger brauchbare Oberkiefer. Einer der häufigsten Knochenteile war der Oberschenkelknochen der mittelgroßen Antilope, dessen unteres Ende genau der Beschreibung der Mordwaffe entsprach. Bei der Veröffentlichung dieses Materials fügte Dart noch die Befunde von sechs Australopithecinen hinzu, die alle ebenfalls Schädelbrüche aufwiesen und deren Knochen abgenagt waren. Das aber bedeutete für Dart, dass Australopithecus ein Mörder und Kannibale war (Dart 1995, S. 106 f.). Die Reaktion auf diese Veröffentlichung war jedoch unter den Fachleuten von allem Anfang an negativ. Die Vorstellung, dass dieser *„Mörderaffe"*, wie ihn der Popularisierer Darts Ardrey nannte (Ardrey 1964), nicht nur ein Werkzeughersteller mit einer eigenen Knochenkultur, sondern ein räuberischer Kannibale war, löste eine lange Diskussion aus. Abgesehen davon, dass, wie es sich später herausstellte, der grazile Australopithecus africanus nicht unser direkter Vorfahre war, aber immerhin aus einer Seitenlinie abstammte, die sich von unserem direkten Vorfahren Homo habilis abgezweigt hat, wurde als Gegenargument angeführt, dass es sich bei den abgenagten Knochen auch um Hyänenfraß oder Überreste einer Mahlzeit von Leoparden handeln könnte (vgl. Eldredge 1997, S. 232). Der kleine *„ziemlich unangenehme Jäger"* könnte daher vielmehr ein Gejagter gewesen sein, obwohl er sich sicher auch vom Fleisch kleiner Tiere ernährt hat.

Doch der vollständige Untergang dieser so erfolgreichen Hominidengattung der Australopithecinen lässt sich nicht einfach durch Konkurrenzkampf oder ein lang andauerndes Hintergrundaussterben erklären. Denn dazu war sie zu weit verbreitet und es dürfte auch die Zeit dafür zu kurz gewesen sein. Folgt man den Vorstellungen des Paläontologen Raup, der annimmt, dass bei jedem Artenaussterben Einschläge von Asteroiden oder Kometen verantwortlich sein könnten, dann dürfte dies zumindest eine Ursache des zum Teil sehr schnellen Aussterbens der Australopithecinen sein. Für diese Ansicht hat mein verstorbener Kollege von der naturwissenschaftlichen Fakultät der Wiener Universität, der Geologe Alexander Tollmann, eine ganze Reihe eindrucksvoller Belege gesammelt (vgl. Tollmann / Tollmann 1993, S. 353 ff.). Nach seiner Meinung fallen zwei bedeutende Impakte vor einer Million Jahren in die Zeit des Australopithecus. So versetzte ein Festlandsimpakt in Ghana mit seinem 10,5 Kilometer großen Krater, dessen 4 Millionen Quadratmeter großes Streufeld vor allem auf den Atlantik hin gerichtet war, der hauptsächlich im Osten und Süden Afrikas ansässigen Population zwar einen Schock, dezimierte sie aber nicht entscheidend. Sicherlich aber wurden die vom Einschlag nur 1 500 Kilometer entfernt lebenden Bewohner des Tschadgebietes stark in Mitleidenschaft gezogen. Äußerst schwer hingegen traf der gewaltige Impakt vor rund 700 000 Jahren, der das ausgedehnte australasiatische Streufeld verursachte, die damaligen

Hominiden. Vom gesamten australischen Kontinent über Indonesien, die Philippinen, Vietnam, Laos, Kambodscha und Thailand bis Südchina reicht der unmittelbare Bereich der Streuung des zu Tektitgläsern umgeschmolzenen obersten Sedimentgesteins aus dem noch unbekannten Aufschlagsgebiet. Die Streuung der zugehörigen Mikrotektite geht noch weit darüber hinaus: im Pazifik bis südlich von Japan und über die Salomoninseln hinaus, südlich von Australien bis in das südliche Eismeer und im Indischen Ozean bis zu den Küsten von Ost- und Südafrika. Dieser Schlag gegen das Leben auf der Erde vor rund 700 000 Jahren traf natürlich vor allem die Hominiden, die direkt im betroffenen Gebiet lebten. Die frühe Besiedlung gerade dieses Raumes ist durch den Fund eines mehr als eine Million Jahre alten Unterkieferrestes des *„Meganthropus palaeojavanicus"* nachgewiesen worden, den der deutsche Paläontologe Gustav von Koenigswald bereits 1941 auf Java entdeckte. Diese Art gehört noch der Hominidengruppe des Australopithecus an, die eben an dieser 700 000-Jahre-Marke weltweit von einer höher entwickelten Form, dem Homo erectus, abgelöst wurde.

Während der so erfolgreiche Australopithecus, der seine nächsten Verwandten dezimiert haben könnte, selbst durch die Folgen von Einschlägen ausgelöscht worden ist, könnte dagegen der Neandertaler eher ein Beispiel für das Hintergrundaussterben sein. Obwohl mit einem großen Gehirn ausgestattet, konnte er die Sprachfähigkeit des Cro-Magnon-Menschen, der dem heutigen Menschen gleicht, nicht erreichen. Nicht nur war sein Gehirn in seiner makroanatomischen Struktur anders gestaltet als das des heutigen Menschen, sondern auch Kiefernbögen und Kehlkopf weisen beträchtliche Unterschiede auf. Das bedeutet zwar nicht, dass die Neandertaler in Fell gehüllte Horden waren, die keuchend und grunzend durch die Flussniederungen Mitteleuropas zogen, doch von der sprachlichen Ausdrucksmöglichkeit des heutigen Menschen, die seiner sozialen Intelligenz zugrunde liegt, waren sie noch weit entfernt. Ob dieser Mangel für ihr Aussterben entscheidend war, oder ob sie wegen ihrer geringen Anzahl von selbst *„verdunsteten"* oder von den gleichzeitig lebenden Repräsentanten des Homo sapiens ausgerottet wurden, lässt sich nicht wirklich feststellen; fest steht jedenfalls, dass Homo sapiens, der intelligenteste und sozialste unter all diesen Hominiden, auch der größte aller Totschläger war. Seine geistigen Fähigkeiten waren von allem Beginn an begleitet von einer anderen Art der Begabung, in der er alle anderen Lebewesen ebenfalls übertraf: die unbegrenzte Fähigkeit zu Mord und Totschlag, die auch vor der eigenen Art nicht haltmacht. Kannibalismus dürfte in der Steinzeit durchaus keine Seltenheit, sondern die Regel gewesen sein. Er wurde auch schon zuvor dem Neandertaler nachgewiesen und dem Homo erectus Ostasiens. Einen Artgenossen oder phylogenetisch nahen Verwandten zu *„Speisezwecken"* zu töten, ist zwar im Tierreich keine ungewöhnliche Angelegenheit. Während aber bei solchen Arten, bei denen das Töten und Auffressen der eigenen oder anderer Artgenossen Existenz gefährdend ist, die Jagd auf die Beute nicht bis zu deren Vernichtung geführt wird, sind beim Menschen solche Rücksichten nicht vorhanden, wie die Ausrottung vieler Säugetiere am Ende des Pleistozäns zeigt. Deshalb sprechen Paläoanthropologen wie Richard Leakey auch von einer sechsten Auslöschung, deren Ursachen anders als die fünf großen Auslöschungen (vgl. Kap. 3) nicht auf geologische oder kosmische Katastrophen zurückzuführen sind, sonder hauptsächlich auf das Handeln des Menschen.

Die sechste Auslöschung: Frühe menschliche Einflüsse

Bereits im Jahr 1849 stellte Charles Lyell nach einer Reise in die Vereinigten Staaten von Amerika fest, dass die Auslöschung ganzer Tierarten durch jagende Menschen *„die erste Idee sei, die fast jedem Naturforscher in den Sinn kommt"* (Lyell 1849, vol. I, S. 259, zit. nach Leakey/Lewin 1996, S. 211). Und Richard Owen meinte schon 1860, dass die Großsäuger der Eiszeit und andere ausgestorbene Quadrupeden (Vierfüßer) von einer *„rohen primitiven Menschenrasse"* ausgelöscht wurden, die auf diese Weise *„das Werk der Ausrottung vollendeten, das durch vorausgehende und mehr allgemeine Ursachen begonnen hatte"* (Owen 1860, S. 438). Auch Alfred Russel Wallace war davon *„überzeugt, dass das schnelle Aussterben so vieler großer Säugetiere in Wirklichkeit auf die Tätigkeit des Menschen zurückgeht"* (Wallace 1911, S. 264, zit. nach Leakey/Lewin 1996, S. 210). Es war vor allem die Welle des Aussterbens in Amerika am Ende des Pleistozäns, das zu solchen Überlegungen den Anlass gab. Dort waren bereits in den letzten zwei Millionen Jahren bis vor etwa 12 000 Jahren 50 Arten großer Säugetiere untergegangen. Aber dann, vor 10 000 bis 12 000 Jahren, verschwanden in einem katastrophalen Zusammenbruch der Tierwelt ungefähr weitere 57 Großsäugerarten, unter ihnen so schwerfällige Giganten wie Mammut und Mastodon. Diese letzte große Krise am Ende der Eiszeit stellt einen Höhepunkt dar: *„Vor jenem Einschnitt gab es Biber von der Größe eines Bären, Bisons, deren Hörner eine Spannweite von fast zwei Metern hatten, sechs Meter große Bodenfaultiere, Elefanten und Löwen, gegen die deren heutige Verwandte wie Zwerge wirken, und eine ganze Schar weiterer Formen, die nach unseren Maßstäben gigantisch anmuten"* (Stanley 1998, S. 212).

Während die große Katastrophe am Ende der Kreidezeit ein schicksalhaftes glückliches Ereignis für den Menschen war, weil sie durch den Untergang der Dinosaurier den Weg zu seiner Entwicklung freigemacht hat, hat das jüngste Massenaussterben am Ende der Eiszeit eine ganz andere Bedeutung für den Menschen. Denn hier war nach den neuesten Erkenntnissen zweifellos der Mensch in seiner heutigen Art als Homo sapiens zumindest in gewissen Maß an diesem Aussterben beteiligt. Zum ersten Mal in der mehr als vier Milliarden andauernden Erdgeschichte scheint die einzige in der Hominidenevolution übrig gebliebene Art in der Lage gewesen zu sein, weit über die gelegentliche Beeinflussung des Hintergrundaussterbens hinauszugehen und in kürzester Zeit in Form eines *„Blitzkrieges“* (Martin 1984) ein Massenaussterben unter den Großsäugern des oberen Pleistozäns anzurichten. Gemäß dieser Ansicht schritt die Ausrottung extrem rasch voran. Jägergruppen des prähistorischen Menschen fegten, geologisch gesehen, im Handumdrehen ganze Populationen hinweg, was zum Teil der Tatsache zuzuschreiben ist, dass die Opfer dem Menschen gegenüber völlig arglos waren (Stanley 1998, S. 213). Die bereits mit Waffen wie Speeren, deren Spitzen man zwischen den Rippen eines Riesenbisons fand, ausgerüsteten prähistorischen Menschen hatten wirkungsvolle Jagdtechniken entwickelt. Sie trieben Säugetierherden in Sackgassen oder über die Ränder von Schluchten hinweg, um sie dann verhältnismäßig gefahrlos töten zu können. Gegen diese *„Blitzkriegshypothese“* als alleinige Ursache des Aussterbens der Großsäuger am Ende der Eiszeit in Amerika lassen sich zwar massive Einwände erheben, die alle darauf hinauslaufen, dass die Klimaveränderungen die Auslöser für dieses Massensterben waren. Doch nach Meinung des Urhebers der Blitzkrieg- oder Overkill-Hypothese, Paul Martin, lassen sich noch eindeutigere Beweise für das einen ganzen Kontinent umfassendes Gemetzel in Australien finden. Dort gab es in der Zeit zwischen 100 000 bis 12 000 Jahren vor heute 50 Arten von zum Teil riesengroßen Beuteltieren, von denen nur vier Arten, ausschließlich Kängurus, überlebten. *„Das Vordringen der machtvollen, tödlichen Spezies Homo sapiens auf einem Kontinent, der vorher nur wenige schnellfüßige Fleischfresser und keine Raubtiere der Ordnung Carnivora kannte, bot einzigartige günstige Voraussetzungen für umfangreiches Töten“* (Martin 1984, S. 323).

Mag auch hier noch fraglich sein, was die riesigen Bewohner Australiens hinwegfegte, so gibt es diese Unsicherheiten in Neuseeland nicht. Dort lebten die Moas, riesige straußenähnliche flugunfähige Vögel, die über drei Meter groß wurden und 250 Kilogramm wogen. Ihr einziger Feind war der mächtigste fliegende Räuber, ein Adler, der 15 Kilogramm wog. Bis die Menschen kamen. Es waren polynesische Siedler, die man Maoris nannte und die man lange Zeit für sorgsame Naturschützer hielt, die am Aussterben der Moas keinen Anteil hatten. Doch neue Funde bewiesen das Gegenteil: *„Wie die Überreste der Moas zeigen, nutzten die Maori sie als Nahrung, die sie in Erdöfen zubereiteten, und als Rohstoff, indem sie zum Beispiel die Haut zu Kleidung und die Knochen zu Angelhaken und Schmuck verarbeiteten. Die ausgeblasenen Eier dienten als Wasserbehälter. Man hat an archäologischen Fundstätten bisher über eine halbe Million Moaskelette entdeckt, das ist etwa das Zehnfache der Zahl, die damals jeweils zur gleichen Zeit lebte. Die Maori müssen über viele Generationen hinweg die Moas abgeschlachtet haben, bevor die Vögel schließlich ausstarben.“* Für Richard Leakey ist dieses verheerende Auftreten des Menschen in Neuseeland *„eine wichtige Erkenntnis über uns selbst, den Homo sapiens, die erst seit Kurzem deutlich sichtbar wird“* (Leakey/Lewin 1996, S. 228). Diese bittere Erkenntnis wird noch durch viele Beispiele eines durch den Menschen in historischer Zeit und vor allem auch in der jüngsten Vergangenheit verursachten Massenmordes an ganzen Arten von Lebewesen bestätigt.

Doch auch er, der sich allen Lebewesen turmhoch überlegen erwiesen hat, ist von den Naturkatastrophen, die bisher die Evolution vorangetrieben haben, nicht verschont geblieben. Vielmehr sind die sich ständig wiederholenden und unvermeidbaren Ereignisse wie Erdbeben, Vulkanausbrüche, Unwetter und Überschwemmungen in den immer dichter besiedelten Gebieten trotz aller Vorsichtsmaßnahmen zu einer immer größer werdenden Bedrohung für die gesamte Menschheit geworden.

5. Die unruhige Erde: Erdbebenkatastrophen

Wenn auf unserem Planeten eine erdgeschichtliche Epoche durch einen Asteroidentreffer im wahrsten Sinne des Wortes *„schlagartig"* beendet wird, ist das eine Katastrophe weltweiten Ausmaßes, die wegen ihrer Größe, Seltenheit und zeitlichen Distanz für den menschlichen Verstand derart unfassbar ist, dass sich eigentlich niemand davon unmittelbar betroffen fühlt. Anders sieht das bei den Naturkatastrophen aus, die wie Erdbeben oder Vulkanausbrüche immer wieder in kurzen zeitlichen Abständen auf dem Planeten Erde selbst auftreten. Hier handelt es sich um eine reale Gefährdung, der Jahr für Jahr Zehntausende, manchmal sogar Hunderttausende Menschen zum Opfer fallen. Zusätzlich treten jedes Mal verheerende Zerstörungen und große Verluste an Sachwerten und lebensnotwendigen Einrichtungen auf, sodass immer wieder Millionen Menschen Hunger und Durst leiden müssen und durch Seuchen bedroht sind. Wie wenig menschlicher Erfindungsgeist und Technik gegen diese Art der Naturkatastrophen etwas ausrichten können, zeigen Ereignisse aus der Gegenwart wie das Seebeben im Indischen Ozean am 26. Dezember 2004, bei dem eine dadurch hervorgerufene Flutwelle (Tsunami) in ihrer Folge insgesamt 230 000 Menschenleben gefordert hat. Ein anderes Beispiel noch jüngeren Datums ist das Erdbeben in Haiti am 12. Januar 2010, bei dem nach Angaben der Regierung mindestens 200 000 Menschen ums Leben kamen.

Die verhältnismäßig große Häufigkeit dieser Naturereignisse, ihre Nichtvorhersehbarkeit und die Tatsache, sie nicht beeinflussen zu können, erzeugen das Gefühl, ihnen hilflos ausgeliefert zu sein. Für dieses Gefühl des Ausgeliefertseins an fremde und unbekannte Mächte gibt es seit der Antike Zeugnisse aus eigener Erfahrung. Sie reichen von dem römischen Schriftsteller Seneca (Opera, Tom. I, S. 752) bis zu Darwin (1875, S. 346) und Humboldt. Alle drücken in bewegten Worten das Entsetzen aus, von dem man befallen wird, wenn die Erde, die man seit der Kindheit in der Welt als allein unbeweglich und fest angesehen hat, plötzlich zu wanken beginnt. *„Man misstraut zum ersten Mal einem Boden, auf den man so lange zuversichtlich den Fuß gesetzt hat"* (Humboldt o. J., Bd. 2, S. 50).

Historische Erklärungsversuche der Erdbeben

Die Ursachen der Erschütterungen des festen Erdbodens waren für den menschlichen Geist so rätselhaft und unvorstellbar, dass die wissenschaftlichen Erklärungsversuche weit auseinandergingen. Jede neue Erkenntnis aus allen Bereichen der Naturwissenschaften wurde benützt, um Licht in das Dunkel über die Ursachen dieser schrecklichen Ereignisse zu bringen. Das gilt auch für das alte Griechenland, wo der Ursprung der wissenschaftlichen Erdbebenforschung liegt. Denn Griechenland, sowohl das Mutterland als auch die Inseln und Kleinasien, wurde seit jeher von katastrophalen Erdbeben betroffen. So fiel auch die berühmteste Erdbebenkatastrophe des griechischen Altertums, das Erdbeben vom Jahre 373 v. Chr., bei dem in einer einzigen Winternacht die Stadt Helike vom Meer verschlungen wurde und die Stadt Bura in der aufklaffenden und sich wieder schließenden Erde verschwand, in die Lebenszeit des Aristoteles. Während sich Aristoteles noch auf Erklärungsversuche beschränkte, welche die unzugänglichen und damit unsichtbaren Vorgänge im Erdinneren in Analogie zu den sichtbaren Vorgängen in der Erdatmosphäre wie z. B. Wind, Blitz, Donner und Regen setzten, spielten dagegen in der Neuzeit bereits universale Kräfte wie der kosmische Magnetismus Keplers oder die allgemeine Gravitation Newtons eine wichtige Rolle. Diese Erklärungsversuche bezogen sich nicht mehr wie in früheren Zeiten auf einen in mythischer oder astrologischer Weise behaupteten Einfluss der Himmelskörper auf die Erde, sondern vielmehr auf die mechanischen Kräfte, welche die Entwicklung, die Gestalt und den inneren Aufbau der Erde selbst bestimmen. Und immer waren es schwere Erdbeben, welche den Anlass zu weiteren Erklärungsversuchen lieferten. So war Leonardo da Vinci von dem Seebeben im Jahre 1489 beeindruckt und die italienischen Autoren des 18. Jahrhunderts erlebten das katastrophale Erdbebenjahr 1703 und das rätselhafte Auftauchen der Insel Santorin im Jahre 1707. Die Serie von großen Erdbeben im 18. Jahrhundert, beginnend mit den Beben von Callao und Lima 1746, fortgesetzt durch das Beben von Lissabon 1755 führte zu einer erneuten Theoriendiskussion, mit dem Ziel, die Prognostik zu erhöhen. Obwohl dieses Ziel nicht erreicht werden konnte, war es möglich, aufgrund dieser Überlegungen zumindest sinnvolle vorbeugende Schutzmaßnahmen städtebaulicher Art zu empfehlen. Denn man hatte bereits erkannt, dass die hohe Zahl der Todesopfer und das Ausmaß der Schäden von der Ansammlung von Menschenmassen in großen Städten mit einsturzgefährdeten Gebäuden abhängen. Auch die weiteren großen Erdbeben in der Geschichte der Neuzeit lieferten immer wieder einen neuen Anlass zur Theorienbildung. So berief sich Lyell vor allem auf die sehr gut dokumentierte Erdbebenserie in Kalabrien in den Jahren 1783 bis 1786, während Darwin und Humboldt unter dem Eindruck der großen südamerikanischen Beben standen.

Im 19. Jahrhundert wurde schließlich die schon in der Antike bekannte Alternative von Neptunismus und Vulkanismus ausgearbeitet, die zu der noch heute akzeptierten Einteilung in Einsturzbeben und vulkanische Erdbeben geführt hat. Da jedoch derjenige, der eine Erdbebentheorie aufstellt, zumeist nicht selbst der direkte Augenzeuge eines Erdbebens ist, so hat das zur Folge, dass er in den noch vorhandenen Relikten der Zerstörung und in den Bodenveränderungen nach Bestätigungen seiner Theorie sucht oder nur jene Augenzeugenberichte auswählt, die zu seiner Theorie passen. Nur so kann man die sowohl von den Vulkanisten (Humboldt) als auch von den Vertretern der Dampfkesseltheorie (Lyell) mehrfach anlässlich der Erdbeben in Kalabrien 1783 und in Riobamba geschilderten, aber unglaublich klingenden *„Beobachtungen“* über die in die Luft geschleuderten Gegenstände verstehen. Denn nur die Erklärung der Erdbeben als unterirdische Vulkanausbrüche oder Wasserdampfexplosionen lassen die Vorstellung zu, dass ein senkrecht von unten nach oben gerichteter Erdstoß das meterhohe Emporschleudern von Pflastersteinen aus den Straßen und von Leichnamen aus ihren Gräbern bewirkt.

Lyells Dampfkesseltheorie der Ursachen der Erdbeben geht davon aus, dass weite unterirdische Höhlungen in einer Tiefe von mehreren englischen Meilen unter der Erdoberfläche existieren, in denen geschmolzene Lava angehäuft worden ist. Wenn dann in diese Höhlen Wasser eindringt, dann hat man nach der Dampfkesseltheorie zu erwarten, dass die Lava in dem vulkanischen Krater emporgedrückt wird. Ist jedoch eine solche Krateröffnung nicht vorhanden, dann verursacht der hydrostatische Druck nicht nur Erschütterungen auf die Wände der Höhlungen, sondern bringt auch auf der Oberfläche der Erde schwere Beben hervor. Erdbeben sind daher für Lyell nichts anderes als vulkanische Ausbrüche in großen Tiefen. Ihre Wirkung ist aber ungleich größer als bei den Vulkanausbrüchen an der Erdoberfläche, da sie in den eingeschlossenen Höhlen einen viel größeren Druck ausüben. Auf diese Weise erklären sich sowohl die schrittweise bei jedem größeren Erdbeben stattfindenden Hebungen wie Senkungen des Erdbodens. Werden Teile der Erdoberfläche durch den Druck des Wasserdampfes und der Gase im Erdinnern emporgehoben und die darunterliegenden Lavamassen hinweggeführt, so bilden sich Höhlungen, die während der Erderschütterungen sogar in großen Tiefen einstürzen. Ohne diese hebende und senkende Kraft der Erdbeben würde die Erdoberfläche unbewohnbar werden. Denn durch die einebnende Wirkung der Niederschläge und fließender Gewässer würden die Festländer und Inseln ständig abgebaut werden. Erdbeben haben daher nach Lyells Vorstellungen von den antagonistischen Kräften Wasser und Feuer die positive und kreative Funktion, die Bewohnbarkeit der Erde zu sichern: *„Es scheint durch die oben aufgestellten Ansichten wahrscheinlich gemacht zu sein, dass die beständige Herstellung des Landes und die Benutzung unseres Planeten als Wohnplatz für die Land- und Wasserbewohner durch die Hebungen und Senkungen der Erdbeben gesichert ist. Daher sind denn auch diese Ereignisse, obwohl so oft die Quelle des Todes und des Schreckens der Bewohner der Erde, – die der Reihe nach alle Zonen besucht und die Erde mit Ruinen und Unordnung erfüllt, – die Wirkung eines erhaltenden Prinzips und für die Stabilität des Systems sehr wesentlich“* (Lyell 1833, Bd. 2, S. 249). Mit diesen Worten hat Lyell in aller Deutlichkeit ausgedrückt, dass Katastrophen nicht nur unvermeidbar, sondern auch für die Entwicklungsgeschichte der Erde und für das Leben auf ihr notwendig sind. Angesichts der Größe des menschlichen Leidens, das durch große Erdbebenkatastrophen hervorgerufen wird, bei denen manchmal über 100 000 Menschen umkommen, wobei noch die Tatsache unberücksichtigt bleibt, dass eine unzählige Menge von Leuten Verletzungen erleiden, Gliedmaßen verlieren und an den Bettelstab gebracht werden, fragt sich aber auch Lyell, warum diese Maschinerie der ständig wirkenden Ursachen von so großem Übel begleitet ist. Seine Antwort auf diese Frage lautet: *„Könnten wir nicht allein andere Welten, sondern auch Perioden von unendlicher Dauer, so wie die sind, mit denen uns die Geologie bekannt macht, mit unseren Forschungen umfassen, so würde mancher anscheinende Widerspruch wegfallen und manche Schwierigkeiten würden aufgeklärt werden. Da aber unsere Fähigkeit beschränkt, das System des Universums, sowohl in Zeit als Raum unendlich ist, so werden die Quellen der Zweifel und der Verwirrung nie versiegen. Sie werden sich im Gegenteil vermehren; denn je größer der Lichtkreis ist, umso größer muss auch das ihn umgebende Dunkel sein“* (Lyell 1833, Bd. 1, S. 220).

So vielfältig die gesamte 2000-jährige Geschichte theoretischer Erklärungsversuche über die Ursachen und Wirkungsweise der Erdbeben von der Antike bis zum 18. Jahrhundert, von Aristoteles bis Kant war, so lässt sie sich auf eine gemeinsame Grundvorstellung bringen: Immer handelt es sich bei diesen ältesten Theorien um die Vorstellung, dass sich die Vorgänge im Erdinneren, ob sie nun feuriger oder wässriger Natur oder beides im Wechselspiel zusammen sind, in Höhlungen und Kanälen abspielen, durch die leichte oder schwere Massen, Winde, Dämpfe, Wasser, Lava, Asche oder

Gesteinsbrocken, meist ruckartig oder explosionsartig, transportiert werden, wodurch diese Höhlen aufbrechen oder einstürzen. Was entweder völlig unbekannt war oder bestenfalls andeutungsweise vorausgeahnt wurde, war die für die zweite Hälfte des 19. Jahrhunderts so charakteristische Erkenntnis von der Wellenausbreitung der Erderschütterungen ohne jeglichen Massentransport. Zwar hat schon Aristoteles nach der Art und Weise wie die Erdbeben wirken eine Klassifikation der Erdbeben in *„Neigungsbeben"*, die diagonal wirken, und in *„Rüttler"*, die vertikale Bewegungen durchführen, geliefert und zumindest seit Humboldt war die Unterscheidung in sukzessorische, undulatorische und rotatorische Bewegungsarten der Erdbeben allgemein bekannt, von denen sich die umstrittene *„rotatorische"* Bewegung, die jedoch niemals direkt beobachtet worden war, sondern meist nachträglich aus Verdrehungen von Gebäudeteilen erschlossen worden ist, als falsch erwiesen hatte. Doch waren diese Überlegungen zur Wirkungsweise der Erdbeben noch nicht, wie Humboldt selbst zugeben musste, von der primären Ursache des *„ersten Impulses"* getrennt. Erst die physikalisch-mechanische Theorie der Erdbebenwellen ohne Massentransport des irischen Ingenieurs Robert Mallet (1810 – 1881), die auf der Analogie von Schall- und Erdbebenwellen beruhte, machte eine saubere Trennung beider Problem- und Erklärungsbereiche möglich (vgl. Abb. 22).

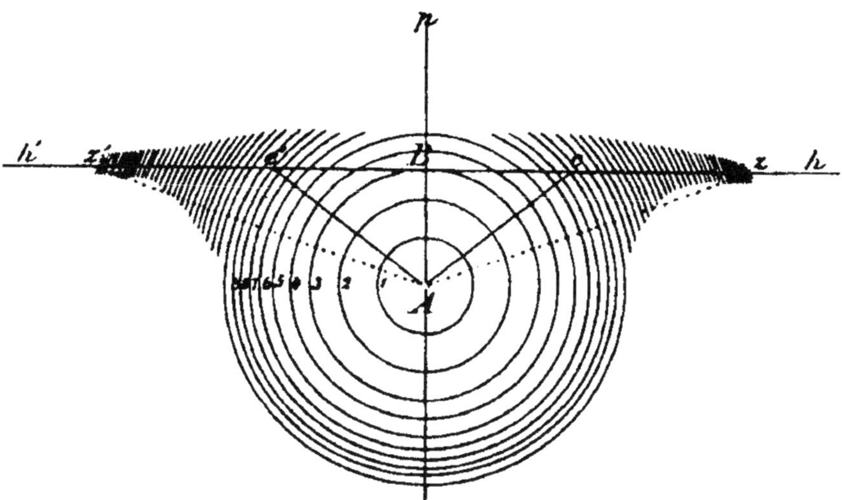

Abb. 22: Ausbreitung der longitudinalen Kompressionswelle vom Erdbebenherd (A = Hypozentrum) durch die Erde und an der Erdoberfläche (E = Epizentrum) (aus Mallet 1859)

Die Entwicklung dieser Theorien über Natur- und Wirkungsart der Erdbebenwellen war bis zum Ende des 19. Jahrhunderts zwar nicht abgeschlossen, doch wurden wesentliche Fortschritte in der Erfassung der komplizierten Vorgänge der Fortpflanzung der Erdbebenwellen im Laufe der letzten beiden Jahrzehnte des 19. Jahrhunderts durch die Konstruktion von Erdbebenmessinstrumenten erreicht, die eine weitere Differenzierung der Arten der Erdbebenwellen ermöglichten. Der österreichische Geologe Franz Eduard Suess (1831–1914) erkannte nicht nur, dass es zwei Arten von Wellen gibt, die sich im Innern der Erde fortpflanzen, die longitudinale und die transversale Welle, sondern auch, dass sich beide an der Oberfläche in eine andere Form umsetzen müssen. Die eine Form der Oberflächenwelle hat dann Lord Rayleigh in einer rein mathematischen Abhandlung behandelt, ohne auf die Erdbebenerscheinungen näher einzugehen. Seinen Studien zu Folge ist diese longitudinale mit vertikaler Schwingungsrichtung der Partikel ausgestattete Oberflächenwelle den Wasserwellen am ähnlichsten. Aber es ist auch diejenige, die am längsten andauert. Auch für die Existenz der nach Augustus Edward Hough Love benannten zweiten Oberflächenwelle, die einer transversalen Welle mit rein horizontaler Schwingungsrichtung der Partikel bzw. einer rein horizontalen Verformung der Gesteine ohne vertikale Versetzung entspricht, gab es bereits mehr als ein Jahrzehnt zuvor Ansätze. Sie wurden jedoch als Alternative zu der longitudinalen Oberflächenwelle angesehen. Wie man heute weiß, stellen jedoch horizontale seitliche Verschiebungen und vertikale Neigungen in Form von Wellen ähnlich den Wasserwellen keine sich ausschließende Alternativen dar, sondern können beide als sogenannte Love- und Rayleighwellen durch die modernen Instrumente eindeutig voneinander getrennt nachgewiesen werden.

Mit dem Zusammenwirken dieser unterschiedlichen Wellenarten wurde auch langsam klar, auf welche Weise die furchtbaren Zerstörungen in dicht bevölkerten Städten zwangsläufig entstehen: Der erste Schock, der bereits zahlreiche Gebäude zum Einsturz bringt, tritt dann auf, wenn die vom Erdbebenherd (Hypozentrum) ausgehende der Schallwelle gleiche Kompressionswelle die Erdoberfläche erreicht. Dann setzen sekunden- und minutenlang die beiden Oberflächenwellen ein, die für die sinnliche Wahrnehmung untrennbar oft kilometerweit von ihrem Ursprungsort an der Erdoberfläche (Epizentrum) ein Chaos von Wogen des Erdbodens und Hin- und Herrütteln und ein Verdrehen und Versetzen von Gebäudeteilen verursachen, welche die Zerstörung vollenden. Sehr häufig gibt es auch Nachbeben, die das Entsetzen und die Angst der betroffenen Bevölkerung ins Maßlose steigern.

Kontinentalverschiebung und Plattentektonik

Lange Zeit blieb aber ungeklärt, was sich tief im Erdboden ereignet, das derartige Folgen hat. Der naheliegende Gedanke, dass es sich dabei um einen unterirdischen Vulkanausbruch oder die Explosion von Gasen oder Dämpfen handelt oder um das Einstürzen von großen unterirdischen Höhlen, erwies sich als völlig unzulänglich. Der entscheidende Fortschritt in der Erforschung der Ursache der Erdbeben wurde erst im 20. Jahrhundert erreicht, als man erkannte, dass die gesamte Erdoberfläche in einer zwar kaum merklichen, aber andauernden dynamischen Bewegung ist. Nachdem bereits 1906 der österreichische Geologe Otto Ampferer (1875–1947) mit seiner *„Unterströmungstheorie"* großräumig-konvektive und auch horizontale Massenbewegungen als Ursache der Gebirgsbildung postuliert hatte (vgl. Leutner 1999, S. 73 ff.), stellte der zuletzt in Graz lehrende Polarforscher Alfred Wegener im Jahre 1915 seine damals umstrittene Kontinentalverschiebungshypothese auf.

In dieser Hypothese ging Wegener von der Annahme aus, dass die heutigen Kontinente als Bruchstücke eines früher vorhandenen geschlossenen Superkontinents anzusehen sind, der im Verlauf der Erdgeschichte auseinandergebrochen ist und dessen Bruchstücke sich voneinander fortbewegt haben. Aber die offensichtlich gegebene Festigkeit der Krustengesteine war für die Gegner der Kontinentalverschiebungshypothese der Grund für die Annahme, dass es nur Bewegungsvorgänge geben kann, die in vertikaler Richtung ablaufen. Die Lösung im Streit zwischen den Anhängern Wegeners, den sogenannten *„Mobilisten"* und seinen Gegnern, den *„Fixisten"*, wurde erst anfangs der 50er-Jahre des 20. Jahrhunderts durch magnetische Messmethoden möglich, als man aus dem Vergleich der gesteinsmagnetischen Richtungen eindeutige Rückschlüsse auf Bewegungen der Kontinente ziehen konnte. Während Wegener noch annahm, dass die Kontinente wie Schiffe durch den Ozeanboden pflügen, weiß man heute, dass sich die gesamte Erdoberfläche in Bewegung befindet. An diesem Bewegungsvorgang ist nicht nur die tiefer liegende Kruste, sondern auch die oberste Gesteinsschicht beteiligt, die als Lithosphäre bezeichnet wird. Erdbeben treten praktisch nur dort auf, wo sich solche Lithosphärenteile, die sogenannten *„Platten"*, gegeneinander bewegen. Dazwischen liegen große weitgehend bebenfreie Gebiete, weil sie sich offensichtlich in sich starr verhalten. Außerdem konnte man auch nachweisen, dass Teile der ozeanischen Lithosphäre in den sogenannten *„Subduktionszonen"* schräg unter die Kontinente abtauchen. Auf der kontinentalen Lithosphärenseite markieren Faltengebirge mit verstärktem Vulkanismus den Rand der Kollisionszone. Mit diesen Erkenntnissen der Plattentektonik war aber auch klar geworden, dass die meisten schweren Erdbeben auf diese Bewegungen der Platten zurückzuführen sind, die bei ihrem Aufeinandertreffen Spannungen erzeugen, die sich wieder durch plötzlich eintretende Brüche lösen, was dann auf der Erdoberfläche schwere Erdbeben verursacht. Solche tektonischen Erdbeben haben dann besonders verheerende Folgen, wenn sie sich in der Nähe von bevölkerungsreichen Städten ereignen, wie sich an den historischen Beispielen Lissabon, San Francisco, Messina und Tokio zeigen lässt.

Die Erschütterung der vollkommenen Welt: Lissabon

Das Lissabonner Beben war damals die größte historische Erdbebenkatastrophe im Europa der Neuzeit. Antike Berichte über den Untergang der beiden Städte Helike und Bura lagen zu weit zurück, als dass das Vertrauen auf die von Gott geschaffene Natur, in der alles gut sein soll, buchstäblich erschüttert worden wäre, und die großen südamerikanischen Beben von Callao und Lima und das Erdbeben von 1699 in China, wo angeblich 400 000 Menschen umgekommen sind, waren räumlich so weit entfernt, dass sie keinen unmittelbaren Eindruck hervorriefen. Das katastrophale Erdbeben vom 1. November 1755 dagegen, dessen Epizentrum wie man heute annimmt rund 200 Kilometer vor der Küste Portugals lag und einen Großteil der Gebäude Lissabons zerstörte und Tausende Todesopfer forderte, verbreitete über mehrere Jahre hinweg Furcht und Entsetzen in ganz Europa. Dieses schreckliche Ereignis erzeugte auch eine wahre Flut von Publikationen unterschiedlicher Art. Von besonderer Bedeutung sind in diesem Zusammenhang die drei Abhandlungen des deutschen Philosophen Immanuel Kant, die unter dem Eindruck des Erdbebens von Lissabon im Jahre 1756 entstanden sind. Seine in diesen Schriften entwickelte Erdbebentheorie ist zwar ebenfalls wie die der alten Katastrophentheoretiker (siehe Kapitel 1) in dem größeren Zusammenhang der Entstehung der Erde und des Sonnensystems zu sehen. Während Kant jedoch Buffon wegen der vielen Belege und Zeugnisse über tatsächlich stattgefundene Erdbeben schätzt, lehnt er die Kometentheorie Whistons, die noch immer ihre Anhänger hatte, als Träume eines verrückten Kopfes scharf ab. Er selbst wollte sich ausdrücklich auf die naheliegenden Ursachen der Erdbeben als die einzig wahren beschränken. Er, der noch nichts von der Wellenausbreitung der Erdbeben ohne Massentransport wusste und noch daran glaubte, dass sich Erdbeben in unterirdischen Höhlen als Wirkung einer erhitzten dichten Luft ausbreiten, machte dennoch eine wichtige Entdeckung. Unter der Voraussetzung, dass diese Höhlen infolge eines *„natürlichen Zusammenhangs"*, der sich nur aus der Entwicklungsgeschichte der Erde erklären lässt, zu den Gebirgen und den großen Flüssen parallel verlaufen, konnte er die Richtung der Ausbreitung des Lissabonner Bebens von Westen nach Osten bestimmen (Kants Werke I, Berlin 1968, S. 420, vgl. Oeser 2003, S. 28). Die unmittelbare Folgerung für Kant war, dass die Häuser bzw. die Straßen in erdbebengefährdeten Gegenden nicht in Richtung der Gebirge und Flüsse gebaut werden sollen. Und er weist darauf hin, dass sich in Lissabon das Unglück gerade deswegen vergrößert hat, weil die Stadt entlang des Flusses Tejo aufgebaut war (Kant 1968, S. 421). Da dem großen Lissabonner Erdbeben am 1. November 1755 im darauffolgenden Jahr noch eine ganze Reihe von weiteren Beben mit längeren Zwischenzeiten folgte, versuchte Kant auch die Ursache für die ruhigen Zwischenzeiten festzustellen. Seine Erklärung dafür war, dass diese Zwischenzeiten durch eine Art von chemischem Respirationsvorgang entstehen, bei dem die mit feurigen Teilen angefüllte verdichtete Luft durch den *„Rachen"* der Feuer speienden Berge ausgestoßen wird. Im Inneren der Erde erstickt dann das Feuer aus Mangel an Luft. Es wird aber dann wieder entfacht, wenn die Luft von außen in die leeren Höhlen mit Gewalt zurückkehrt. Damit entsteht ein ungeheurer, den organischen Lebewesen vergleichbarer, periodischer Vorgang der Atmung, der sich in den weiten unterirdischen Höhlen wie in einer riesengroßen Lunge verbreitet, auf der wir – die Erdbewohner – stehen (Kant 1968, S. 447).

Das große Beben von Lissabon regte nicht nur Kant zur Abfassung seiner Abhandlungen über die Ursachen und Wirkungsweise der Erdbeben an, sondern führten, zu einer großen Vielfalt von Alternativtheorien, in der sich die zeitgenössischen physikalisch-chemischen Theorien und Experimente widerspiegelten. Abgesehen von den zahllosen Nachrichten, Zeitungsmeldungen und ausführlichen Berichten und Erklärungsversuchen erschienen im darauffolgenden Jahr eine Reihe von religiösen Schriften, Predigten und Gedichten, von denen Voltaires *„Poème sur le désastre de Lisbonne"* das bekannteste war. Auch Goethe, der fern von Lissabon als sechsjähriger Knabe die Flut der erschreckenden Neuigkeiten über die weite Verbreitung dieses Bebens miterlebte, war der Meinung, dass *„der Dämon des Schreckens zu keiner Zeit so schnell und so mächtig seine Schauer über die Erde verbreitet hat"*. Rückschauend brachte er seine als Kind erlebte tiefe Erschütterung über dieses von ihm kurz, aber bemerkenswert präzise dargestellte Ereignis in seinen Lebenserinnerungen zum Ausdruck: *„Am ersten November 1755 ereignete sich das Erdbeben von Lissabon und verbreitete über* *die in Frieden und Ruhe schon eingewohnte Welt einen ungeheuren Schrecken. Eine große prächtige Residenz, zugleich Handels- und Hafenstadt, wird ungewarnt von dem furchtbarsten Unglück betroffen. Die Erde bebt und schwankt, das Meer braust auf, die Schiffe schlagen zusammen, die Häuser stürzen ein, Kirchen und Türme darüber her, der königliche Palast zum Teil wird vom Meere verschlungen, die geborstene Erde scheint Flammen zu speien; denn überall meldet sich Rauch und Brand in den Ruinen. Sechzigtausend Menschen, einen Augenblick zuvor noch ruhig und behaglich, gehen miteinander zugrunde, und der Glücklichste darunter ist der zu nennen, dem keine Empfindung, keine Besinnung über das Unglück mehr gestattet ist. Die Flammen wüten fort, und mit ihnen wütet eine Schar sonst verborgener oder durch dieses Ereignis in Freiheit gesetzter Verbrecher. Die unglücklichen Übriggebliebenen sind dem Raube, dem Morde, allen Mißhandlungen bloßgestellt; und so behauptet von allen Seiten die Natur ihre schrankenlose Willkür ... Der Knabe, der alles dieses wiederholt vernehmen mußte, war nicht wenig betroffen. Gott, der Schöpfer und Erhalter Himmels und der Erden, den ihm die Erklärung des ersten Glaubensartikels so weise und gnädig vorstellte, hatte sich, indem er die Gerechten mit den Ungerechten gleichem Verderben preisgab, keineswegs väterlich bewiesen. Vergebens suchte das junge Gemüt sich gegen diese Eindrücke herzustellen, welches überhaupt um so weniger möglich war, als die Weisen und Schriftgelehrten selbst sich über die Art, wie man ein solches Phänomen anzusehen habe, nicht vereinigen konnten"* (Goethe, Dichtung und Wahrheit I, 1, 1811).

Schärfer als Goethe drückt sich aber Voltaire aus, wenn er in seinem *„Dictionnaire philosophique"* sagt: *„Ein Vater, der seine Kinder umbringt, ist ein Ungeheuer"* (Voltaire 1985, S. 128). Und sein Gedicht über die Katastrophe von Lissabon versteht er als eine Prüfung des in der rationalistischen Aufklärungsphilosophie von Leibniz, aber auch von Rousseau vertretenen Grundsatzes *„Alles ist gut"*. Er will zwar diesen Grundsatz nicht völlig bestreiten, aber in einem absoluten Sinn genommen ist er für *ihn „eine Beleidigung für die Schmerzen unseres Lebens"*. Denn damals, als eine so große Zahl an Menschen in Lissabon auf furchtbare Weise zugrunde gingen, gab es auch jene heillosen Optimisten, die sofort mit folgenden Worten, die Voltaire selbst zitiert, ihr Axiom verteidigten: *„Alles ist gut. Die Erben der Toten werden ihr Vermögen vermehren. Die Maurer werden beim Wiederaufbau der Häuser Geld verdienen. Die Tiere werden in den unter den Trümmern begrabenen Leichen Nahrung finden. Es ist die notwendige Wirkung notwendiger Ursachen. Euer einzelnes Übel bedeutet nichts, denn ihr tragt zum* *allgemeinen Wohl bei"* (Voltaire 1756, zit. nach Breidert 1994, S. 60). Diese Redeweise, in der man bereits die Idee von den Katastrophen als Triebkräfte einer Weiterentwicklung erkennen kann, war jedoch für Voltaire ebenso grausam, wie das Erdbeben unheilvoll war. Seine optimistische Weltansicht war jedenfalls durch dieses furchtbare Ereignis für immer erschüttert. Rousseau dagegen drückt in einem Schreiben vom 18. August 1756 an Voltaire die Enttäuschung über diesen Wandel in der Auffassung Voltaires aus, dessen Werke für ihn früher die großartigsten und tröstlichsten Ideen von der Gottheit und ihrem Walten in der Natur geboten haben. Er sieht daher auch in Voltaires Absage an die göttliche Vorsehung eine *„Unmenschlichkeit"*, die darin besteht, *„friedliche Seelen zu verwirren und Menschen völlig umsonst zu erschüttern, wenn das, was man sie lehren will, weder sicher noch nützlich ist"*. Denn es ist eine falsche Auffassung der Vorsehung Gottes, sie auf die individuelle Lebensschicksale der Menschen zu beziehen. Daher ist Rousseau der Auffassung, *„dass die besonderen Ereignisse vor den Augen des Herrn des Universums nichts bedeuten, dass seine Vorsehung universell ist, dass er sich damit begnügt, die Gattungen und Arten zu erhalten und alles zu leiten, ohne sich darum zu kümmern, wie jedes Individuum dieses kurze Leben durchläuft"* (Rousseau 1756, zit. nach Breidert 1994, S. 89).

Katastrophen, wie die Erdbeben, zu bewältigen, heißt sie in ihrer Gesetzmäßigkeit zu erkennen und sich vor ihren Folgen zu schützen, statt sie noch herauszufordern. Das ist die große Lehre, die man bereits im 18. Jahrhundert aus dem Lissabonner Erdbeben gezogen hat. So ist auch Rousseau zu Recht davon überzeugt, dass die meisten unserer physischen Übel, die uns treffen, nicht der Natur zuzuschreiben sind, sondern unser eigenes Werk sind. Daher schreibt er in seinem Brief an Voltaire an einer anderen Stelle: *„Bleiben wir bei Ihrem Thema Lissabon, so sollten Sie z. B. eingestehen, dass nicht die Natur dort 20 000 Häuser zu je sechs bis sieben Etagen erbaut hat, und dass der Schaden, wenn die Einwohner dieser großen Stadt gleichmäßiger verteilt und in leichteren Bauwerken gewohnt hätten, viel geringer oder vielleicht überhaupt keiner eingetreten wäre. Jeder wäre bei der ersten Erschütterung geflohen, und man hätte die Einwohner am nächsten Tage 20 Meilen entfernt davon gesehen, ebenso heiter, als wäre nichts passiert. Doch man musste bleiben, sich hartnäckig bei den Gebäuden aufhalten, sich neuen Beben aussetzen, weil das, was man zurücklässt, mehr zählt als das, was man wegschaffen kann. Wie viel Unglückliche sind bei dieser Katastrophe umgekommen, weil sie etwas mitnehmen wollten: der eine seine Kleider, der andere seine Papiere, wieder ein anderer sein Geld"* (Rousseau 1756, zit. nach Breidert 1994, S. 81).

Noch anfangs 1756, als neue heftige Erdstöße die Stadt und die umliegenden Dörfer erschütterten, war die öffentliche Meinung dafür, Lissabon preiszugeben und lieber eine neue Stadt an einem anderen Platz zu errichten. Doch der energische, später zum Marquês de Pombal ernannte Premierminister des portugiesischen Königs Joseph I. gab bereits im darauffolgenden Jahr den endgültiger Plan für den Wiederaufbau von Lissabon bekannt, nach dem sich jeder richten musste: Die Häuser durften alle nicht höher als zwei Stockwerke sein und die ganze Stadt wurde mit breiteren Straßen, größeren Plätzen und Märkten ausgestattet. 20 Jahre nach dem Beben konnte man daher bereits *„lachende Straßen und neue prächtige Paläste"* sehen. Vor allem war man darauf bedacht, den am Fluss Tejo liegenden großen Platz, den das Königliche Arsenal, die Börse und der neue Zoll einschließen, zu einem der schönsten in ganz Europa zu machen. Und 200 Jahre nach diesem schrecklichen Erdbeben konnte ein Bürger dieser einstmals so schwer betroffenen Stadt voller Inbrunst schreiben: *„Wir können dem Schicksal nur dankbar sein, denn ohne das gewaltsame Eingreifen des Erdbebens wäre unsere Stadt heute noch ein Irrgarten enger maurischer Gässchen. Damals sanken auch die Bauwerke der Inquisition in den Abgrund, die jahrhundertelang Inbegriff des Schreckens und der menschlichen Scheußlichkeit waren. Mit Gebäuden, Namen und auch manchen hochgestellten Persönlichkeiten versank die Erinnerung an ein Lissabon, das Portugal nicht zum Ruhme gedient hat"* (vgl. Leithäuser 1956, S. 81 f.).

Blattverschiebung und Scherbruch: San Francisco

Die Ursache des Lissabonner Erdbebens ist weitgehend ungeklärt geblieben, weil es zu dieser Zeit noch keine verlässlichen Messdaten gab. Zwar hatte bereits der Marquês de Pombal Fragebögen verteilt, in denen er alle Gemeinden Portugals über Zeitpunkt und Andauer, Stärke und Art der gefühlten Erschütterungen, die Opfer in der Bevölkerung, Schäden an Bauwerken u. dgl. berichten ließ, um sich Klarheit über das Ausmaß des Bebens zu verschaffen (vgl. Hammerl 2009, S. 21). Aber dieses Verfahren beruhte nur auf subjektiven Wahrnehmungen von Beobachtern ohne Einsatz von Instrumenten. Dagegen existierten bei dem schweren Erdbeben vom 18. April 1906 in San Francisco bereits die ersten funktionsfähigen Seismografen und es gab auch einige seismische Stationen auf der ganzen Welt, sodass dieses Beben erstmals quantitativ untersucht werden konnte. Aufgrund dieser Daten und den Ergebnissen einer Nachmessung der schon vor dem Erdbeben zustande gekommenen geodätischen Landvermessung in Nordkalifornien konnte Henry Fielding Reid den Bebenvorgang als Scherbruch im Untergrund deuten. Bei einem solchen Scherbruch sammeln sich beiderseits einer Verwerfungsfläche der tektonischen Platten, an der die Bewegung durch Reibung blockiert ist, elastische Spannungen an. Diese verursachen beiderseits der Verwerfung elastische Deformationen. Sobald die Scherspannungen die Reibungskraft an der Verwerfungsfläche übersteigen, kommt es zum Bruch und damit zum Zurückschnellen der wie ein Federblatt gespannten Gesteinsblöcke. Da in diesem Fall die vertikale Störungsfläche bis an die Erdoberfläche reichte, konnten die bei dem Erdbeben in horizontaler Richtung gegeneinander verschobenen Partien der Erdkruste auf einer Länge von 305 Kilometern nachgewiesen werden. Diese horizontalen Versetzungsbeträge, die als *„San-Andreas-Verwerfung"* bekannt sind, erreichten beim San-Francisco-Beben die Größenordnung von 4 bis 5 Metern (vgl. Steinhauser 1987, S. 51).

Doch der Großteil der Sachschäden von mehreren Millionen Dollar wurde nicht durch diese Bodenbewegungen verursacht sondern durch einen drei Tage wütenden Großbrand, von dem Jack London in *„Collier's Weekly"* vom 5. Mai 1906 einen eindrucksvollen Bericht geliefert hat: *„Eine Stunde nach dem ersten Erdstoß stand eine riesige schwarze Rauchsäule über San Francisco, Hunderte von Meilen sichtbar. Und drei Tage und drei Nächte schwankte diese düstere Säule, ein gewaltiger Turm wie der Turm zu Babel, am Himmel und verfinsterte den Tag, tauchte die Sonne in dunkles Rot und erfüllte das Land mit Rauch. Das Erdbeben begann Mittwoch früh um Viertel nach fünf. Eine Minute später schossen die Flammen auf. Das Feuer brach an einem Dutzend Stellen zugleich aus, südlich der Market Street, im Arbeiter-Ghetto und in den Fabriken. Es gab nichts, was dem Feuer Einhalt gebot. Zwölf Stunden nach dem Ausbruch des Feuers war die Hälfte des Stadtkerns verschwunden. In der Nacht zum Donnerstag ging der Rest des Stadtkerns unter. Dynamit wurde freigebig verteilt und angewandt, und viele der stolzesten Bauwerke von San Francisco wurden von Menschenhand in Ruinen verwandelt. Aber es gab kein anderes Mittel, um den Flammen Einhalt zu gebieten. Eine Aufzählung der Toten wird es niemals geben. Die Flammen haben alle sterblichen Überreste verzehrt"* (Collier's Weekly 5. Mai 1906, verkürzt nach der dt. Übers. in Snyder und Morris 1953).

Das Feuer wütete noch zwei Tage und zwei Nächte. Am Schluss glich San Francisco dem ausgebrannten Krater eines Vulkans, um dessen Rand Zehntausende von Flüchtlingen lagern. Alle Städte und Ortschaften in der Umgebung waren voll Obdachloser. Doch Jack London konnte aber auch

Abb. 23: San Francisco nach dem Erdbeben vom 18. April 1906 (aus Herrmann 1936)

von den Hilfskomitees berichten, die sofort ihre Arbeit aufgenommen hatten: *„Die Flüchtlinge werden von der Eisenbahn kostenlos zu jedem Punkt in den Staaten befördert. Nach einer Schätzung haben über 100 000 Einwohner die Halbinsel verlassen, auf der San Francisco einmal stand. Die Regierung ist vollkommen Herr der Lage, und dank der schnellen Hilfe aus allen Teilen der Vereinigten Staaten besteht keine Gefahr einer Hungersnot. Die Bankiers und Geschäftsleute haben bereits Vorkehrungen getroffen San Francisco wieder aufzubauen“* (Collier's Weekly 5. Mai 1906). Und auch hier war es ähnlich wie bei dem Erdbeben von Lissabon eine Bewohnerin der Stadt, die Schriftstellerin Gertrude Atherton, die alles miterlebt hatte und trotzdem voller Hoffnung in die Zukunft sah: *„Ich habe niemals etwas Interessanteres kennengelernt als das psychologische Resultat dieses Erdbebens ... Es hat eine neue, tüchtige und erfahrene Art von Pionieren hervorgebracht. Bei der intensiven Energie und dem Optimismus, den jedermann an den Tag legt, glaube ich, dass wir zweifellos noch vor Ablauf von fünf Jahren eine der schönsten Städte der Welt sein werden“* (zit. nach Leithäuser 1956, S. 157).

Das Reich des Todes und der Verzweiflung: Im zerstörten Messina

Das Erdbeben von Messina in der Nacht vom 28. Dezember 1908 hatte sein Epizentrum mitten in der Meerenge von Messina. Forschungen, die ein englisches Schiff kurze Zeit nach dem Beben machte, ergaben, neben Erhöhung des Meeresbodens um etwa 100 Meter, eine sich in der Richtung der Strandlinie erstreckende Senkung, deren Grund man nicht finden konnte. Die Seeleute hatten während des Bebens das Meer gewaltig aufbrausen, wild kochen und wirbeln sehen. Von dort ging dann die Verderben bringende Bebenflutwelle aus, die an der kalabrischen Küste etwas früher ankam und höher war als in Messina und seiner Umgebung. Auf der kalabrischen Seite hatte die Welle ihre größte Höhe von etwa 4 Metern; sie raste an manchen Stellen bis zu 500 Meter ins Land hinein. In Messina schätzte man die Wellenhöhe auf 2 bis 3 Meter. Dann zog sich das Meer weit zurück, an den Ufern in der Umgebung von Messina etwa 50 Meter, und nahm erst nach mehr als einer Stunde sein früheres Niveau wieder ein. Der als Gründer und Direktor der Berliner Urania bekannte Astronom Max Wilhelm Meyer (1853–1910), der sich zur Zeit des Erdbebens in Capri aufhielt und bereits drei Tage später den Ort des schrecklichen Geschehens erreichte, konnte sich die Ursache dieses schweren Erdbebens nur durch eine Spaltenbildung unter dem Meer erklären: *„Beim ersten Stoß, vor dem Auseinanderreißen der Scholle, musste sich das Meer erheben. Der Stoß ging ja vertikal nach oben. Die Flutwelle wurde dadurch erzeugt. Dann wirbelte das Meer in die sich öffnende Spalte und verschlang einen Teil des in der Enge vorhandenen Wassers. Das Meer musste sich zurückziehen, bis von beiden Seiten der Enge genügende Wassermengen wieder zufließen konnten, um das Fehlende zu ersetzen“* (Meyer und Gorki 1909, S. 39).

Während Meyer als wissenschaftlicher Beobachter eine nüchterne Erklärung dieses schrecklichen Ereignisses geben konnte, lieferte der russische Dichter Maxim Gorki, der sich zu dieser Zeit in Messina aufgehalten hatte, einen erschütternden Bericht von den grauenvollen Wirkungen der durch das Beben ausgelösten Flutwelle: *„Eine Woge von maßloser Höhe fällt auf den Strand und bedeckt mit ihrer furchtbaren Wucht die Häuser und Trümmerhaufen. Sie zerdrückt und erwürgt die Lebenden und gleitet, den Halt am Ufer verlierend, in die Tiefe zurück, alles, was sie gepackt hat, mit sich fortreißend – Trümmer von Booten, Türen und Möbelstücke, Frauen und Kinder, Priester, Arbeiter, Soldaten, Studenten – das ganze Ufer hat sie glatt abgespült und tritt nun wieder zurück, weit ins Meer, um dann von*

Neuem, diesmal schon mit geschwächter Kraft, gegen die Felsen zu schlagen und denen den Rest zu geben, die noch am Leben geblieben sind... Hunderte von Menschen hatte sie ins Meer gespült – Hunderte von Leichen, die durch die Wogen in schaurige Knäuel zusammengeballt waren, trieben in der Bucht" (Meyer und Gorki 1909, S. 51, S. 54). Ebenso schlimm erging es den Bewohnern der Innenstadt von Messina, als kurz nach 5 Uhr die Erde erzitterte: „*Im Dunkel stürzten die auseinandergerissenen Häuser eins nach dem andern krachend zusammen, Steine flogen durch die Luft, der Mörtel fiel herab und begrub die verstümmelten, blutüberströmten Leiber der halbnackten, vor Kälte und Entsetzen zitternden Menschen. Der Staub stieg empor, der Wind wirbelte ihn auf, trieb ihn in die wahnsinnstarrenden Augen, streute ihn auf die Wunden, bedeckte die blutigen Gesichter mit scheußlichen Masken, und kaum hatte sein Ungestüm heulend und brausend eine Staubwolke zerstreut, als ein neuer Einsturz erfolgte, ein neuer, gewaltiger, grauer Staubwirbel zu den Wolken emporstieg und ein Hagel von Steinen, die Menschen zu Boden reißend, auf die Straße niederprasselte*" (Meyer und Gorki 1909, S. 46). Viele der unglücklichen Stadtbewohner waren in ihren halbzerstörten Häusern, in denen sich die verkeilten Türen nicht öffnen ließen, gefangen. Gelang es ihnen die Türen aufzubrechen, so stürzten sie in die Korridore; dort empfing sie eine dichte Wolke von Kalkstaub und blendete ihre Augen. Wo sonst die Treppen hinabführten, gähnten nun dunkle Gruben, aus denen der schreckliche Staub der Zerstörung emporwirbelte. Grauenhafte Szenen der Verzweiflung spielten sich vor den Augen Gorkis ab: „*Wahnsinnig gewordene Menschen sprangen, ihre Kinder auf den Armen, mit Geschrei hinab, um die Erde, den festen Boden zu gewinnen, brachen sich die Glieder, zerschlugen sich die Köpfe, krochen, die Steine und Trümmer mit ihrem Blute färbend, über die Schutthaufen hin... Die Erde aber schüttelte immer wieder alles durcheinander, die Häuser wankten und bebten, Spalten und Sprünge blitzten im Zickzack über die weißen Mauern, die Mauern stürzten ein, versperrten die schmalen Gassen, schlossen die Menschen darin durch gewaltige Massen zertrümmerten Gesteins und zersplitterter Balken von der Außenwelt ab, zerbrachen die Glieder der Frauen und Kinder, pressten durch ihren Druck ihr Gehirn, ihre Eingeweide hervor und entstellten die menschliche Gestalt auf entsetzliche Weise. Das unterirdische Rollen, das Poltern der Steine, das Krachen des Gebälks wird durch das Hilfegeschrei, das Stöhnen der Verwundeten, die wahnsinnigen Rufe der Verzweiflung übertönt. Unaufhörlich steigen immer neue graue Staubwirbel zum Himmel empor, sie hindern am Atmen und verschleiern den Ausblick, dass man nicht sieht, wo die Gefahr gerin-*

Abb. 24: Eine Straße im zerstörten Messina (aus Meyer und Gorki 1909)

ger, wohin man flüchten kann. Von den Balkons stürzen schwere Blumenkübel und Bruchstücke der eisernen Gitter herab, aus den Fenstern springen halbnackte Menschen, bringen die Fliehenden zu Falle und brechen sich selbst Arme und Beine auf dem Pflaster; an den Fenstern der noch nicht eingestürzten Mauern sitzen und stehen Menschen, halten sich ängstlich am Gesims fest und schreien um Hilfe, während die erstarrten Hände sich kaum noch an den Vorsprüngen festzuklammern vermögen. Ein Windstoß, eine neue Erderschütterung schleudert sie hinab, Menschen und Steine fallen durcheinander zu Boden und liegen da, in demselben Trümmerhaufen" (Meyer und Gorki 1909, S. 46 f.). Als die Erdstöße aufgehört hatten, war die Stadt vollkommen zerstört und unter ihren Trümmern waren für immer Tausende von Hoffnungen begraben.

Viele der Menschen, die das Erdbeben von Messina überlebt hatten, konnten die psychische Belastung nicht ertragen: *„Überall tönen aus den Trümmern lang gedehnte Seufzer und jähe Schmerzensrufe, und schon vernimmt man das laute Lachen der Wahnsinnigen, die hastig hin- und herrennen, bald auf den Schutthaufen umherhüpfen, bald langsam daherschreiten und singen, dann wieder auf den Steinhaufen sitzen, weinen und beten und aus den seltsam blickenden Augen unheimlich lächelnd ins Feuer starren"* (Meyer und Gorki 1909, S. 48). Fast alle erschienen Gorki nicht normal. Nur wenige von ihnen waren imstande, im Zusammenhang zu sprechen, viele verstanden die Fragen nicht, die man ihnen stellte. Viele waren vollkommen apathisch und zeigten gar keine Freude über ihre Rettung. Hinzu kamen dann noch die Untaten der Diebe und Räuber, für die dieses Unglück eine günstige Gelegenheit zum Beutemachen war. Die Gefängnisse, in denen über 300 Sträflinge beiderlei Geschlechts gesessen hatten, waren eingestürzt, viele der Insassen getötet, zermalmt, unter den Trümmern begraben. Die Geretteten, von denen die meisten ohnedies nichts zu verlieren hatten, verlegten sich aufs Marodieren. Aber es kam auch vor, dass sogar Sträflinge, die schwerer Verbrechen wegen im Gefängnis saßen, Sammlungen unter sich veranstalteten und ihren letzten Groschen hingaben, den sie sich in harter Zwangsarbeit schwer genug erspart hatten. Die Rettungsarbeit gestaltete sich mit jedem Tage schwieriger und gefährlicher. Zehntausende von Menschenleichen und Tierkadavern verwesten ringsum, und ein widerlicher Fäulnisgeruch, vermischt mit dichtem, schwerem Qualm umgab die Menschen wie mit einer Pestwolke. Nicht nur am Tage, sondern auch zur Nachtzeit, bei Fackelschein wurde gearbeitet, bis die überwachenden Ingenieure der Stadtverwaltung, um das Leben der Rettungsmannschaften zu sichern, das Herangehen an die mit dem Einsturz drohenden Häuserreste verboten. Der Einsatz der Hilfsmannschaften und die Teilnahme der gesamten Bevölkerung an dieser Rettungsarbeit machten auf Gorki einen so tiefen Eindruck, *„dass der auf der Seele lastende Eindruck der Tragödie der Vernichtung und des Todes unwillkürlich sich abschwächt und verschwindet beim Anblick dieses gewaltigen Bildes des Lebens, das in diesen Tagen gesättigt ist von dem tiefen Gefühle brüderlicher Eintracht, eines Lebens, das laut und vorbildlich von künftigen Möglichkeiten spricht, von herrlichen Tagen, Jahren und Jahrhunderten, in denen die Menschheit einträchtig sich neue Lebensformen schaffen und im geschlossenen, trotzigen, siegreichen Kampfe ihren stärksten und schlimmsten Feind - die Elementarkraft - überwinden wird"* (Meyer und Gorki 1909, S. 88). Und auch der mit den Augen eines wissenschaftlichen Beobachters diese Ereignisse betrachtende Astronom Meyer konnte sich nicht enthalten, seine tiefe Bewunderung über dieses Rettungswerk auszudrücken: *„Wir stehen bewundernd und staunend vor einem ganz neuen Zug in der Entwicklungsgeschichte der Natur. Wenn irgendwo ein Ameisenhaufen zertreten wurde, was kümmern sich die Bewohner des Nachbarhaufens darum? Die Menschheit erst hat das Heil bringende Prinzip der gegenseitigen Hilfe entdeckt. Wie schwer das Unglück auch war, es hat die Menschheit auf dieser Stufe ein gutes Stück emporgetragen!"* (Meyer und Gorki 1909, S. 42).

Feuersbrunst und Flutwelle: Tokio und Yokohama

Im Unterschied zu Messina, wo die von beiden Seiten durch hohe Häuser eingeengten Straßen richtige Todesfallen bildeten, war die Bevölkerung der Hauptstadt Japans, Tokio, die seit Jahrhunderten immer wieder von schweren Erdbeben heimgesucht worden war, in ihrer Lebensweise seit alten Zeiten auf solche Naturereignisse gut eingestellt. Sie lebte in leichten Bambus- und Holzhütten, die mit Stroh gedeckt waren und sowohl Erderschütterungen als auch Wirbelstürmen widerstehen konnten. Es waren aber nicht die Bodenerschütterungen selbst, sondern verheerende Brände, welche die meisten Todesopfer forderten. So kamen in Tokio während des Erdbebens vom Jahre 1703 mehr als 30 000 Menschen durch eine schreckliche Feuersbrunst um und im Jahre 1855 forderte in Tokio der entsetzliche Brand als Folge eines weiteren Erdbebens 100 000 Todesopfer. Nach einer langen Periode der Ruhe fand aber am 1. September 1923 ein Erdbeben statt, das katastrophaler als alle anderen japanischen Beben war und sogar die großen Erdbebenkatastrophen von San Francisco und Messina übertraf. Es waren wiederum Feuerbrände, welche Tokio und seinen Vorhafen Yokohama in Schutt und Asche legten. Ein zusammenfassender Bericht, der im selben Jahr im „*Geographischen Anzeiger*" erschien, schildert das Ausmaß dieser Katastrophe: „*Während die Trümmer der Häuser durcheinanderstürzten und eine dichte Staubwolke all die furchtbaren Szenen des Jammers und Schreckens verhüllte, sprang die Flamme empor und fraß sich satt im Wust von Holz und Papier. Räuberbanden aus der Hefe des Volkes durchzogen die verlassenen und zerstörten Häuser. Alle Verbindungen mit außen waren unterbrochen, die Bahnlinien und selbst die geschotterten Straßen waren zerstört, und alle Ortschaften in weitem Umkreis hatten unter dem Erdbeben gelitten. Das aufgebotene Militär konnte nur zu Fuß heranrücken. Schnelle Hilfe war unmöglich, da nicht genügend Kraftwagen und nicht genügend Treibstoff vorhanden waren. Die Bevölkerung entfloh der Hölle oder drängte sich auf dem freien Platz um das Kaiserschloss zwischen den Trümmern der offiziellen Gebäude zusammen*" (Schmitthenners, Geogr. Anzeiger 1923, S. 251, zit. nach Herrmann 1936, S. 146). Doch die freien Plätze in der Stadt waren schnell überfüllt. Sie boten auch nicht überall vor dem Flammenmeer, das von allen Seiten heranrückte, ausreichend Sicherheit. So wurde auch ein solcher Platz am Militärbekleidungsamt in einem Stadtteil von Tokio zur Todesfalle. Dort hatten sich 40 000 Flüchtlinge mit ihrem Gepäck so zusammengedrängt, dass sie sich nicht rühren konnten. Das vom wechselnden Wind angefachte Feuer kam von drei Seiten her immer näher. Die vierte Seite war von einem Fluss abgegrenzt. Schließlich war die verzweifelte Menschenmenge rettungslos eingeschlossen. Die Flammen sprangen auf das leicht entzündliche Gepäck und die Kleidungsstücke der Unglücklichen über, von denen bereits viele schon an Rauch und Hitze erstickt waren, ehe der Funkenregen alles Brennbare in Flammen setzte. Nur den wenigen, die in den Fluss sprangen, gelang die Flucht vor dem Flammenmeer.

Noch schlimmer wurde die Hafenstadt Yokohama von den Auswirkungen des Erdbebens getroffen. Dort brach eine ungeheure Meereswoge in den Hafen ein. 50 Schiffe sanken und zwei Dampfer warf die Flutwelle ans Land. Wie in Tokio brachen auch dort Feuerbrände aus und rasten durch die Stadt. Von 125 000 Häusern wurden fast 100 000 zerstört und verbrannt. Lichtleitungen und Kabel wurden zerrissen. Ein Gewirr von Schienen und Drähten hing in der Luft. Der mit Zehntausenden von Flüchtlingen überfüllte Yokohama-Park wurde ebenfalls vom Feuer eingekreist. Der Sturm ließ brennendes Holz und glühende Metallteile durch die Luft wirbeln und auf die Menschenmenge regnen. Doch im Unterschied zu der Tragödie in Tokio war es das Wasser, das aus den zerbrochenen Rohren hervorgequollen war, das den Boden des Parks in einen Sumpf verwandelte

Abb. 25: Ein von unzähligen Flüchtlingen überfüllter Park von Tokio (aus Osaka Mainichi 1923)

und so eine weitere Katastrophe verhinderte. Um den Flammen zu entkommen, welche die Flüchtenden immer wieder einholten, sprangen die verzweifelten Menschen überall, wo es in Tokio und Yokohama möglich war, in Flüsse, Seen und Teiche oder in das Wasser des Hafens. Es gelang zwar vielen auf diese Weise die Flucht, aber auch fast ebenso viele ertranken oder verbrannten im Wasser, wo sich entzündetes Öl ausgebreitet hatte.

Aber schon wenige Stunden nach dem Erdbeben mitten im Chaos des Unterganges begannen Bergungsarbeiten. Feuerwehrleute bekämpften unter Einsatz ihres Lebens die Feuerbrände, obwohl sie wegen der Rohrbrüche das Wasser aus Teichen, Kanälen und Sümpfen heranschaffen mussten. Brandstätten wurden umzingelt, Häuserblocks geräumt. Die Leichen warf man in die brennenden Häuser, um Seuchen und Epidemien zu verhindern. Polizisten verrichteten pausenlos ihren Dienst. Sie wiesen den verzweifelt Fliehenden den Weg durch Trümmer und Flammen zu den Sammelplätzen und versuchten Plünderungen und Verbrechen, die sich immer mehr ausbreiteten, zu verhindern. Vor allem kam es auch zu Ausschreitungen gegen Koreaner, die man der Brandlegung verdächtigte. Die wütende Volksmenge verfolgte und misshandelte jeden Koreaner oder jeden, der dafür wegen seines Akzentes gehalten wurde. Doch die Regierung verstand es schließlich, in kürzester Zeit die Ordnung wiederherzustellen.

Über das Leichenzählen und Einschätzen der Sachschäden durch Angabe von Geldsummen in einer allgemein bekannten Währung werden oft die seelischen Auswirkungen auf die Betroffenen einer Erdbebenkatastrophe vergessen. Nach den Aussagen von Verschütteten fehlt zwar das Angstgefühl im Moment der Katastrophe fast gänzlich. Auch empfindet man zunächst bei Verletzungen keinen Schmerz sondern nur eine stumpfe Gleichgültigkeit. Doch später kann sich die Angst als dauernde Spätfolge des Erdbebens auch schon bei kleinen Erdstößen immer wieder einstellen. Nach Ansicht eines Arztes, der selbst beim Erdbeben von Tokio im Jahre 1923 verschüttet worden war, äußern sich diese Angstgefühle verschieden, je nach dem Ort des geringsten Widerstandes im Nervensystem des Betroffenen: *„Dem einen wird es jetzt bei Erdstößen übel, der andere bekommt Herzklopfen, wieder ein anderer Kopfweh oder Zittern, manche bekommen mehrere dieser unangenehmen Angstäußerungen zugleich."* Doch derselbe Arzt stellt aber auch überraschend günstige Auswirkungen solcher Katastrophen auf die Betroffenen fest: *„Erdbeben können, so schrecklich sie sind, auch günstige Wirkungen auf die Seele haben. Solche sah ich gerade bei Neurasthenikern oder leichten Psychopathen. Wegfall von Hemmungen, Zwang und Rücksichten, Loslösung von unangenehmen Verhältnissen, Sich-selbst-Ver-*

gessen über dem Dienst am anderen, Steigerung des Selbstgefühls durch Überwinden von Gefahren und Schwierigkeiten, ein oft unfreiwilliger Heroismus erwiesen sich als Heil- und Stärkungsmittel der Seele ... Nach großen Erdbeben fühlten sich die Geretteten dem Leben neu geschenkt. Viele hatten auch wirklich ein neues Leben mit all seinen Möglichkeiten und Hoffnungen zu beginnen" („*Seelische Erdbebenwirkungen*" von Dr. Paravicini, Tokio 1933; zit. nach Herrmann 1936, S. 122 f.).

Unabwendbar, aber nicht voraussagbar: Das Problem der Erdbebenprognose

Jahrhundertelang hatten sich Wissenschaftler aller Nationen vergeblich bemüht, eine theoretische Grundlage zur Voraussage von Erdbeben zu liefern. Doch dann trat ein Ereignis ein, das die ganze Welt aufhorchen ließ: Am Morgen des 4. Februar 1975 sah die Behörde der mandschurischen Provinz Liaoning die Indizien eines bevorstehenden Bebens als so überzeugend an, dass sie eine dringende Warnung an die Bevölkerung weitergab, die Häuser zu verlassen und draußen zu bleiben, obwohl kaltes Winterwetter war. Und um 19 Uhr 36 desselben Tages erschütterte ein Erdbeben die ganze Provinz. In den Städten Haicheng und Ying Kow richtete es große Zerstörungen an. Obwohl 90 Prozent der Häuser in diesen Ortschaften einstürzten, lag die Zahl der Toten unter 100. Ohne die Vorwarnung hätte das Beben in dieser dicht besiedelten Provinz – es lebten im Schadengebiet 3 Millionen Menschen – eine Katastrophe riesigen Ausmaßes hervorgerufen.

Auf welche Weise war diese erste effektive Erdbebenwarnung zustande gekommen? China hatte schon 1966 die Erdbebenprognose in sein Regierungsprogramm aufgenommen. Denn in einem Land mit 800 Millionen Einwohnern und einer vorwiegenden Agrarwirtschaft sind die meisten ländlichen Bauten sehr instabil und im höchsten Maße bebengefährdet. Es wäre im Rahmen der technischen Möglichkeiten völlig undenkbar, alle Häuser abzureißen und neue, erdbebensichere hinzustellen. Darum besteht die einzig wirksame Gegenmaßnahme in der Entwicklung eines Frühwarnungssystems, das eine rechtzeitige planmäßige Evakuierung ermöglicht. Da es im Wesentlichen auf Langzeitbeobachtungen ankommt, können Tausende von Bauern und Landarbeitern als Helfer geschult und eingesetzt werden, z. B. um Wasserstände in Brunnen und Tiere zu beobachten. Genau diese Voraussetzung brachte hier auch den Erfolg. Schon 1975 häuften sich Anzeichen eines bevorstehenden Bebens. So gab es eine rasche Zunahme von Bodenhebungen, und zwar hob sich der Erdboden im Bereich einer wichtigen Störung 20-mal schneller als normal. Etwa zur gleichen Zeit notierten viele Amateurbeobachter, dass Haustiere unruhig wurden und dass sich die Grundwasserstände änderten. Am 3. Februar vermuteten die Erdbebenforscher, dass die kleinen Beben Vorbeben eines großen sein könnten, und benachrichtigten die Behörden, die sofort mit einer Warnung vorbereitende Maßnahmen einleiteten. Die Bevölkerung wurde aufgefordert, temporäre Wohnhütten zu bauen, Patienten aus Spitälern herauszuschaffen, Transportmittel an wichtige Plätze zu konzentrieren und vor allem außerhalb der Häuser zu bleiben. Eine Maßnahme wie diese setzte das Vorhandensein eines Katastrophenplanes voraus und eine gut funktionierende Organisation, die diesen auch durchsetzt. Beides war in diesem Fall vorhanden. Hinzu kamen noch die Disziplin und das solidarische Verhalten der Bevölkerung. Es hätte schließlich auch eine Panik ausbrechen können (vgl. Gutdeutsch 1987, S. 74 f.).

Es gab aber auch Fehlschläge in der chinesischen Erdbebenprognose. Bei einem blinden Alarm blieb die Bevölkerung 2 Monate in Erwartung der Katastrophe außerhalb der Häuser, aber das Beben blieb aus. Dagegen konnte das Beben am 27. Juli 1977, das in den nahe Peking gelegenen Städten Tangshan und Tientsin Verwüstungen anrichtete und bei dem nach offiziellen Schätzungen 650 000 Menschen den Tod fanden, überhaupt nicht vorhergesagt werden (Zhu Fengming und Wu Ge sowie Zhu Chuanzhen in: Proceedings of the Seminar on Earthquake Prediction Case Histories, Genf 1983, zit. nach Gutdeutsch 1987, S. 75). Dieses Erdbeben von Tangshan war aber trotz der hohen Anzahl von Todesopfern nicht die größte Katastrophe in China. Denn bei dem Erdbeben von Shaanxi am 23. Januar 1556 kamen mindestens 830 000 Menschen ums Leben (Gu Gongxu et al. 1989, S. 45).

Studien, die sich auf kurzfristige Prognosen in einem westlichen Land beziehen, haben ergeben, dass beim Eintreffen solcher Prognosen zwar die Anzahl der Todesopfer wesentlich geringer wäre, dass aber ein blinder Alarm, der noch viel häufiger wäre, nicht nur eine Panik hervorrufen könnte, sondern auch der Wirtschaft eines Landes einen gewaltigen Schaden zufügen würde. In Anbetracht dieser Lage und der in der Geschichte der theoretischen Erklärungsversuche immer deutlicher gewordenen komplexen Verursachung der Erdbeben muss man nach dem heutigen Stand der Erdbebenforschung zugeben, dass es *„eine absolut sichere Erdbebenprognose prinzipiell nicht gibt und niemals geben kann“* (Gutdeutsch 1987, S. 75).

6. Die Tore zur Hölle: Vulkanausbrüche

In der Geschichte der Erde hat es unzählige Vulkanausbrüche gegeben. Viele davon sind unbemerkt geblieben, weil sie sich in unbesiedelten Gebieten oder in den Tiefen der Ozeane abgespielt haben. Es gibt aber auch wohl dokumentierte historische Vulkanausbrüche, die nicht nur Hunderte von Menschenleben forderten, wie der Ausbruch des Vesuvs in der Antike, sondern auch solche, die durch die Verbreitung ausgestoßener Aschewolken weltweite Klimaveränderungen verursachten. Das bekannteste Ereignis dieser Art ist der Ausbruch des Tambora in Indonesien im Jahre 1815, der das viel zitierte *„Jahr ohne Sommer"* hervorrief, gefolgt von dem Ausbruch des Krakatau vor Sumatra im Jahre 1883, der eine noch größere Anzahl von Todesopfern forderte und ebenfalls einen weltweiten Temperaturrückgang zur Folge hatte. Dass Aschewolken sich über Tausende Kilometer ausbreiten können, hat sich neuerdings bei den Ausbrüchen des Vulkans Eyjafjallajökull auf Island gezeigt, der am 15. April 2010 große Mengen an Asche in die Atmosphäre geschleudert und auf diese Weise über mehrere Tage fast den gesamten Flugverkehr in Europa lahmgelegt hat.

Der Ascheregen: Pompeji und Herculaneum

Den alten Schriftstellern der Antike waren bereits eine große Anzahl von vulkanischen Gebieten in Italien, Griechenland und Kleinasien bekannt. Sie wussten auch, dass die Vulkane selbst nicht das Feuer enthalten, sondern dass sie nur die Ausgänge für die Flammen des Erdinnern sind. So hatte bereits Strabo die Vulkane als eine Art von Sicherheitsventilen betrachtet, wenn er darauf hinweist, dass Sizilien weniger unter Erdbeben zu leiden hatte als zu der Zeit, in welcher der Ätna und die Vulkane der Liparischen Inseln in Ruhe waren. Strabo war es auch, der schon lange vor dem Ausbruch des Vesuvs im Jahre 79 n. Chr., bei dem Pompeji und Herculaneum von einem Aschenregen verschüttet wurden, die vulkanische Natur dieses Berges erkannt hatte. Dieser Ausbruch des Vesuvs, bei dem Plinius, der Verfasser der berühmten Naturgeschichte, umgekommen ist, wurde von seinem Neffen Plinius dem Jüngeren in einem Brief an Tacitus geschildert. Unter dem frischen Eindruck der Katastrophe in einer erstaunlich klaren und objektiven Form niedergeschrieben, gilt dieses Dokument seit jeher bei den Fachleuten der Vulkanologie als die *„beste Schilderung eines vulkanischen Ereignisses, die uns aus dem Altertum überliefert worden ist“* (Sapper o. J., S. 80). Obwohl der Brief des jüngeren Plinius hauptsächlich dem persönlichen Schicksal seines berühmten Onkels gewidmet ist, macht er in aller Deutlichkeit die antike Welt mit der ganzen Großartigkeit und Schrecklichkeit vulkanischer Ausbrüche bekannt und bringt auf diese Weise die Studien der antiken Autoren über Vulkanausbrüche zu einem denkwürdigen Abschluss.

Der dramatische Bericht beginnt in Misenum, einem Ort am Nordrand des Golfs von Neapel, wo in der Kaiserzeit die stärkste der römischen Kriegsflotten stationiert war, deren Befehlshaber Plinius der Ältere war. Sein Neffe Plinius der Jüngere hielt sich mit seiner Mutter ebenfalls dort auf. Am 24. August, ungefähr um die siebte Stunde, wurde eine Wolke von ungewöhnlicher Größe und Gestalt beobachtet: *„Ihre Gestalt dürfte wohl am ehesten einer Schirmpinie ähnlich gewesen sein. Denn sie wuchs wie mit einem Riesenstamm empor und teilte sich dann in mehrere Äste, wohl deshalb, weil sie von einem frischen Luftstrom emporgehoben wurde, dann aber, wenn dieser nachließ, den Auftrieb verlor, oder auch weil sie sich wegen ihres Eigengewichtes in die Breite verflüchtigte. Bisweilen war sie weiß, bisweilen schmutzig und fleckig, je nachdem sie Erde oder Asche emporgeworfen hatte.“* Zunächst war es nur der Wissensdrang des Gelehrten, der den älteren Plinius dazu brachte, dieses Ereignis in der Nähe zu beobachten, als er aber davon hörte, dass der Vesuv ausgebrochen war und die Menschen, die an seinem Fuß angesiedelt waren, in größter Gefahr waren, beschloss er mit wahrem Heldenmut, diese Leute, deren Entkommen nur zu Schiff möglich war, zu retten: *„Er eilte dorthin, von wo andere flohen, und steuerte geradewegs auf die Gefahr zu, so ganz ohne jede Furcht, dass er tatsächlich alle Phasen und Erscheinungsformen dieses Unglücks, wie er sie mit seinen Augen wahrnahm, diktierte und aufschreiben ließ.“* Bereits die Schifffahrt zu dem Misenum gegenüberliegenden Ort Stabiae, wo sich sein Freund Pomponianus befand, entwickelte sich zu einem lebensgefährlichen Unternehmen: *„Schon fiel Asche auf die Schiffe, desto heißer und dichter, je näher sie herankamen. Schon fielen auch Bimssteine und schwarzes, vom Feuer verbranntes und geborstenes Gestein; schon entstand eine plötzliche Untiefe, und das Gestade war durch Trümmerbrocken vom Vesuv un-*

zugänglich geworden.“ In Stabiae angekommen umarmte Plinius seinen verängstigten Freund, tröstete und ermunterte ihn. Inzwischen leuchteten aus dem Vesuv an mehreren Stellen gewaltige Flammenstreifen und hohe Brände auf, deren strahlende Helligkeit durch die Dunkelheit der Nacht noch gesteigert wurde. Da das Meer wild und stürmisch war und eine Abfahrt nicht zuließ, legte sich Plinius trotz der drohenden Gefahr nieder und schlief wirklich ganz fest. *„Denn seine Atemzüge, die bei ihm wegen seiner Körperfülle ziemlich schwer und laut waren, hörten diejenigen, die sich vor der Schwelle aufhielten.“* Da aber der Hof, durch den man Zugang zu seinem Zimmer hatte, schon mit einem Gemisch von Asche und Bimsstein so hoch angefüllt war, dass bei einem längeren Aufenthalt im Schlafzimmer ein Entkommen nicht mehr möglich gewesen wäre, wurde er aufgeweckt. Im Freien fürchtete man das Herabfallen von Bimssteinen, auch wenn diese bereits leicht ausgeglüht waren. Zum Schutz davor legten sich die Verängstigten Kopfkissen auf ihren Kopf und banden sie mit Leinentüchern fest. Als der Tag anbrechen sollte, blieb es jedoch Nacht, *„schwärzer und dichter als alle Nächte“*. Dann trieben Flammen und der Vorbote der Flammen, der Schwefelgeruch, alle anderen in die Flucht, während Plinius selbst, dem der dicke Qualm bereits den Atem hemmte, zusammenbrach und starb. Als sich der Qualm und Aschenregen verzog und es wieder Tag wurde, *„fand man seinen Körper unversehrt, ohne Verletzung, mit derselben Kleidung wie zuletzt. Er glich in seiner äußeren Erscheinung eher einem Schlafenden als einem Toten“* (Plinius Liber VI, 16).

Auch Plinius der Jüngere, der nach der Abfahrt seines Onkels in Misenum zurückgeblieben war, erlebte Schreckliches. *„Denn die Wagen“*, schreibt er in einem weiteren Brief an Tacitus, *„die wir hatten hinausfahren lassen, rollten hin und her, obwohl sie sich auf völlig ebenem Gelände befanden, und blieben nicht einmal dann an Ort und Stelle stehen, wenn Steine untergelegt wurden. Außerdem sahen wir, dass das Meer zurückflutete und durch das Erdbeben gleichsam zurückgetrieben wurde. Jedenfalls hatte sich der Strand erweitert und hielt viele Meerestiere im trockenen Sand fest. Auf der anderen Seite wurde eine schauerliche schwarze Wolke von feurig zuckenden Schlangenlinien zerrissen und spaltete sich immer wieder in lange Feuergarben: sie glichen Blitzen, waren aber größer.“*

Etwas später senkte sich diese Wolke auf die Erde herab und bedeckte das Meer. Schon fiel Asche, aber zunächst noch wenig. Dann aber holte die Flüchtenden dichter Qualm ein, der sich über die Erde ergoss und sie wie ein Gießbach verfolgte: *„Da war es auch schon Nacht, aber nicht so, wie eine mondlose und bewölkte, sondern wie in einem geschlossenen*

Abb. 26: Asche- und Bimssteinregen in Pompeji beim Ausbruch des Vesuvs im Jahre 79 n. Chr. (aus Zurcher et Margole 1872)

Raum, wenn das Licht gelöscht ist. Man hörte das Wehklagen der Frauen, das Wimmern der Kinder, das Geschrei der Männer. Die einen riefen nach ihren Eltern, andere nach ihren Kindern, wieder andere nach ihren Ehepartnern und suchten sie an ihrer Stimme zu erkennen. ... wieder fiel dichte und schwere Asche. Immer wieder erhoben wir uns und schüttelten diese von uns ab; andernfalls wären wir zugedeckt und auch von ihrem Gewicht erdrückt worden ... Endlich wurde jener Qualm dünner und verflüchtigte sich gleichsam in Rauch und Nebel. Bald wurde es wirklich Tag, sogar die Sonne leuchtete hervor, jedoch nur fahl, wie bei einer Sonnenfinsternis. Alles erschien unseren verängstigten Augen noch verändert und hoch mit Asche wie mit Schnee bedeckt" (Plinius Liber VI, 20).

Viel schlimmer erging es jedoch den unglücklichen Einwohnern von Pompeji, die unter einer sechs Meter dicken Schicht von Bimsstein und heißer Asche lebendig begraben wurden. Ihre Körper sind zwar längst zu Staub zerfallen, doch die dadurch entstandenen Hohlräume haben ihre Gestalt im Augenblick des Todes erhalten. Man kann sie noch heute als ausgegossene

Gipsformen mit ihren verdrehten Gliedern, das Gesicht auf den Boden gedrückt, liegen sehen, genau in der Stellung, die sie einnahmen, als sie niederfielen und die Asche sie zudeckte. So ist die Stadt zu neuem Leben erwacht und die Toten sind aus dem Reich der Schatten zurückgekehrt, so dass man sagen kann: *„Der Vulkan und die Stadt, die er bewahrte, indem er sie zerstörte, bilden ein zeitloses Nebeneinander von Leben, Tod und Wiederauferstehung“* (de Boer und Sanders 2004, S. 91).

Der Vesuv blieb auch weiterhin nicht in Ruhe. Seit 79 n. Chr. ist er mehr als 50-mal ausgebrochen. Nach einer langen Ruheperiode, in der er als erloschen galt, erfolgte im Jahre 1631 ein Ausbruch, der zwar nur halb so stark wie der zur Zeit des Plinius war, der aber mindesten 4000 Todesopfer forderte, da diese Gegenden um den Vesuv stärker als in der Antike besiedelt waren. Bei einem anderen verheerenden Ausbruch des Vesuvs im Juni 1794 war es ein schrecklicher Lavastrom, der mit einer zuvor noch nie beobachteten Geschwindigkeit Torre del Greco erreichte und diese Stadt vollkommen zerstörte. Tausende Menschen suchten Schutz auf dem Meer und mussten erleben, wie die glühenden Massen des Lavastromes ins aufschäumende Wasser stürzten. Beim Anbruch des Tages musste man mit Staunen erkennen, dass der Gipfel des Vulkans eingestürzt war. Doch damit endigte der seit Beginn des Ausbruchs niederfallende Aschenregen nicht, sondern setzte sich noch tagelang fort. Wolkenbrüche vermischten sich in der Luft mit der Asche und diese Masse fiel wie ein zäher Teig weit über die Gegend in der Nähe des Vulkans. Die Dächer vieler Häuser stürzten unter dieser unerträglichen Last zusammen und alle Pflanzen und Bäume waren von einer dicken Aschen- und Schlammschicht eingehüllt. Doch der Lebenswille der geplagten Einwohner war ungebrochen. Als der Aschenregen aufhörte, zerstreuten sich Tausende der Einwohner auf den Feldern und säuberten die Blätter und Zweige der Bäume und Reben von der alles bedeckenden Asche und Heiterkeit kehrte wieder in das sonst so vom Klima begünstigte glückliche Land ein.

Die Serie der Vesuvausbrüche setzte sich bis zum Frühjahr 1944 fort. Bei diesem letzten Ausbruch des Vesuvs ist bemerkenswert, dass dabei zum ersten Mal in Europa der Flugverkehr zu leiden hatte. Auf dem Militärflughafen der amerikanischen Luftwaffe konnten nicht nur die Flugzeuge auf den mit Asche bedeckten Landebahnen nicht starten, sondern viele von ihnen wurden durch herabfallendes festes Auswurfmaterial und Aschepartikel, die in die Triebwerke gelangten, zerstört. Das Gute daran war, dass dadurch während des noch andauernden Krieges weniger Bombenangriffe geflogen werden konnten.

Ein Jahr ohne Sommer: Tambora und Krakatau

Der Ausbruch des Vulkans Tambora auf der Insel Sumbawa (Indonesien) im Jahre 1815 war die größte Vulkankatastrophe in historischer Zeit. Zur Zeit des Tambora-Ausbruchs war Niederländisch-Ostindien, das heutige Indonesien, als Folge der napoleonischen Kriege von den Briten besetzt worden. An Stelle des niederländischen Gouverneurs wurde Thomas Stamford Raffles zum stellvertretenden Gouverneur ernannt. Raffles, der später Singapur gründete und in den Adelsstand erhoben wurde, regierte die Inseln bis 1816; in diesem Jahr wurde die Verwaltung wieder an die Niederländer zurückgegeben. Als 1815 der Tambora ausbrach, fiel dies noch in die Amtszeit des britischen Gouverneurs, der darüber einen Bericht verfasst hat. Charles Lyell hat diesen Bericht in sein Buch *„Principles of Geology"* mit aufgenommen: *„Im April 1815 ereignete sich in der Provinz Tomboro, auf der Insel Sumbawa, einer der schlimmsten Vulkanausbrüche, die in der Geschichte registriert wurden. Der Ausbruch begann am 5. April, am stärksten war er jedoch am 11. und 12. April und hörte völlig erst im Juli auf. Der Schall der Explosion war bis in Sumatra und in der Gegenrichtung bis Ternate zu hören. In der Provinz Tomboro überlebten aus einer Bevölkerung von 12 000 nur 26 Personen. Heftige Wirbelwinde trugen Menschen, Pferde, Rinder und manch anderes, das in ihren Bannkreis kam, in die Höhe empor, rissen die größten Bäume aus und bedeckten das gesamte Meer mit Treibholz. Große Teile Land waren von Lava bedeckt, mehrere Ströme davon, die aus dem Krater des Mount Tombora kamen, flossen bis zum Meer. ... Die treibenden Vulkanaschen bildeten an der Westseite von Sumbawa, am 12. April, eine zwei Fuß hohe Schicht, mehrere Meilen in ihrer Ausdehnung, durch welche die Schiffe ihren Weg sich kaum bahnen konnten. Die von den Aschen auf Java verursachte Dunkelheit war selbst tagsüber derart, dass man zuvor, selbst in dunkelster Nacht, noch niemals etwas Ähnliches erlebt hatte"* (Lyell 1875, vol. II, S. 104 f.). Lyell berichtet auch von der großen Flutwelle, welche die Meeresküste von Sumbawa und der nahe gelegenen Inseln überschwemmte und in die Häuser eindrang und die tiefer liegenden Teile fußhoch mit Wasser füllte. Jegliches Schiff und Boot wurde vom Anker gerissen und an die Küste geworfen.

Heute schätzt man, dass im Verlauf dieses Ausbruchs insgesamt mehr als 90 000 Todesopfer zu beklagen waren, die vor allem durch diese Flutwelle ums Leben kamen. Zu einer weltweiten Katastrophe wurde der Ausbruch des Tambora durch die Menge seiner Auswurfstoffe. Die tatsächliche Menge zu bestimmen ist jedoch schwierig. Die heutigen Schätzungen schwanken

Abb. 27: Die zerstörerische Wirkung der Flutwelle beim Ausbruch des Vulkans Tambora (aus Flammarion 1894)

zwischen 50 und 180 Kubikkilometern (de Boer und Sanders 2004, Steinhauser 1987). Der Ausbruch senkte jedenfalls die Höhe des Berges von über 4000 auf 2853 Meter und hinterließ eine riesige 1200 Meter tiefe Caldera. Aber nicht nur hinsichtlich der Größe des Aschenvolumens, auch hinsichtlich der Verschmutzung der Atmosphäre durch Staub und Asche war der Ausbruch des Tambora mit keinem anderen der historisch belegten Vulkanausbrüche zu vergleichen, wozu die Höhe der Eruptionssäule von 65 Kilometern entscheidend beigetragen hat. Die in der Atmosphäre zirkulierende Asche war so dicht, dass es in einem Umkreis von 300 Kilometern um den Vulkan drei Tage lang fast stockdunkel war. Die Asche bedeckte ein Areal von mehr als 500 000 Quadratkilometern. Bimsstein aus dem Tambora-Ausbruch schwamm auf den Küstengewässern, und ganze Flöße aus Schaum und Schutt, in denen die Kadaver von Tieren und abgebrochene Bäume eingebacken waren, trieben weit auf das Java-Meer hinaus. Einige dieser treibenden Massen waren mehrere Kilometer lang und bis zu einem Meter dick. Noch vier Jahre nach diesem Ausbruch trafen Schiffe auf solche Flöße.

Zusammen mit der Asche und dem Bimsstein warf der Vulkan auch große Mengen an Dampf und an Schwefeldioxidgasen aus. Die Schwefeldioxidmoleküle vereinigten sich mit dem Wasserdampf und bildeten Aerosole aus Schwefelsäure. Winde trugen dieses Gemisch aus Gas und Schwebeteilchen rund um die Erde. Dadurch entstanden Dunstschleier, die einen beträchtlichen Teil des Sonnenlichts wieder zurückwarfen und auf dieses Weise verhinderten, dass es zur Erdoberfläche gelangte. Eine langfristige Abkühlung war die Folge. Die Durchschnittstemperaturen waren im Jahr 1816 auf der nördlichen Hemisphäre um bis zu 10 Grad Celsius niedriger als gewöhnlich. In ganz Europa waren die Sommer der Jahre 1816 und 1817 kalt und feucht. Häufige Kälteeinbrüche führten zu großen Ernteausfällen und Hungersnöten. In vielen Gegenden fiel dunkel und rötlich von dem Vulkanstaub gefärbter Schnee. Die Schweiz, Süddeutschland, Österreich und die Alpengebiete Frankreichs waren am meisten betroffen. Dieser dunkle und nasskalte Sommer war es auch, der nicht nur Lord Byron zu einem Gedicht, sondern auch Mary Shelley, die zu dieser Zeit am Genfer See weilten, zum Verfassen einer Horrorgeschichte anregte. Bei Lord Byron äußerte sich die trübe Stimmung nur in einigen schwermütigen Zeilen: *„Ich hatte einen Traum, der eher ein Alptraum war. Die leuchtende Sonne war erloschen, und die Sterne wanderten, sich verdunkelnd, im unendlichen Raum. Ohne Strahlen, ohne Pfad, und die eisige Erde schwankte blind und immer dunkler werdend in der mondlosen Atmosphäre. Der Morgen kam und verging – und kam erneut, es wollte Tag nicht werden, und die Menschen vergaßen in dem Grauen ihrer Trostlosigkeit ihre Leidenschaften.“* (Byron: *„Darkness“*, in: Byron 1866, S. 122; übers. von S. Oeser). Mary Shelley dagegen begann in diesen finsteren Tagen ihre berühmte Horrorgeschichte *„Frankenstein“* zu schreiben, die zwei Jahre später als Buch erschien. Im Vorwort zu diesem Buch teilte sie die näheren Umstände seines Entstehens mit: *„Ich verbrachte den Sommer 1816 in der Umgebung von Genf. Die Jahreszeit war kalt und regnerisch und an den Abenden drängten wir uns um ein loderndes Holzfeuer und unterhielten uns gelegentlich mit einigen deutschen Geistergeschichten, die uns zufällig in* *die Hände gefallen waren. Diese Geschichten erregten in uns das spielerische Verlangen, sie nachzuahmen. Zwei andere Freunde (eine Erzählung aus der Feder von einem von ihnen würde weit mehr vom Publikum akzeptiert werden als alles, das ich jemals zustande bringen könnte) und ich kamen überein, dass jeder von uns eine Geschichte schreiben solle, die auf einem übernatürlichen Ereignis gründen solle. Das Wetter wurde aber plötzlich heiter und meine Freunde verließen mich und brachen zu einer Reise in den Alpen auf. Angesichts der großartigen Szenerien vergaßen sie dann ihre geisterhaften Visionen. Die folgende Geschichte ist die einzige, die wirklich geschrieben wurde"* (Shelley 1818, Preface, übers. von S. Oeser).

Während in Europa und in Amerika, wo die Bezeichnung für 1816 als das *„Jahr ohne Sommer"* entstanden ist, niemand eine Ahnung von der weit entfernten Ursache dieser katastrophalen Verhältnisse haben konnte, erlangte der Ausbruch des Krakatau wegen des ständig mehr wachsenden Netzes der telegraphischen Verkabelung sehr schnell eine weltweite Berühmtheit. Die Insel Krakatau bestand aus einer Kette von drei Vulkanen (Rakata, Danan und Perbuwatan), die in der Sundastraße zwischen Java und Sumatra gelegen war. Auf der unbewohnten Insel setzte am 26. August 1883 eine Serie von Explosionen ein, die eine zunächst 25 Kilometer, später sogar 35 Kilometer, hohe Eruptionssäule aufsteigen ließen. Diese Ausbrüche gipfelten am nächsten Tag in einer gigantischen Explosion der ganzen Insel, wobei Asche und Gestein über 80 Kilometer in die Atmosphäre geschleudert wurden und eine Caldera von 18 Kubikkilometern Volumen entstand. Nur die Südhälfte des Vulkankegels Rakata blieb übrig. Der Aschenregen bedeckte eine Fläche von 827 000 Quadratkilometern; das Krachen der Explosion war noch in Australien und auf der 5000 Kilometer entfernten Insel Rodríguez zu hören, die Luftdruckwelle umkreiste die Erde zweimal.

Krakatau selbst war zwar unbewohnt, dennoch forderte die Vulkankatastrophe auf den Nachbarinseln mehr als 36 000 Menschenleben. Auch hier waren wie bei dem Tambora-Ausbruch die schrecklichen Flutwellen die Ursache des Verderbens, wie bereits ein erster Bericht des damaligen britischen Konsuls in Batavia, Alexander Patrick Cameron, vom 1. September 1883 an den britischen Außenminister Granville George Leveson Gower erkennen ließ: *„Die Residentschaften Bantam und Batavia waren in den Morgenstunden des vergangenen Montag von einer dichten grauen Aschenwolke verdüstert, und während die Wolke von West nach Ost zog, verdunkelte es sich gegen Mittag noch weiter bis zu vollkommener Finsternis. Im Laufe des Vormittags fiel ein fortwährender Ascheregen, sodass der Boden so aussah, als sei er von Schnee bedeckt. Das Meer stieg plötzlich gegen 11.30 Uhr in Bata-*

via und zu früheren Zeitpunkten in der unmittelbaren Umgebung von Krakatau, vermutlich aufgrund einer Absenkung von Teilen des Krakatau und anderen Inseln oder einer unterseeischen Erhebung, und eine Welle von beträchtlicher Höhe rückte mit rasender Geschwindigkeit auf die Küsten Westjavas und Sumatras zu, wo sie mehr oder weniger großen Schaden anrichtete, je nach der Entfernung vom Zentrum der Störung. Eine zweite, noch höhere Welle folgte der ersten im Abstand von etwa einer Stunde mit noch gravierenderen Auswirkungen ... Die Schäden, welche die Flutwellen im Bereich der Küsten sowohl an Menschenleben als auch an Sachwerten angerichtet haben, sind nach den bereits vorliegenden Berichten beträchtlich, können aber vorerst nicht einmal annähernd verbindlich geschätzt werden, weil die See immer noch tobt und nach wie vor Asche niedergeht und der Nachrichtenverkehr und die Straßenverbindungen entweder vollkommen unterbrochen oder stark behindert sind. Es scheint jedoch außer Zweifel zu stehen, dass die gesamte Südostküste Sumatras ernstlich unter den Auswirkungen des plötzlichen Ansturms des Meeres gelitten haben muss, und Tausende von Einheimischen, die in den Küstendörfern lebten, dürften so gut wie sicher umgekommen sein" (zit. nach Hammerl 2009, S. 31).

Auch trafen bald darauf von Schiffen, die zur Zeit des Krakatau-Ausbruches in der Sundastraße kreuzten, weitere schreckliche Nachrichten ein, die das Ausmaß der Katastrophe bestätigten: *„Eine undurchdringliche 18-stündige Nacht; die Atmosphäre in einen Ofen von Asche verwandelt, welche Augen, Nasen und Ohren verstopfte; die dumpfe und ununterbrochene Kanonade des Vulkans; der aus dem schwarzen Himmel herabkommende Bimssteinfall; der nur mit Unterbrechungen durch fahle Blitze oder durch St.-Elms-Feuer an Masten und Takelwerk beleuchtete Schauplatz der Zerstörung; der mit höllischem Krachen aus dem Himmel fahrende Blitzstrahl; und dann der sich in einen Kotregen verwandelnde Aschenregen – alles das erlebten in jener achtzehnstündigen Nacht vom 27. bis 28. August 1883 die zahlreichen Reisenden eines Schiffes von Java. Während dessen flog ein Teil der Insel Krakatau in die Luft und kehrte das Meer, das vorher vom Ufer zurückgewichen war, in einer Höhe von 35 Metern bis auf eine Strecke von einem bis 10 Kilometern landeinwärts und in einer Länge von 500 Kilometern wieder auf die Ländereien zurück. Beim Rücklauf riss es vier Städte mit in den Abgrund, die ganze Küstenbevölkerung, mehr als 40 000 Menschen! Die Reisenden eines Schiffes, welches tags darauf in der Meerenge kreuzte, sahen mit Schrecken, wie ihr Fahrzeug durch Bündel von Leichnamen, die sich*

Abb. 28: Ausbruch des Krakatau am 27. August 1883 (aus Flammarion 1894)

umschlungen hielten, in seinem Lauf gehindert wurde. Mehrere Wochen nachher fand man noch Finger mit den Nägeln und behaarte Kopfteile in den Fischen" (Flammarion 1894, dt. Übers., S. 136 f.).

Der Krakatau-Ausbruch von 1883 war zwar eine schreckliche Katastrophe, wenn man den Verlust von Menschenleben berücksichtigt, ist aber auch ein Beispiel dafür, dass gerade solche schweren Katastrophen die Evolution, also die Erneuerung und Weiterentwicklung der Lebewesen, antreiben können. Denn die Inselgruppe um Krakatau wurde zunächst durch die Eruption samt den ihr folgenden riesigen Mengen an Asche und Bimsstein von allen Pflanzen und Tieren entweder völlig kahl rasiert oder durch die sie überziehenden Flutwellen von allem Leben entblößt. Es gibt zwar Hinweise darauf, dass einige Pflanzen mit tief reichenden Wurzeln überlebt haben könnten, aber zum allergrößten Teil waren diese Inseln leergefegt, sodass dort die Geschichte des Lebens noch einmal neu beginnen musste. Die Ersten, die hier eintrafen, waren zweifellos Vögel sowie Samen, die sie mit ihrem Kot abwarfen; dann kamen Sporen, die in Winden vom Festland hierhergetragen wurden, oder kleine Tiere, die auf Treibholz oder auf Ablagerungen von heißer Asche und Bimsstein herangeschwemmt wurden. Aber schließlich schlugen neue Pflanzen Wurzeln, und auch größere Tiere, die über das Meer geschwommen waren, fanden sich hier ein. Über die einzelnen Schritte dieses Neubeginns des Lebens auf den Überresten des einstigen Krakatau, das lediglich aus den übrig gebliebenen Teilen des Vulkans Rakata bestand, gibt es genaue Angaben. Denn die niederländische Regierung entsandte dorthin den Naturforscher Rogier D. M. Verbeek, der zwar im Oktober 1883 auf der kleinen Insel keinerlei Leben entdecken konnte, aber schon im Herbst des darauffolgenden Jahres einige Grasblätter aus der Vulkanasche hervorlugen sah. Fast drei Jahre nach der Katastrophe fand dann ein Botaniker 26 verschiedene Pflanzenarten, darunter Moose, Farne und Gräser, die alle Samen haben, die durch Winde und Strömungen des Meeres verbreitet werden können. Und 1897 fand ein anderer Forscher bereits 64 Arten. An den oberen Hängen des Vulkans gab es große, grasbedeckte Areale und sogar ein paar Büsche und Bäume. 1906 wurden hier 108 Arten gezählt, darunter auch Orchideen, die an den steilen Felswänden blühten. Oberhalb der in Küstennähe wachsenden Gräser gab es bereits eine Zone mit Mischwald. 1934 fand man bereits 271 Arten von Pflanzen. Obwohl Steppengräser noch immer weite Flächen bedeckten, sah man jetzt auch viele Baumgruppen. Die Tierwelt konnte jedoch erst nach der Erholung der Pflan-

Abb. 29: Das von Leichen bedeckte Meer der Sundastraße (aus Flammarion 1894)

zenwelt wieder auftreten. Dabei spielten die Feigenbäume eine wichtige Rolle. Bis 1897 hatten sich vier Arten von Feigenbäumen auf Rakata angesiedelt, bis 1908 waren es drei weitere und bis 1920 waren es mehr als 15 Arten. Die Anzahl der fruchtfressenden Vögel und Fledermäuse wuchs in derselben Proportion wie die Anzahl der Feigenbäume. 1929 lebten auf Rakata bereits mehrere Arten von Säugern, Vögeln und Reptilien wie Krokodile, Echsen und Schlangen wie auch viele Arten von Insekten und Wirbellosen, wie Weichtiere und Würmer. Heute gibt es sogar Hausratten auf der Insel, von denen man glaubt, dass sie von vier europäischen Familien und einer Anzahl einheimischer Arbeiter, die von 1915 bis 1917 dort lebten, in ihren Booten mitgebracht worden sind. Da Rakata heute ein Naturreservat ohne menschliche Besiedlungen ist, könnten sich diese Hausratten so vollständig an die neuen Bedingungen der freien Wildnis anpassen, dass sie die Eigenschaften von frei lebenden Wanderratten annehmen (vgl. de Boer und Sanders 2004, S. 156 ff.). Es ist daher nicht undenkbar, dass auf diese Weise die Entwicklung von neuen Arten oder Unterarten ermöglicht wird. Jedenfalls hat die Evolution der Lebewesen in diesen Gebieten letzten Endes gerade durch diese Katastrophe neuen Antrieb erhalten.

Der Ausbruch des Krakatau wird heute als die Geburtsstunde der Vulkanologie als Wissenschaft angesehen. Dies lag nicht nur an der Stärke des Ausbruchs, sondern auch daran, dass zu diesem Zeitpunkt weltweit bereits genügend meteorologische und maritime Observatorien bestanden und die internationale Nachrichtenübermittlung zuverlässig funktionierte (Steinhauser 1987). Damit war bereits der Weg beschritten worden, auf dem man hoffen konnte, nicht nur Daten über Vulkanausbrüche aus aller Welt zu bekommen, sondern mit Hilfe solcher Daten auch Voraussagen machen zu können, die bei Vulkanausbrüchen zumindest eher zu erstellen sind als bei Erdbeben. Dass wissenschaftlich begründete zutreffende Voraussagen über Vulkanausbrüche zwar möglich sind, aber ihre Umsetzung durch Kommunikationsschwierigkeiten und menschliche Unzulänglichkeit zunichte gemacht werden kann, zeigt die größte Vulkankatastrophe des 20. Jahrhunderts, bei der die meisten Todesopfer zu beklagen waren.

Die Schlammlawine: Nevado del Ruiz

Am 13. November 1985 vernichteten Schlammlawinen, die von dem Ausbruch des 5200 Meter hohen bolivianischen Vulkans Nevado del Ruiz ausgelöst wurden, die umliegenden Täler und begruben die Stadt Armero unter sich. Mindestens 22 000 Menschen fanden dabei den Tod. Was absolut unfasslich erscheint, ist der Umstand, dass dieser Ausbruch von Geowissenschaftlern nach Ort, Zeit und Größe, sogar mit einer angegebenen Wahrscheinlichkeit für einen bestimmten Zeitpunkt vorausgesagt worden war und dass diese Vorhersage offensichtlich nicht oder nicht genügend Beachtung gefunden hatte.

Es war vorauszusehen, dass die mächtige Eiskappe des in großer Höhe liegenden Vulkans bei einer Eruption schmelzen und eine riesige Menge Wasser freisetzen würde. Nach zahlreichen Vorläuferphänomenen einer ansteigenden seismischen und vulkanischen Aktivität begann dann am 13. November um 15 Uhr 15 die gewaltige Ausbruchsphase des Vulkans zunächst mit einer heftigen Explosion. Eine Stunde später war das den Direktoren des Zivilschutzes an allen umgebenden Stationen bekannt. Der örtliche Zuständige, Núñez, empfahl, dass die sofortige Evakuierung der am Fuß des Vulkans liegenden Städte Armero und Honda vorbereitet werden sollte. Um 17 Uhr traf sich der Katastrophenstab, vor dem Núñez an Hand der Risikokarte die drohende Gefahr aufzeigte. Gegen 18 Uhr schlug der Katastrophenstab vor, dass die Polizeistation von Armero gewarnt werden sollte. Soweit bekannt ist, ordnete das Rote Kreuz die Evakuierung von Armero ungefähr gegen 19 Uhr 30 an. Erst um 21 Uhr 08 begann die eigentliche Phase der Eruption mit zwei schweren Explosionen. Dann quollen in mehreren Schüben Lavaströme über den Kraterrand. Sie schmolzen das Eis, sodass sich eine aus Wasser, Eis, Schutt und Dampf bestehende Lawine vor allem nach Nordosten den Berg hinabwälzte. Um 21 Uhr 45 beauftragte der Leiter des Zivilschutzes Kontakt mit Armero aufzunehmen und die Evakuierung anzuordnen. Es gelang jedoch nicht, diesen Kontakt herzustellen. Man hat dafür später mehrere Stromausfälle in Armero als Erklärung herangezogen. Inzwischen begann die gewaltige Schlammlawine ihren Vernichtungsweg durch die Täler am Fuße des Nevado del Ruiz. Es ist nicht mehr festzustellen, wann genau die Lawine die Stadt erreichte, auch nicht, ob die Bevölkerung Armeros zur Evakuierung aufgefordert worden war oder nicht. Überlebende berichten, dass sie sich untereinander nur durch Zurufen gewarnt hätten. Die Schlammlawine überrollte Armero in mehreren aufeinanderfolgenden Wellen. Die Tatsache, dass zwei am Ruiz entspringende Flüsse sich oberhalb der Stadt vereinigen und somit die entsprechend größere Schlammmenge transportierten, mag zur Vergrößerung der Katastrophe beigetragen haben. Mindestens 90 Minuten – wahrscheinlich länger – hatten die Lawinen zum Durchlaufen der Strecke zwischen dem Ort ihrer Entstehung und Armero gebraucht. Diese Zeit hätte reichlich für eine Warnung und Evakuierung ausgereicht, sofern keine technischen

Pannen passiert wären. Die Berichte sagen wenig über die Zuständigkeiten der Mitglieder des Katastrophenstabes aus. Auch wird nicht klar gesagt, ob ein lokaler Katastrophenplan bei den örtlichen Behörden vorlag. Eine Warnung allein genügt schließlich nicht, die Leute müssen auch wissen, wie sie sich bei einer Warnung zu verhalten haben. Die Zusammenhänge werden wohl für immer verschleiert bleiben, da die wichtigsten Zeugen nicht mehr leben. Vielleicht ist daraus die ernste Lehre zu ziehen, dass die Wirksamkeit der Vorwarnung mit der Zuverlässigkeit der Durchführung der angeordneten Maßnahmen steht und fällt (Quelle: D. G. Herd 1986, nach Gutdeutsch 1987, S. 85).

7. Wetterkatastrophen und Klimawandel

Erdbeben und Vulkanausbrüche sind nicht alltägliche Ereignisse. Wenn man gerade nicht in den Erdbebenzonen oder in der Nähe eines noch nicht erloschenen Vulkans lebt, kommt man kaum jemals in die Gefahr, von derartigen Katastrophen heimgesucht zu werden. Noch mehr gilt das von der Gefahr, durch den Einschlag eines großen Himmelskörpers getötet zu werden. Ein solcher vernichtender Impakt kann zwar an jedem Ort der Erde erfolgen, aber da er statistisch gesehen nur einmal in 100 Millionen Jahren stattfinden könnte, ist die Wahrscheinlichkeit äußerst gering, dass wir ähnlich wie die Dinosaurier durch eine solche weltweite Katastrophe aussterben werden. Auch eine neue Eiszeit ist nicht in Sicht, abgesehen davon, dass wir uns mit unseren technischen Möglichkeiten viel besser vor der Kälte schützen könnten als die Steinzeitmenschen. Im Gegenteil verursachen wir mit dem Ausstoß von Treibhausgasen eine Erwärmung, die als Klimawandel heftig diskutiert wird und angeblich zu einem bedrohlichen Anstieg unserer alltäglichen Wetterkatastrophen, zum Abschmelzen der Gletscher und zum Verschwinden des Polareises und als letzte Konsequenz davon zum Aussterben der Eisbären führen soll. Das aber, was uns in allen Gegenden unserer Erde jeden Tag treffen kann, sind die lokalen Wetterkatastrophen.

Tornados, Hurrikane und Zyklone

Die charakteristische Eigenschaft der Lufthülle, in der wir leben, ist ihre Ruhelosigkeit. Sie ist immer in Bewegung – auch dann, wenn man von Windstille spricht. Benutzt man hinreichend empfindliche Instrumente, so findet man immer noch Bewegung. Diese Bewegung wird von der Sonne bewirkt. Ohne die Sonne würde die Atmosphäre wie eine träge und tote Masse rund um die Erde lagern. Kein Lufthauch würde sie bewegen. Durch die Strahlung der Sonne wird jedoch ein ungeheurer Kreislauf erzeugt, der die Luftschichten unaufhörlich erneuert, die drückende Hitze durch Kühle vertreibt und die Kälte durch warme Strömungen unterbricht. Diese Luftströmungen und die auf diese Weise verteilte atmosphärische Feuchtigkeit bilden die Grundlage für das Wetter, von dem das Gedeihen und Missraten der Ernten und damit seit undenklichen Zeiten das Glück und Unglück der Menschheit abhängen. Hinzu kommt noch die Achsenstellung unseres Planeten Erde, welche die Verschiedenheiten der Jahreszeiten hervorruft, die durch den variierenden schrägen Einfall der Sonnenstrahlen entstehen. Dramatisch werden solche jahreszeitlichen Temperaturunterschiede, wenn sie sich so extrem steigern, dass es selbst in den sogenannten gemäßigten Zonen zu einer hohen Anzahl von Hitzetoten oder Kältetoten kommt. Dann spricht man bereits von Katastrophen.

Während aber diese jahreszeitlichen Schwankungen, auch dann wenn sie sich zu Extremen steigern, noch immer eine ständig wiederkehrende Konstanz aufweisen, auf die man sich einstellen kann, können sich die normalen Windbewegungen manchmal zu Stürmen steigern, sodass es zu unerwartet großen katastrophalen Auswirkungen kommt. Die mit diesen Sturmereignissen zusammen auftretenden Sturmfluten und Überschwemmungen führen dann nicht nur zu großen Sachschäden, sondern fordern auch in vielen Fällen eine hohe Zahl von Menschenleben. Für die Versicherungen sind Stürme die *„bedeutendste Elementargefahr"*. Denn meist wird die Hälfte der Naturkatastrophen von Stürmen verursacht, während nur 30 Prozent auf Erdbeben und zehn Prozent auf Überschwemmungen zurückzuführen sind. Die restlichen zehn Prozent verteilen sich auf Vulkanausbrüche, Dürren und Waldbrände (Quelle: Münchener Rückversicherung für die Jahre 1960 – 1989; vgl. Lamping / Lamping 1995, S. 136).

Eine besonders gefährliche Form von Stürmen sind die Wirbelstürme, die oft unglaubliche Zerstörungen verursachen und vielen Menschen Tod und Verderben bringen. Solche Wirbelstürme oder *„Zyklone"* unterscheiden sich, wie ihr Name besagt, von den gewöhnlichen Wetterfronten dadurch, dass sie, während sie voranschreiten, eine Rotationsbewegung ausführen. Die tropischen Wirbelstürme, die ungleich heftiger sind als die außertropischen Zyklone, haben entsprechend der Gegend ihres Auftretens unterschiedliche Namen: *„Hurrikane"* heißen sie, wenn sie im Atlantik auftreten und Mittel- und Nordamerika betreffen; *„Taifune"*, wenn sie sich im Pazifischen Ozean ereignen. Außerdem haben sie noch spezielle Namen für verschiedene Gebiete wie an der Ostküste Afrikas oder im tropischen Norden Australiens. Von den Hurrikanen unterscheiden sich die *„Tornados"* durch ihren geringen Umfang. Während außertropische Zyklone einen Durchmesser von 500 bis 2000 Kilometer haben, beschränken sich die Durchmesser der Hurrikane auf 200 bis 500 Kilometer. Tornados dagegen haben einen noch geringeren Durchmesser von weniger als 1,5 Kilometer, viele sogar weniger als 100 Meter. Sie sind am meisten gefürchtet, weil sie ganz plötzlich auftreten und unvorstellbaren Schaden anrichten können. Tornados sind zwar in allen Teilen der Welt beobachtet worden, ihr hauptsächliches Verbreitungsgebiet ist aber der Mittlere Westen der Vereinigten Staaten von Amerika. Von dort stammen auch die fast unglaublichen Berichte über ihre furchtbare Wirkung. Ein charakteristisches Beispiel kann man den Berichten des amerikanischen Wetterbüros entnehmen: *„So erblickte ein Autofahrer, der mit seiner Frau unterwegs war, eine große Staubwolke. Sie sah nicht anders aus als viele, die er früher gesehen hatte; daher fuhr er unbesorgt hinein. Dann erst merkte er, dass es sich nicht um eine gewöhnliche Staubwolke handelte, und hielt den Wagen an der Straßenseite an. Man hörte ein Dröhnen und Splittern von Glas, während die Windschutzscheibe und die Fenster von umherfliegenden Trümmerstücken zerschlagen wurden. Er zog den Kopf seiner Frau in seinen Schoß und beugte sich selbst darüber, um die Gesichter zu schützen. Als es für einen Augenblick ruhiger wurde, hob er den Kopf, um durch die zerbrochene Windschutzscheibe zu blicken. Große Bretter, Äste und irgendein männerkopfgroßer Klumpen schwebten um den Wagen herum. Die Sekunden dehnten sich zu Ewigkeiten, aber plötzlich gab es einen Krach, er verlor das Bewusstsein und erlangte es erst im Krankenhaus wieder. Wie die Untersuchung ergab, waren beide Insassen aus dem Wagen gerissen und auf die Straße geschleudert worden. Beide erlitten schwere Schnittwunden und Prellungen. Die Frau war sofort tot. Nur der Fahrer hatte überlebt. Der Wagen war zu einem formlosen Metallklumpen zusammengeschlagen und in ein nahes Feld geschleudert worden“* (verkürzt nach: Monthly Weather Review, US-Weather Bureau, Washington, D. C., vol. 83, Nov. 1955; p. 255: vgl. Battan 1961, S. 92). Obwohl bei den Tornados ungeheure Gewalten entfesselt werden, sind nicht immer Todesopfer zu beklagen, wie andere Berichte des amerikanischen Wetterbüros zeigen. So wurde ein Haus mit acht Zimmern vom Fundament gerissen. Alle Insassen blieben jedoch unverletzt. Auch der Fahrer eines Autos, das von einem Tornado auf der Straße erfasst, mehrmals herumgewirbelt und in einen Acker 75 Meter von der Straße entfernt verfrachtet wurde, erlitt lediglich einen Schock und einige Prellungen. Ein großer Kühlwagen wurde sogar 800 Meter weit weggetragen. Viele Gebäude zerplatzten, als der Tornado vorbeizog, ohne dass ihre Einwohner zu Schaden kamen. Häufig wurden Gegenstände durch Tornados emporgehoben und viele Kilometer weit fortgetragen. Die größten Personen- und Sachschäden treten auf, wenn Explosion und starker Wind gleichzeitig wirken. So wurden häufig die Reste eines zerstörten Hauses vom starken Wind hochgerissen und wie die Teile eines Schrapnells durch die Luft geschleudert. Was in ihren Weg kam, wurde niedergemäht. Ein großer Teil der Todesopfer bei einem Tornado wird daher durch umherfliegende Trümmerstücke, Holz-, Metall- und Glassplitter verursacht. Durch das Zusammenwirken von Explosion und Sturm können sogar große Teile einer Stadt wie von einer großen Bombe eingeebnet werden (vgl. Battan 1961, S. 104).

In Europa sind Tornados selten und auch meist schwächer. Sie werden *„Tromben"* genannt und können sowohl auf dem Land als auch auf dem Meer auftreten. Auf dem festen Land werden sie auch als *„Windhosen"* bezeichnet. Wenn sie auf dem Meer auftreten, werden sie *„Wasserhosen"* genannt. Nach der bis heute gültigen Definition von Alfred Wegener sind solche Wind- und Wasserhosen *„große Luftwirbel mit vertikaler Achse"*, die vom Rande einer Wolke in Form eines herabhängenden Trichters, Schlauches oder einer Säule meist bis zum Erdboden herabreichen. Das stürmische Hinzuströmen der Luft zu dem stark verdünnten Raum um die Wirbelachse verursacht dabei derartige Verwüstungen, wie sie auch bei den schwersten Stürmen größerer Ausdehnung nicht beobachtet werden (Wegener 1917, S. 4). Dass diese Tromben auch in Europa in ihrer zerstörerischen Gewalt manchmal den Tornados Nordamerikas gleichkommen, zeigen bereits Berichte aus dem 19. Jahrhundert, die davon sprechen, dass eine solche Trombe ganze *„Herden von Tieren, Menschen, selbst das Wasser ganzer Seen packt und alles bis zu erstaunlichen Höhen emporwirbelt"* (Schütte 1875, S. 372).

Ein frühzeitiges, aber mit fachmännischer Präzision beschriebenes Beispiel einer den amerikanischen Tornados ebenbürtigen Windhose, die in Deutschland auftrat, wurde von dem Professor der Bergakademie in Freiberg Lampadius aufgrund eigener Erfahrung und Mitteilungen glaubwürdiger Augenzeugen berichtet. Diese Trombe fand am 23. April 1800 zwischen 4 und 5 Uhr nachmittags in der Gegend des Städtchens Hainichen statt, 5 Stunden von Freiberg entfernt: *„Nach wenigen Minuten näherte sich die Spitze des Schlauches ganz der Erde und strich mit unglaublicher Schnelligkeit, mit Staub und Verwüstung begleitet, von Südwest nach Ost an der Oberfläche der Erde fort. Alle sich seinem Flusse entgegenstemmende erhabene Gegenstände wurden zerrissen und umhergeschleudert, während, was äußerst merkwürdig ist, außerhalb dieser Breite eine Windstille herrschte. Eine Scheune wird im nächsten Dorf in Stücken umhergeworfen, die Stallgebäude werden verrückt und das große Wohngebäude bis auf den linken*

Abb. 30: Trombe auf dem Land (aus Schütte 1875)

Flügel gänzlich zertrümmert. Das Dach und der Boden voll Getreide werden in den nächsten Teich geschleudert, wobei das Mauerwerk zerrissen wird und die Gewölbe einstürzen. Nur die gewölbte Küche erhält sich, in der die Familienmitglieder des Hausbesitzers ihr Leben retten können. Mehrere Kühe werden erschlagen, andere halb zerdrückt und sonst beschädigt, und erfüllen mit ängstlichem Brüllen die Luft, indessen das Federvieh durch den heftigen Wirbel getötet mit fortgerissen wird. Auf dem nächstgelegenen Gut reißt diese ungeheure Kraft drei Seitengebäude und zwei einzeln gelegene Häuser nieder. Immer weiter fliegt nun die wirbelnde Bewegung und setzt ihren Lauf zuerst quer durch den angrenzenden kurfürstlichen Wald fort. In der Breite von 60 Schritten wird dort kein Baum und Strauch verschont. Sie werden abgebrochen, ausgerissen und zum Teil weit umhergeschleudert. Noch immer verheerend zieht dieser Wirbelsturm weiter und vollendet seine Verwüstungen mit der Zerstörung von vier Bauerngütern. Mehrere dieser Häuser wurden gänzlich nieder- und umhergeworfen, von andern wieder die Dächer abgedeckt, Wände und andere Teile der Häu-

ser verschoben und umhergeschleudert. Endlich veränderte sich die wirbelnde Bewegung, und die Dampf- und Wolkensäule zerstreute sich. Aber noch kurz zuvor wurde ein Knecht mit zwei Pferden 60 Schritte weit in einen Hohlweg geschleudert. Er liegt einige Minuten ohne Bewusstsein und staunt bei dem Erwachen über die Spuren der Verwüstung um ihn her, so wie über seine Pferde, welche keuchend in einiger Entfernung von ihm in dem Strauchwerk verwickelt liegen" (Lampadius 1806, S. 167 ff., verkürzt zit. nach Wegener 1917, S. 13).

Auch in jüngster Zeit zeigt sich wieder, dass in Europa gelegentlich Tromben oder Windhosen auftreten können, die an Stärke den amerikanischen Tornados kaum nachstehen. So richtete am 14. Mai 1961 ein solcher Wirbelsturm in Niederbayern schwere Verwüstungen an. Die Schäden gingen in die Millionen (vgl. Battan 1961, S, 123). Nur wenige Jahre später, am 10. Juli 1968, erfasste ein Tornado die Stadt Pforzheim sowie viele Nachbargemeinden. Mit einer Breite von 500 Metern zerstörte er in drei Minuten Hunderte von Fahrzeugen und beschädigte mehr als 2300 Gebäude. Ein Gesamtschaden von über 50 Millionen Euro, 2 Tote und etwa 200 Verletzte waren das Resultat dieses Tornados. Mit der Weiterentwicklung des Beobachtungsnetzes hat man auch feststellen müssen, dass es weit mehr Tornados in Europa gibt als bisher angenommen. Allein 2006 registrierten die Experten über 100 Tornados in Deutschland, die Verdachtsfälle nicht eingerechnet. Die Folgen dieser Wirbelstürme sind unübersehbar. Sie schlagen Schneisen in Wälder, zerstören Häuser oder nahezu ganze Ortschaften wie 2004 in der Gemeinde Micheln in Sachsen-Anhalt oder in der Ortschaft Quirla in Thüringen. Zu den jüngsten Fällen in Deutschland gehört ein Tornado, der am 27. März 2006 um circa 19 Uhr über Hamburg hinwegzog. Dabei starben zwei Menschen durch den Umsturz von Baukränen; Bäume wurden entwurzelt, und mehr als 300 000 Menschen waren vorübergehend ohne Strom, da das Blechdach einer Halle einen Kurzschluss in einer Höchstspannungsleitung verursachte.

Lange Zeit konnte man sich die Explosionswirkung der Tromben und Tornados nicht erklären, bis man erkannte, dass es der plötzlich eintretende Druckabfall ist, der zu einer richtiggehenden Explosion geschlossener Gebäude und Fahrzeuge führen kann. Bereits Wegener hat in seiner Definition der Windhosen auf den *„stark verdünnten Raum um die Wirbelachse"* hingewiesen. Dass die starke, beim Vorübergang der Trombe plötzlich einsetzende Druckerniedrigung bei Gegenständen, die Luft enthalten, explosionsartige Wirkungen erzeugt, hat schon Ferrel 1886 für die amerikanischen Tornados nachgewiesen (Ferrel 1886, S. 304). Nach seiner

Meinung ist die Zerstörung der Gebäude weit mehr dieser Explosivkraft als dem Winddruck zuzuschreiben. Wegener hatte jedoch für die von Ferrel ohne genauere Angaben erwähnte Erscheinung, dass leere, verschlossene Flaschen durch den Tornado entkorkt werden, in den europäischen Trombenbeschreibungen kein einziges Beispiel gefunden und warnt daher vor übertriebenen Vorstellungen hinsichtlich dieser Explosionskraft. Meist sind Häuser zu undicht, um den langsamen ruhigen Ausgleich des Luftdruckes zu verhindern. Doch auf einem engeren Raum ist auch für Wegener die Möglichkeit gegeben, dass nicht selten solche Wirkungen auftreten. Sie sind aber auf einen schmalen Streifen innerhalb der Trombenspur beschränkt. Dadurch erklären sich auch nach seiner Meinung eine ganze Reihe von merkwürdigen Beobachtungen: So wurde die Decke eines Zimmers gesprengt. Tore und Türen, Laden und Fenster, so fest und vorsichtig sie auch durch starke eiserne Riegel verschlossen sein mochten, wurden aufgesprengt und zerstört. Fenster und Türen geschlossener Lokale flogen nach auswärts. Ganze Dächer wurden in die Höhe gehoben und Fußböden wurden aufgesprengt. Und auch die Losreißung einer großen Erdmasse, bei der ein Geräusch wie bei einer großkalibrigen Bombe entstand, welche platzt, kann nach Wegener wohl nicht durch den Wind erklärt werden, wohl aber durch die *„Saugwirkung des luftverdünnten Innern der Trombe“* (Wegener 1917). Heute weiß man, dass der Luftdruck in einem Tornado innerhalb weniger Sekunden um 8 Prozent oder mehr fallen kann. Bei allen Tornados scheint jedenfalls niedriger Druck in der Mitte zu herrschen. Aber es gibt bisher nur wenige Druckmessungen aus dem Tornadokern, da die starken Winde gewöhnlich alle Instrumente zerstören. Außerdem muss man bei solchen Messungen den Tornados hinterherjagen, um die Messinstrumente im Innern der Tornados richtig aufstellen zu können. Charakteristisch für Tornados ist auch die hohe Windgeschwindigkeit. Viele Fachleute nehmen an, dass die Windgeschwindigkeiten im Tornado 600 Stundenkilometer übersteigen können.

Im Unterschied zu Tornados, bei denen zwar die höchsten Windgeschwindigkeiten auftreten, die aber auf ein eng begrenztes Gebiet beschränkt sind, überschreitet in Hurrikanen die Windgeschwindigkeit selten 200 Stundenkilometer, aber sie erstrecken sich meist über Gebiete von mehr als 100 Kilometern Durchmesser, während der größte Tornado nur einen Umfang von 3 Kilometern erreicht. Zwischen den Dimensionen beider so ähnlichen Erscheinungen klafft daher, wie bereits Wegener wusste, eine weite Lücke (Wegener 1917, S. 4 f.). Außerdem ist auch die zeitliche Ausdehnung dieser Wettererscheinungen sehr unterschiedlich. Tornados dauern Minuten bis wenige Stunden, Hurrikane dauern Tage. Daher kann der Schaden eines einzelnen Hurrikans, verglichen mit einem Tornado, außerordentlich hoch sein. Hurrikane bilden sich jedes Jahr über den warmen Ozeanen. Ihre Entstehungsplätze liegen über dem Ozean zwischen 5 und 15 Grad nördlicher oder südlicher Breite. Im Nordwesten des Pazifiks entstehen mit einem Drittel die meisten tropischen Wirbelstürme, mit abnehmender Häufigkeit folgen der nordöstliche Pazifik, der Golf von Bengalen, das Arabische Meer und der nördliche Westatlantik. Dort entstehen Hurrikane vor allem im Golf von Mexiko und in der Karibischen See. Auf die Südhalbkugel entfallen nur circa 25 Prozent aller tropischen Wirbelstürme, die meisten wüten im südlichen Indischen Ozean und im Südpazifik. Charakteristisch für einen Hurrikan ist sein *„Auge"*, ein zentrales, windstilles Gebiet, um das sich die Winde auf der Nordhalbkugel entgegen der Uhrzeigerrichtung bewegen. Auf der Südhalbkugel der Erde verläuft die Strömung im Uhrzeigersinn. Das Auge eines Hurrikans hat im Mittel einen Durchmesser von 25 Kilometern, es kann aber in sehr großen Stürmen bis zu 65 Kilometer Durchmesser erreichen. Innerhalb des Auges liegt die Windgeschwindigkeit gewöhnlich unter 25 Stundenkilometern, manchmal kann es sogar totenstill sein. Befindet man sich im Auge des Hurrikans, so kann man allzu leicht glauben, der Sturm sei vorüber, wenn Regen und starke Winde aufhören. Diese Annahme kann tragische Folgen haben, wenn der rückwärtige Teil des Sturms plötzlich zuschlägt. Wie gefährlich aber auch das windstille Zentrum des Wirbels für die Schifffahrt ist, schildert ein Bericht über die Erfahrungen der Besatzung des Schiffes *„Idaho"*, als es am 21. September 1869 im Südchinesischen Meer in das Auge eines Taifuns geriet: *„Bis zu diesem Zeitpunkt waren die Wogen durch den Wind niedergehalten worden und schlugen nur über das Deck, wenn das Schiff aus dem Steuer lief. Aber jetzt – im windstillen Zentrum – gab es für sie keine Hemmung mehr, sie wuchsen zu ihrer vollen Mächtigkeit an. Im geisterhaften Aufflackern der Blitze sah man sie zu beiden Seiten sich bergehoch auftürmen. Der Orkanring, der sie umschloss, brachte sie zum Kochen und Übereinanderstürzen, als würden sie in einem riesigen Kessel gerührt. Das Schiff rollte, stampfte und wurde wie ein Kork tanzend umhergeworfen. Die See wuchs empor, brach kochend über und stürzte mit krachender Gewalt auf Deck. Einmal nahm das Schiff gleichzeitig über Bug, Heck und beide Seiten gewaltige Wassermengen auf. Lecks entstanden vorn und hinten. Auf Deck wie unter Deck wurden die Leute umhergeworfen und viele von ihnen verletzt"* (Tannehill 1952; zit. nach Battan 1961, S. 133 f.). Obwohl die tropischen Wirbelstürme in ihrer Schrecklichkeit die Stürme der gemäßigten

Abb. 31: Der Untergang des Schiffes *„Lerida"* im März 1869 (aus Schütte 1875)

Breiten weit übertreffen, kann doch auch hier ein Orkan schwere Verheerungen anrichten. So wütete ein fünf Tage anhaltender Sturm im März 1869 an den Küsten Frankreichs, wobei unter anderen das Schiff *„Lerida"* im Hafen von Le Havre zugrunde ging (vgl. Abb. 31). Auch in neuerer Zeit gab es solche Schiffskatastrophen. So wurde das Segelschulschiff *„Pamir"* im September 1957 Opfer eines Hurrikans.

Die größten Schäden richtet ein Hurrikan an, wenn er an Land geht. Beim Zug über ein Küstengebiet befindet er sich meist am Höhepunkt seiner Entwicklung. Die Flutwelle, aus der Anhebung der Wasseroberfläche entstanden und mit kürzeren Windwellen überlagert, wird als meterhohe Wasserwand auf die Küste getrieben. Die folgenden Orkanböen wirbeln Dächer von den Häusern und entwurzeln Bäume oder ganze Wälder. Die Windgeschwindigkeit kann ausreichen, Häuser und Starkstromleitungen umzureißen, Boote, Kraftwagen und alles, was nicht sehr schwer oder stark gesichert ist, wegzutragen. Unglaubliche Wassermassen, Hunderte von Litern pro Quadratmeter, prasseln in wenigen Stunden aus der Wolkenwand. Die meisten Opfer an Menschenleben fordert der Hurrikan durch Ertrinken im Hochwasser der Wolkenbrüche und in den Sturmfluten des Meeres. Die Küstenbewohner können sich nur in Sicherheit bringen, wenn sie sofort nach der Warnung höher gelegene Gebiete aufsuchen. In früheren Zeiten, als es noch keine Warnsysteme gab, war die Anzahl der Todesopfer erschreckend hoch. So waren nach einer Orkanflut im Jahr 1900 bei Galveston in Texas 6000 Tote zu beklagen. Besonders im Mündungsgebiet des Mississippi richteten tropische Wirbelstürme schlimme Verwüstungen an und forderten, ehe das Frühwarnsystem eingeführt wurde, viele Menschenleben: Die Jahre 1856, 1893 und 1915 waren durch besonders katastrophale Zerstörungen und Menschenverluste gekennzeichnet (vgl. Lamping / Lamping 1995). In der Periode von 1926 bis 1950 richteten Hurrikane in den Vereinigten Staaten von Amerika Sachschäden in Höhe von rund einer Milliarde Dollar an und forderten fast 3500 Menschenleben. Der schlimmste Hurrikan in diesem Zeitraum war *„San Felipe“*, der am 13. und 14. September 1928 durch die Karibische See zog. Allein auf Puerto Rico verloren 300 Menschen ihr Leben, etwas später in Florida wurden weitere 1836 Menschen getötet. Bei dem berüchtigten Hurrikan *„Audrey“*, der am Morgen des 27. Juni 1957 nahe der Grenze zwischen Texas und Louisiana die Küste überquerte und den Staat Louisiana verwüstete, verloren in weniger als zwei Tagen mehr als 500 Menschen ihr Leben, 40 000 bis 50 000 Stück Vieh wurden getötet, die meisten Tiere ertranken. Der Sachschaden wurde auf 150 bis 200 Millionen Dollar geschätzt. Aber auch zu Zeiten, als es bereits Warnsysteme gab, waren die Verluste an Menschenleben sehr hoch. Der Hurrikan *„Camille“* vom 17. August 1969 an der Golfküste wurde früh vorhergesagt. Daraufhin verließen 150 000 Menschen das Küstengebiet. Trotzdem waren die Verluste an Menschenleben und die Schäden bei diesem heftigen Wirbelsturm, dessen Front eine Breite von bis zu 120 Kilometern erreichte, noch recht beträchtlich. Es gab über 300 Tote und fast 20 000 Häuser wurden zerstört oder schwer beschädigt. In jüngster Zeit richtete der Hurrikan *„Gordon“* im November 1994 in der Karibik ähnliche Verheerungen an. In Haiti fielen ihm über 500 Menschen zum Opfer. Die meisten dieser Wirbelsturmopfer waren arme Leute, deren Hütten den Flutwellen und Schlammmassen nach dem Starkregen nicht standhielten und weggespült wurden.

Eine der größten Naturkatastrophen in der Geschichte der Vereinigten Staaten war jedoch der Hurrikan *„Katrina“*, der am 29. August 2005 an der Golfküste, besonders im Großraum New Orleans', Schäden im Ausmaß von mehr als 80 Milliarden US-Dollar anrichtete. Durch den Sturm und seine Folgen kamen etwa 1800 Menschen ums Leben. Obwohl New Orleans nur von Ausläufern des Hurrikans in Mitleidenschaft gezogen wurde, brachen die Wände des Industriekanals, der den Lake Pontchartrain im Norden der Stadt mit dem Mississippi südlich des Zentrums verbindet. Daraufhin lief das Wasser in die am tiefsten gelegenen Stadtviertel, wo es mehrere Meter hoch stand. Verschlimmert wurde die Situation dadurch, dass die großen Wasserpumpen der Stadt ausfielen. Wasser, Müll und Schutt überschwemmten große Stadtteile und unterspülten Gebäude, die dann zusammenbrachen. Nachdem das Ausmaß der Überflutung deutlich wurde, beschloss die Regierung am 31. August, die Stadt zu evakuieren und der Ausnahmezustand, das Kriegsrecht und der Gesundheitsnotstand wurden ausgerufen. Am 6. September 2005 musste der Bürgermeister die Zwangsevakuierung der letzten in der Stadt verharrenden Einwohner anordnen. Jeder, der nicht am Wiederaufbau beteiligt war, musste die Stadt verlassen, da die Gefahr von Seuchen bestand. Die größten durch tropische Wirbelstürme verursachten Katastrophen erleben aber seit Jahrhunderten die Bewohner der Bucht von Bengalen, besonders des heutigen Bangladeschs, das zu den ärmsten und am dichtesten bevölkerten Ländern der Welt gehört. Nach verheerenden Überschwemmungen in früheren Jahren (1987 und 1988), die bereits ein Drittel der Bevölkerung obdachlos gemacht hatten, wurden durch den tropischen Wirbelsturm am 28. April 1991 erneut über 7 Millionen Bengalen obdachlos. Viele Ortschaften waren total zerstört und von der Außenwelt abgeschnitten. Die Anzahl der Menschen, die in der Flutwelle ertrunken sind, mit ihren Hütten weggeschwemmt, nach der Flut verhungert oder an Epidemien gestorben sind, soll über 300 000 liegen. Angesichts der mit Sicherheit immer wiederkehrenden Überschwemmungen ist es für die Fachleute der Katastrophenforschung unbegreiflich, dass sich Menschen immer wieder so massenhaft auf diesem flachen, ungeschützten, aber fruchtbaren Land niederlassen. Es ist fraglich, ob die Orkanwarnungen hier gehört werden und ob die Betroffenen, die armen Kleinbauern und Fischer, diesen Warnungen folgen würden. Denn sie haben Angst, ihr Land und ihren ganzen Besitz zu verlieren, wenn sie ihre Hütte oder ihr Fischerboot verlassen (vgl. Lamping/Lamping 1995, S. 150).

Aber nicht nur in fernöstlichen Gebieten wie Bangladesch sind diese unabwendbaren Naturereignisse zu Katastrophen für die Menschen geworden. So fegte mit hurrikanartigen Windgeschwindigkeiten am 28. Februar 2010 das Sturmtief *„Xynthia“* über Frankreich hinweg. Zwischen der Normandie, der Bretagne und der Gascogne gab es mehr als 50 Tote, viele Vermisste und Schäden in Millionenhöhe. Entlang den Küsten kam es zu Deichbrüchen und Überschwemmungen. In La Rochelle wurde die Altstadt überflutet, der Sturm spülte im Hafen Jachten auf die Kaianlagen.

Ganze Landstriche blieben über Stunden vom Hinterland abgeschnitten. Der Sturm fegte Dächer und Bäume weg, verursachte Kurzschlüsse bei den Überlandleitungen und Umspannanlagen. Obwohl das Wetteramt drei Tage zuvor gewarnt hatte, wurden die Bewohner der Küstengebiete im Schlaf von den Fluten überrascht. Die Menschen flüchteten auf die Dächer ihrer Häuser, um auf den Firsten die Hilfe von Feuerwehr und Gendarmerie abzuwarten. Auch hier in Europa musste man sich daher fragen, ob es vernünftig ist, wenn Häuser in Gegenden gebaut werden, die von Hochwasser bedroht sind.

Die lokal erfahrbaren Wetterschwankungen, zu denen auch die extremen Ereignisse wie Wirbelstürme und Überschwemmungen gehören, sind, wenn man sie statistisch auflistet, jedoch der Normalfall. Denn es zeigt sich stets, dass sich danach wieder die gewohnten Bedingungen einstellen. Anders dagegen sieht die Angelegenheit aus, wenn es um den sogenannten *„Klimawandel"* geht, der keine lokale, sondern eine globale Erscheinung ist. Dann gewinnt das Problem der Wetterkatastrophen eine neue Dimension.

Klimawandel und Treibhauseffekt

Dass es Klimawandel in geologischen Zeiträumen gegeben hat, ist heutzutage eine unbestrittene Tatsache. An vielen Zeugnissen innerhalb der einige Milliarden Jahre andauernden Erdgeschichte lässt sich belegen, dass es immer wieder Eiszeiten und Warmzeiten gegeben hat. Gelegentlich gab es sogar extreme Epochen. So zum Beispiel gab es eine massive Kaltphase im jüngsten Präkambrium, während der die Erde wahrscheinlich ein einziger riesiger Schneeball gewesen ist, und während der Kreidezeit gab es eine durch den bereits beschriebenen Einschlag eines gewaltigen Himmelskörpers (vgl. Kap. 3) verursachte Warmphase, in der sogar die Pole eisfrei waren und Meeresspiegelstände und Wassertemperaturen Rekordhöhen erreicht hatten. Was gegenwärtig als Klimawandel diskutiert wird, ist in der Erdgeschichte also keine Ausnahme, sondern die Regel (vgl. Rothe 2008, S. 76). Der Temperaturwechsel als hauptsächliche Grundlage des Klimawandels ist eine Begleiterscheinung erdgeschichtlicher Prozesse, die wiederum, wie man seit Wegener weiß, aus der sich in langen Zeiträumen verändernden plattentektonischen Situation der Kontinente erklärbar sind. Darüber hinaus scheinen aber auch Änderungen der Erdbahn und der Sonnenaktivität eine Rolle zu spielen. Die Frage aber ist, ob es solchen Klimawandel auch in historischen Zeiträumen der Menschheitsgeschichte gegeben hat und ob der Mensch selbst daran ursächlich beteiligt ist.

Charakteristisch für das heutige naturwissenschaftliche Erklärungssystem des Klimas ist, dass es sowohl in die Zukunft als auch in die Vergangenheit reicht. Den entsprechenden Temperaturverlauf hat man mit physikochemischen Methoden vor allem an Meeresablagerungen rekonstruieren können. Dabei hat sich herausgestellt, dass ein Klimawandel viel häufiger auftritt, als man es früher angenommen hat. Innerhalb des über zwei Millionen Jahre andauernden Quartärs hat es nicht nur die bekannten Günz-, Mindel-, Riß- und Würm-Eiszeiten gegeben, sondern, wie man heute weiß, etwa 20 Wechsel zwischen Warm- und Kaltzeiten, wobei die kurzfristigen Schwankungen noch nicht einmal berücksichtigt sind. Selbst die sogenannte *„Nacheiszeit"*, die vor etwa 10 000 Jahren mit dem Rückzug des skandinavischen Inlandeises aus unserer Region begonnen hatte, ist nicht vor Klimaschwankungen bewahrt geblieben, denn es gab innerhalb dieses relativ kurzen Zeitraums mehrmals wärmere und kältere Phasen: Besonders bekannt ist die auf das mittelalterliche Klimaoptimum – einer Zeit, in der es sogar etwas wärmer war als heute – folgende *„Kleine Eiszeit"*, während der vom 16. Jahrhundert bis etwa 1800 allgemein tiefere Temperaturen herrschten als heute. Damals hat Pieter Breughel seine niederländischen Winterlandschaften gemalt (vgl. Rothe 2008, S. 77).

Auf diese Weise wurde klar, dass sich das Klima nicht nur in geologischer Zeit, sondern auch in Zeiträumen von Jahrhunderten und Jahrzehnten verändert. Diese Einsicht führt zusammen mit der Analyse der Einflussfaktoren des Klimasystems zu der Erkenntnis, dass Klima auch aufgrund menschlichen Handelns verändert werden kann. Das hat bereits vor 100 Jahren der schwedische Chemiker und Nobelpreisträger Svante Arrhenius festgestellt, wenn er von dem heute so viel diskutierten Treibhauseffekt als Ursache einer globalen Erderwärmung spricht. Er konnte sich aber dabei schon auf einige Vorläufer der Treibhaustheorie berufen, deren Ursprünge noch weiter zurückreichen: *„Dass die Lufthülle eine gegen Wärmeverlust schützende Wirkung ausübt, wurde schon um 1800 herum von dem großen französischen Physiker Fourier angenommen. Seine Ideen wurden nachher von Pouillet und Tyndall weiterentwickelt. Ihre Theorie wird die Treibhaustheorie genannt, weil sie annehmen, dass die Atmosphäre auf dieselbe Art wie das Glas eines Treibhauses wirkt. Glas besitzt nämlich die Eigenschaft, sogenannte helle Wärme durchzulassen, d. h. Wärmestrahlen, die unser Auge erfassen kann; dagegen nicht dunkle Wärme, z. B. solche, wie sie von einem warmen Kachelofen oder einer erwärmten Erdmasse ausstrahlt. Die Wärme der Sonne ist zum größten Teil hell, sie dringt also durchs Glas des Treibhauses und erwärmt die Erde darunter. Die Strahlung von dieser ist* *dagegen dunkel und kann daher nicht durch Glas dringen, das also gegen Wärmeverlust schützt, ungefähr wie ein Überrock den Körper gegen allzu starke Ausstrahlung schützt*" (Arrhenius 1913, S. 62 f.). Fourier und Pouillet nahmen an, dass der Luftkreis um die Erde Eigenschaften hat, die an die des Glases in Bezug auf Durchlässigkeit für Wärme erinnern. Das wurde nachher von Tyndall als richtig erwiesen. Die Bestandteile der Luft, die diese Rolle des Glases spielen, sind der in verhältnismäßig geringer Menge vorkommende Wasserdampf und die Kohlensäure sowie Ozon und Kohlenwasserstoffe. Aufgrund der damaligen Messungen der Wärmedurchlässigkeit der Kohlensäure berechnete dann Arrhenius, dass ein Sinken der Kohlensäuremenge der Luft auf die Hälfte ihres jetzigen Betrages die Temperatur um ungefähr 4 Grad Celsius herabsetzen würde; ein Sinken auf ein Viertel um etwa 8 Grad Celsius. Andererseits würde eine Verdoppelung des Kohlensäuregehaltes der Luft die Temperatur der Erdoberfläche um 4 Grad Celsius, eine Vervierfachung sie um 8 Grad Celsius erhöhen. Dabei würde ein Sinken des Kohlensäuregehaltes die Temperaturunterschiede zwischen den verschiedenen Teilen der Erde verschärfen, eine Erhöhung sie wieder ausgleichen. Aus diesem Beispiel sieht man schon, dass verhältnismäßig unbedeutende Änderungen in der Zusammensetzung der Luft sehr großen Einfluss haben können.

Nun stellte sich für Arrhenius die Frage, ob es wirklich solche Temperaturveränderungen an der Erdoberfläche gegeben hat. Darauf antworteten die Geologen bereits damals mit Ja. Denn sie erkannten, dass der natürliche Prozess, durch den der Luft die größte Menge Kohlensäure zugeführt wird, der Vulkanismus ist. Aus den Vulkankratern werden große Massen aus dem Erdinneren kommender Gase ausgeworfen, die zum größten Teil aus Wasserdampf und Kohlensäure (ein anderer Name für Kohlendioxid) bestehen. Geologische Untersuchungen der Erdgeschichte ließen erkennen, dass stark vulkanische Zeiten auch ein warmes Klima aufwiesen und geringer Vulkanismus gleichzeitig mit niedriger Temperatur verbunden war – wenn es nicht gerade wie bei den Ausbrüchen des Tambora und Krakatau zu einer lange andauernden Verfinsterung durch den Auswurf von Asche kam (siehe Kap. 6). Besonders zeichnete sich die Eiszeit durch nahezu vollkommenes Aufhören des Vulkanismus aus, und die beiden Perioden zu Anfang und Mitte der Tertiärzeit (Eozän und Miozän), die einen hohen Wärmegrad zeigten, waren auch durch außerordentlich starke vulkanische Tätigkeit gekennzeichnet. Die weitergehende Frage war aber schon für Arrhenius, ob die jährliche Kohlenverbrennung den Kohlensäuregehalt der Luft so ändert, dass damit ein globaler Temperaturwechsel in heutiger Zeit erklärt werden kann. Nach den damals bereits über mehrere Jahrzehnte vorliegenden Daten über den Kohlenverbrauch stieg dieser innerhalb von 50 Jahren vom Jahre 1860 bis zum Jahr 1910 von 140 auf 1100 Millionen Tonnen an. Diese rasch ansteigende Kohlenverbrennung, die der Atmosphäre ständig neue Kohlensäure zuführt, legte für Arrhenius die Vermutung nahe, dass der *„Kohlensäuregehalt der Atmosphäre durch die Einwirkung der Industrie im Laufe von einigen Jahrhunderten merkbar verändert werden kann"*. Doch im Gegensatz zu den heutigen Befürchtungen über die Auswirkungen des anthropogenen Treibhauseffektes sieht er darin sogar einen Vorteil für die künftige Entwicklung der Menschheit: *„Durch Einwirkung des erhöhten Kohlensäuregehaltes der Luft hoffen wir uns allmählich Zeiten mit gleichmäßigeren und besseren klimatischen Verhältnissen zu nähern, besonders in den kälteren Teilen der Erde; Zeiten, da die Erde um das Vielfache erhöhte Ernten zu tragen vermag zum Nutzen des rasch anwachsenden Menschengeschlechtes"* (Arrhenius 1913, S. 73).

Heutzutage beherrschen jedoch Horrorszenarien über die Auswirkungen des durch den Treibhauseffekt bewirkten Klimawandels die öffentliche Diskussion. Durch die Aufheizung der Atmosphäre, die Zerstörung der Ozonschicht, die Abholzung von Wäldern, durch das moderne Transportwesen mit seinen Abgasen und durch weitere ähnliche Prozesse entsteht die Vorstellung einer von den Menschen verursachten Klimaveränderung in historischer Zeit, die zu einer empfindlichen Störung des ökologischen Gleichgewichts und einer ständig zunehmenden Reihe von Wetterkatastrophen, wie Stürme und Überschwemmungen, führen soll. Die grundsätzliche Frage ist daher, ob die heutzutage festgestellten extremen Wetterereignisse ihre Ursache wirklich in dem durch den Menschen verursachten Klimawandel haben, soweit es diesen Klimawandel überhaupt und in welchem Ausmaß gibt.

Beschränkt man sich auf Europa, dann sind es vor allem der Sommer 2003 mit seiner extremen lang andauernde Hitze, die besonders in Frankreich vielen älteren Menschen das Leben kostete, die Hochwasserereignisse der großen Flüsse (Rhein 1993 und 1995, Oder 1997 und Donau–Moldau–Elbe im August 2000) und die Sturmtiefs wie Lothar (1999), Kyrill (2007) oder Emma (2008), die Anlass zu solchen Überlegungen bieten. Hinzu kommt noch in jüngster Zeit das bereits erwähnte Sturmtief *„Xynthia"* vom 28. Februar 2010. Alle diese Katastrophen wurden in der öffentlichen Debatte in den Medien auf den Klimawandel zurückgeführt mit der drohenden Aussicht, dass diese extremen Wetterereignisse mit der ansteigenden Erwärmung durch den Treibhauseffekt immer häufiger werden. Doch um diese extremen Wetterereignisse als Folge des von Menschen verursachten Klimawandels zu identifizieren, bedarf es viel sorgfältigerer Analysen als die bloße Aufzählung einiger extremer Wetterkatastrophen, die man voreilig als *„Jahrhundertereignisse"* bezeichnet. Es sind vielmehr lange und räumlich dichte Zeitreihen nötig, die außerdem auch eine hohe Datenqualität erfordern. Gerade wenn man von *„Jahrhundertereignissen"*, spricht, müsste sich die Länge der Zeitreihen über mehrere Jahrhunderte oder länger erstrecken, was genau genommen die Verwendung von indirekten Klimadaten erfordern würde, die aus Eisbohrkernen, Tropfsteinen, See- und Meeresablagerungen, Baumringen und etlichen anderen *„Klimakalendern"* gewonnen werden können. Gerade bei Fragen der Extremwertanalyse bringen allerdings diese indirekten Klimadaten prinzipielle Probleme mit sich, die auf die *„paläoklimatologische Unschärferelation"* (Böhm 2010, S. 84) zurückzuführen sind. Damit ist das Faktum gemeint, dass Paläodaten prinzipiell an Varianz und an zeitlicher Auflösung verlieren, je weiter sie zurückreichen. Daher eignen sie sich eher weniger für Analysen der Veränderungen der Klimavariabilität oder von Extremwerten.

Aber auch direkt gemessene lange Zeitreihen aus der *„instrumentellen Periode"* erfordern eine sorgfältige Behandlung. Wie eine Arbeitsgruppe der Wiener Zentralanstalt für Meteorologie und Geodynamik zeigen konnte (vgl. Böhm 2010, S. 84), erfährt eine Klimazeitreihe im Durchschnitt alle 20 bis 30 Jahre durch Stationsverlegung, Instrumenten- oder Technologiewechsel, Änderung der Umgebung und durch zahlreiche andere Gründe Abweichungen in den gemessenen Daten, deren Stärke die eigentliche Klimaveränderung erreichen oder auch übertreffen können. Daher ist eine *„Homogenisierung"* der aufgezeichneten Daten nötig, die diese *„künstlich"* entstandenen Diskontinuitäten berücksichtigt. Diesen Erkenntnissen folgend wurden nach einem genau beschriebenen Verfahren die längsten Monats-, Jahreszeiten- und Jahresreihen über Luftdruck, Temperatur und Niederschlag einer Region (jeweils 20 bis 30 Reihen), die alle in die frühe instrumentelle Periode zurückreichen (vor 1840), auf langfristige Veränderungen der Variabilität untersucht. Das Ergebnis widersprach völlig der öffentlich propagierten Vorstellung vom drohenden Klimawandel, der die Ursache von einem Anwachsen immer stärker und destruktiver Stürme sein soll: *„Generell wurde überraschenderweise sowohl in den letzten 200 Jahren, als auch in den letzten 50 Jahren keine generelle Steigerung der Klimavariabilität beobachtet, wie sie in der Öffentlichkeit als Selbstverständlichkeit vorausgesetzt wird. Speziell bei der Temperatur sind die Trends der Variabilität (= der ‚Verrücktheit des Klimas') in allen Jahreszeiten und in* *allen Subregionen rückläufig"* (Böhm 2010, S. 90). Das Gleiche gilt für das Auftreten von Stürmen in den letzten 125 Jahren: *„In allen drei untersuchten Regionen Europas (Nordwesteuropa, Nordeuropa und Mitteleuropa) gibt es langfristig keinen steigenden Sturmtrend, in Mittel- und Nordwesteuropa sogar eine Abnahme gegenüber der stürmischeren Zeit um 1900. In allen drei Regionen war es von den 1920er- bis zu den 1970er-Jahren deutlich ruhiger, erst in den 1970er-Jahren stieg die Sturmtätigkeit regional wieder an, besonders in Nordwesteuropa. Seit 1990 ist sie jedoch überall wieder rückläufig"* (Böhm 2010, S. 92). Auch im Fall der Hochwasser mehrerer großer deutscher Flüsse in den vergangenen 500 Jahren ergab eine historische Analyse, dass es keinen Aufwärtstrend extremer Fluten in Mitteleuropa gibt (Mudelsee et al. 2003). Am Beispiel der 500-jährigen Elbe-Hochwasserreihe konnte vielmehr gezeigt werden, dass sich die als *„offensichtlich"* propagierte Zunahme der Hochwasserkatastrophen sogar ins Gegenteil umkehrt. Auch das Anwachsen von stärker und destruktiver werdenden tropischen Wirbelstürmen, das immer wieder behauptet wird (Gore 2010), ist ebenfalls durch eine sorgfältige wissenschaftliche Analyse der Zerstörungen, die Hurrikane an den Küsten der USA von Maine bis Texas seit dem Jahre 1900 angerichtet haben, widerlegt worden (Pielke et al. 2008).

Klimahysterie: Eisbärenaussterben und Gletscherrückgang

Wie aber steht es mit dem Rückgang des Polareises und der Gletscher in den Hochgebirgen unserer Erde als Folge des selbst verschuldeten Treibhauseffekts? Auch hier gibt es maßlose Übertreibungen. Auf einem herzzerreißenden Titelbild des Time-Magazins vom 3. April 2006 sieht man einen einsamen Eisbären auf einer schmelzenden Eisscholle, der nach dem nächsten Stück Eis Ausschau hält, das ihm Halt bieten könnte. Und der Kommentar dazu lautet: *„Wenn das Meereis verschwindet, werden die Eisbären – großartige, aber keineswegs unermüdliche Schwimmer – nach und nach ertrinken"* (Kluger 2006). Auch laut den Erklärungen von Organisationen zum Schutz der Wildtiere soll es in wenigen Jahrzehnten keine Eisbären mehr geben. In ihrer arktischen Heimat werden sie ausgelöscht sein. Man kann sie dann nur noch im Zoo besichtigen. Eisbären werden ein abgeschlossenes Kapitel der Naturgeschichte sein, eine Tierart, die unseren Enkelkindern nur noch in Büchern begegnet (vgl. Lomborg 2009, S. 22 ff.). Und Al Gore, der zusammen mit dem IPCC (Intergovernmental Panel on Climate Change) 2007 den Nobelpreis bekam, weist auf einen wissenschaftlichen

Expertenbericht hin: *„Laut einer neueren wissenschaftlichen Studie sind in jüngster Zeit zahlreiche Eisbären durch Ertrinken ums Leben gekommen. Solche Fälle waren in der Vergangenheit sehr selten“* (Gore 2006, S. 146). Diese Expertengruppe für Eisbären der Weltnaturschutzunion IUCN (International Union for Conservation of Nature and Natural Resources) stellte jedoch in Wirklichkeit nur Folgendes fest: Nur eine oder zwei der 20 unterscheidbaren Unterpopulationen von Eisbären sind zurückgegangen. Die Heimat dieser beiden war die Baffin Bay; über die Hälfte der anderen Populationen war stabil, und zwei Unterpopulationen an der Beaufort-See verzeichneten sogar einen Zuwachs (IUCN Species Survival Commission 2001). Außerdem wird berichtet, dass die weltweite Eisbärenpopulation aufgrund strengerer Jagdbestimmungen im Lauf der vergangenen Jahrzehnte beträchtlich zugenommen habe: Zählte man in den 1960er-Jahren etwa 5000 Exemplare dieser Art, so sind es heute rund 25 000 (vgl. Krauss 2006). Die beiden kleiner werdenden Populationen leben, entgegen allen Erwartungen, in Gebieten, in denen es in den vergangenen 50 Jahren kälter geworden ist, während die beiden zunehmenden Populationen in Gebieten beheimatet sind, in denen es wärmer wird. Die am besten erforschte Eisbärenpopulation lebt an der Westküste der Hudson Bay. Über den Rückgang dieser Population um etwa 20 Prozent, und zwar von 1200 im Jahr 1987 auf unter 950 im Jahr 2004 ist viel berichtet worden (Harden 2005; WWF 2006). Nicht erwähnt wurde dabei jedoch, dass diese Population noch im Jahr 1981 nur 500 Tiere gezählt hatte, was jeder Behauptung eines Niedergangs die Grundlage entzog (vgl. Lomborg 2009, S. 24).

Außerdem wird in der Berichterstattung der Medien nie erwähnt, dass jährlich 300 bis 500 Eisbären abgeschossen werden (IUCN Species Survival Commission 2001, S. 22). Ein Eisbären-Experte im Dienst der kanadischen Regierung fasste im Jahr 2006 die Diskrepanz zwischen den vorliegenden Daten und diesen Horrorgeschichten vom Untergang der Eisbären folgendermaßen zusammen: *„Es ist einfach nur töricht, auf der Grundlage mediengestützter Hysterie das Aussterben der Eisbären bis in 25 Jahren vorherzusagen.“* In Kanada sind zwei Drittel des weltweiten Eisbärenbestands beheimatet, und die globale Erwärmung wird die Spezies zwar betreffen, aber *„es besteht wirklich kein Grund zur Panik. Elf der insgesamt 13 Eisbärenpopulationen in Kanada sind stabil oder nehmen zu. Sie werden nicht aussterben, und zum gegenwärtigen Zeitpunkt scheinen sie auch nicht beeinträchtigt zu sein“* (Taylor 2006, zit. nach Lomborg 2009, S. 24 f.). Selbst dann, wenn man von einem tatsächlich durch den Klimawandel verursachten jährlichen Bestandsverlust von Eisbären ausgeht, ist doch die Todesrate der Eisbärenpopulation durch Abschießen ungleich höher. Daher ist es vernünftiger, die jährliche Abschussquote herabzusetzen als auf eine nur langfristig wirksame Beschränkung des Ausstoßes von Treibhausgasen zu hoffen. Außerdem darf man nicht übersehen, dass viele Spezies vom Klimawandel begünstigt werden. Ein Bericht der amerikanischen Science Foundation über den Klimawandel in den Polargebieten geht davon aus, dass die Arktis einen zunehmenden Artenreichtum entwickeln und als Ökosystem produktiver werden wird. Es soll weniger polare Wüstengebiete und mehr Wald geben und das Schwinden der Eisdecke in den Polargebieten könnte dazu führen, dass Eisbären *„eine auf das Festland bezogene sommerliche Lebensweise“* annehmen werden (Berner et al. 2005, S. 997 f., vgl. Lomborg 2009, S. 25).

Aber wie steht es mit den schmelzenden Gletschern? Um zu einer richtigen Einschätzung zu kommen, muss man auch hier auf längere Zeiträume zurückgreifen. Gletscher dehnten sich seit dem Ende der letzten Eiszeit mehrfach erheblich aus, wichen aber auch wieder zurück. In der Schweiz kam es im Verlauf der letzten 10 000 Jahre zu zwölf Ausdehnungen und Rückzügen dieser Art (Joerin et al. 2006). Die Gletscher haben seitdem zwar wiederholt zu- und abgenommen, insgesamt sind sie dabei aber größer geworden (Oerlemans 2005). Innerhalb der Nacheiszeit hat man 10 Eisvorstöße unterscheiden können, die von wärmeren Episoden unterbrochen waren, während deren die Gletscher wieder felsigen Untergrund freigegeben hatten. In diesen Zeiten waren die Gletscher noch wesentlich stärker abgeschmolzen als heute. Das zeigt auch der Fund des *„Ötzi“*, der in einem heute noch vereisten Gebiet vor etwa 5000 Jahren auf nacktem Fels umgekommen war (vgl. Rothe 2008, S. 77).

Es gibt jedoch echte Sorgen, wenn die Rede von Gletschern ist, die große Flüsse speisen, etwa die Himalaja-Gletscher im tibetanischen Hochland. Sie bilden die weltweit größte Eismasse außerhalb des antarktischen Kontinents und Grönlands und sind die Quelle von Flüssen, in deren Einzugsbereich 40 Prozent der Weltbevölkerung leben. Die Schmelzwasser dieser Gletscher liefern im Sommer bis zu 70 Prozent der Wassermenge des Ganges und 50 bis 60 Prozent der Wassermenge in den anderen großen Flüssen. Nach einer Schrecken erregenden Feststellung im über 2000 Seiten starken Bericht des IPCC aus dem Jahre 2007 zum Stand der Klimaforschung soll es aber *„sehr wahrscheinlich“* sein, dass diese Gletscher des höchsten Gebirges der Welt schon bis 2035 fast verschwunden sind. Ihre Gesamtfläche wird nach den Angaben dieses Berichts wahrscheinlich *„bis ins Jahr 2035 von derzeit 500 000 Quadratkilometern auf 100 000 Quadratkilo-*

meter schrumpfen" (IPCC 2007, Kapitel 10.6.2, S. 493). Als Quelle gibt der IPCC einen Bericht der Umweltorganisation World Wide Fund for Nature (WWF) an. Ein derartig rapides Abschmelzen der Himalaja-Gletscher, so wurde behauptet, wäre eine der bedrohlichsten Folgen der globalen Erwärmung. Die Versorgung mit Wasser für Milliarden Menschen in Asien, vor allem in Indien und in China, wäre gefährdet. Doch diese sehr bald von den Klimaexperten als absurd bewerteten Angaben waren falsch. Selbst bei gigantischen Abschmelzraten würden die bisweilen mehrere Hundert Meter dicken Eismassen kaum innerhalb weniger Jahrzehnte abgeschmolzen sein. Das musste schließlich auch der Weltklimarat nach einigem Zögern selbst bestätigen: In einer in Genf veröffentlichten Erklärung hieß es, dass *„wenig fundierte"* Schätzungen über die Geschwindigkeit der Gletscherschmelze am Himalaja in den Bericht eingegangen seien. Aber zugleich verteidigte der Weltklimarat seine Gesamtthese, wonach die Gletscher in den Bergketten in Asien und Lateinamerika im 21. Jahrhundert schneller schmelzen werden als zuvor.

Dass die Kontrollinstanzen des IPCC versagen, hat nicht nur dieser peinliche Fehler gezeigt, sondern auch noch andere Angaben, wie die im dritten IPCC-Bericht verbreitete Warnung, durch den Klimawandel würde sich die Malaria in einem erschreckenden Maß ausbreiten, wofür es jedoch keine Belege gibt (Reiter et al. 2004). Ebenso unbegründet war die Aussage, dass die globale Durchschnittstemperatur in den vergangenen 1000 Jahren nie so hoch war wie heute. In den Medien wurde immer wieder die Befürchtung geäußert, dass die Polkappen abschmelzen könnten und es so zu Wasserstandserhöhungen von vielen Metern kommt. In der Tat äußerten einzelne Wissenschaftler zu Beginn der Diskussion Ende der 1970er-Jahre Vermutungen, dass der Westantarktische Eisschelf abschmelzen und eine globale Erhöhung des Wasserstandes von 6 Meter bewirken könnte. Heute sagt das kein ernstzunehmender Klimaforscher mehr, wohl aber bisweilen Medienvertreter und Umweltorganisationen. Dagegen halten es Klimaforscher durchaus für möglich, dass die Eiskappen von Grönland und der Antarktis anwachsen könnten, da es mehr Niederschlag geben könnte. Und Niederschlag transformiert sich in Eis, unabhängig davon, ob er bei −30 Grad Celsius oder bei −25 Grad Celsius fällt. Dass der Mensch die Atmosphäre noch mit anderen Abgasen verschmutzt, z. B. Schwefeldioxid, und dass diese Aerosole die Erde abschatten und kühlen, ist eine Angelegenheit, die nach entsprechenden Maßnahmen in Industrie und Verkehr nicht mehr im Mittelpunkt des Interesses der Umweltschutzorgane steht. Treibhausgasemissionen allerdings konnten nicht reduziert werden, was auch für die Zukunft nicht in nennenswertem Ausmaß zu erwarten ist. Zu eng ist wohl das *„Komfortgas“*, das unsere Räume heizt, unsere Maschinen und Fahrzeuge antreibt, mit unserer Zivilisation verbunden und zu stark ist der Aufholbedarf der Mehrheit der Erdbevölkerung in dieser Hinsicht. Aber der anthropogene, also von Menschen verursachte Treibhauseffekt ist nur die Verstärkung des natürlichen. Unser jetziges Klimasystem hat sich schließlich im Laufe einer mehrere Milliarden Jahre dauernden Evolution des Planeten gebildet. Es besteht aus den Ozeanen mit ihren Meereisflächen, den Kontinenten mit Vegetation und Landeis sowie der Atmosphäre. All diese Komponenten waren und sind noch heute miteinander in ständiger Wechselwirkung. Bei der Suche nach einer Erklärung für die beobachteten Klimaschwankungen muss man daher künftig stärker beachten, dass natürliche, längerfristige Veränderungen in der Atmosphäre von selbst entstehen können. Erst wenn man dies berücksichtigt hat, lassen sich gegenwärtige und zukünftige Klimaänderungen glaubwürdig bewerten oder voraussagen.

8. Aufstieg durch Untergang: Katastrophe Mensch

Bereits unsere Vorfahren, die Ratten des Mesozoikums, hatten ihren Aufstieg durch den Untergang der Dinosaurier erlebt. Es war jedoch nicht ihr Verdienst. Sie hatten einfach Glück. Doch schon in der Eiszeit, die eine Zeit des großen Sterbens war, zeigte sich, dass eine Art der Säugetiere, die Art Homo sapiens, mit unverändertem Körper in einer sich auf katastrophale Weise verändernden Welt überleben konnte. Sie war auch die einzige Art, welcher es schon damals gelang, eine andere Art völlig auszurotten. Doch, wie es sich bald herausstellte, sollte gerade diese Eigenschaft ihr selbst zum Verhängnis werden. Denn unter den Säugetieren war sie zwar diejenige, die ihre Biomasse durch ungebremste Fortpflanzung am meisten erhöhen konnte. Weder die üblichen Naturkatastrophen, noch Krankheit und Hungersnot konnte diese Bevölkerungskatastrophe eindämmen. Nur die selbst geschaffenen Katastrophen konnten das bewirken. Denn der Mensch hat nicht nur aufgrund der rasanten Entwicklung der Wissenschaft eine neue Art von technischen Katastrophen hervorgerufen, sondern ist, wie sich heutzutage herausstellt, durchaus fähig, sich selbst zusammen mit der gesamten Lebenswelt durch den Einsatz des bereits angehäuften Zerstörungspotentials der modernen Kriegstechnik völlig auszulöschen.

Die Bevölkerungskatastrophe und die apokalyptischen Reiter

Es war Thomas Robert Malthus (1766 – 1834), der in seiner Arbeit über das Bevölkerungsgesetz vom Jahre 1798 die düstere Prognose aufstellte, dass die Vermehrungskraft der Bevölkerung unbegrenzt größer ist als die Kraft der Erde, Nahrungsmittel für den Menschen hervorzubringen. Nur die vom Menschen selbst erzeugten negativen Einflüsse können nach seiner Auffassung dieses unbegrenzte Bevölkerungswachstum einschränken: *„Kriege, die stille, aber sichere Vernichtung von Menschenleben in großen Städten und Fabriken und die engen Wohnungen und ungenügende Nahrung vieler Armen hindern die Bevölkerung daran, über die Mittel zu ihrem Unterhalt hi-*

naus zu wachsen, und, wenn ich eine Wendung gebrauchen darf, die zuerst gewiss befremdlich erscheint, überheben große und verheerende Epidemien der Notwendigkeit, zu vernichten, was überflüssig ist" (Malthus 1826, 1. Bd., S. 479). Fast alle Schilderungen von Epidemien, die Malthus zu seiner Zeit vorlagen, bestätigten diese Überlegungen. Malthus weist aber auch in diesem Zusammenhang auf eine zeitgenössische Untersuchung eines Dr. Short hin, der bemerkt hat, *„dass auf eine heftige, todbringende Epidemie ein ungewöhnlich guter Gesundheitszustand folge, weil die letzte Krankheit die größte Zahl der alternden und abgenutzten Menschen hinweggerafft habe"* (History of Air, Seasons, etc., Vol. II, p. 344; vgl. Malthus 1826, 1. Bd., S. 476). Ein weiterer Grund für diese Verbesserung des Gesundheitszustandes war für Malthus der dadurch entstandene *„größere Überfluss an Raum und Nahrung sowie die demzufolge verbesserte Lage der unteren Volksklassen"* (Malthus 1826, S. 476).

Auch spätere Untersuchungen zeigten, dass es gerade solche schreckliche Epidemien wie die Pest waren, welche die Triebkraft für den Aufstieg Europas darstellten. Da vor allem die arbeitende Bevölkerung wegstarb, *„stiegen die Arbeitslöhne ins Unermessliche ... Als die Pest in den Jahren 1350/51 sich ausgetobt hatte, ergriff die Überlebenden ein wahrer Lebensrausch. Jetzt wollte man das Dasein voll genießen und der Nutznießer der übernommenen Reichtümer sein. Es wurden so viele Ehen geschlossen, dass die Priester ihre Arbeit kaum bewältigen konnten. Zu Köln, wo 21 000 Menschen durch die Pest fortgerafft waren, fanden im folgenden Jahr über 4000 Hochzeiten statt. Der Kindersegen war außerordentlich groß und schon fünf Jahre später war die Bevölkerung in den meisten Städten wieder so zahlreich wie vor dem Einzug der Pest"* (Herrmann 1936, S. 226). Diese Vorstellung von Malthus, dass es *„Großstädte, ungesunde Fabriken, luxuriöse Genussmittel, Pest und Krieg"* waren, die den Bevölkerungszuwachs zunächst in Schach halten, um ihn dann wieder emporschnellen zu lassen, wurde auch von einer modernen Untersuchung aufgegriffen. *„Pest, Krieg und Verstädterung"*, diese seit jeher als apokalyptische Reiter des Unterganges angesehenen Faktoren, sind jedoch für die Autoren dieser Untersuchung nicht nur wie für Malthus *„vorbeugende Hemmnisse"* der Bevölkerungsexplosion, sondern sie sollen in der frühen Neuzeit die Triebkraft für den wirtschaftlichen Aufstieg Europas gewesen sein. Im Gegensatz zu anderen Darstellungen, die einen negativen Effekt von Kriegen und Epidemien auf das Einkommen feststellen, haben diese Faktoren nach Voigtländer und Voth zu dieser Zeit den Lebensstandard sogar deutlich angehoben: *„Die Apokalyptischen Reiter agierten tatsächlich als die Reiter des Reichtums"* (Voigtländer und Voth 2009, S. 4).

Es war vor allem der *„Schwarze Tod“*, der laut dieser Untersuchung eine Wendemarke in der Geschichte Europas darstellte. Die Pest erreichte Europa von der Krim im Dezember 1347. Als ein frühes Beispiel einer biologischen Kriegsführung verwendeten die Tataren Wurfmaschinen, um die von der Pest infizierten Leichen über die Wälle der Stadt zu schleudern. Auf diese Weise wurden die Verteidiger von der Krankheit angesteckt. Über Konstantinopel, Sizilien und Marseille ereichte die Pest vor allem übertragen von Truppenbewegungen dann ganz Italien und schließlich den Rest von Europa. Im Dezember 1350 war sie bereits im Norden Englands und im Baltikum angelangt (Voigtländer und Voth 2009, S. 8). Auf diese Weise töteten die marodierenden Armeen der frühen Neuzeit, die durch ganz Europa zogen, viel mehr Europäer durch Krankheitskeime als durch Kampfhandlungen. Der Schock durch die Pest, bei der fast die Hälfte der Bevölkerung gestorben war, führte dazu, dass der Mangel an Landarbeitern die Löhne wesentlich ansteigen ließ. Diese Reallohn-Gewinne nach der Pest waren so groß, dass auch ein rapides Anwachsen der Bevölkerung diesen Trend nicht umkehren konnte. Die Löhne blieben ein oder zwei Generationen lang auf diesem Niveau. Ein weiterer Faktor für diese Entwicklung war die Verstädterung, da immer mehr Menschen vom Land weg in die Stadt zogen, sodass die Zahl der Landarbeiter nicht übermäßig anwachsen konnte und genug Arbeitsplätze vorhanden waren, trotz der Bevölkerungsvermehrung. In den Städten ging die Bevölkerung vor allem bei den Armen sogar zurück. Wegen der mangelhaften Hygiene starben dort weit mehr Menschen, als geboren wurden. Dass die Städte im Mittelalter und im frühen Europa wahre Todesfallen waren, hat bereits der Medizinhistoriker Sigerist festgestellt: *„Im Mittelalter hatte die Entwicklung der Städte schlimme Folgen für den allgemeinen Gesundheitszustand: die sanitären Einrichtungen waren primitiv; das Wasser, das meistens Brunnen entnommen wurde, musste oft noch lange Strecken getragen werden, und die Latrinen, die mit häufig übervollen Senkgruben verbunden waren, wurden von Straßenreinigern entleert. Den Abfall warf man in die Straßen, was in den Städten eine große Rattenplage zur Folge hatte. Vom 14. bis zum 17. Jahrhundert kam es zu häufigen Pestepidemien, die einen hohen Tribut an Menschenleben forderten, und Darminfektionen wie Typhus und Ruhr herrschten endemisch“* (Sigerist 1952, S. 49). Seit der Renaissance ist der Typhus als gefährlicher Feind bekannt, der bis weit in die jüngste Vergangenheit hinein tödlicher als Gewehr und Schwert war. Der Flecktyphus wird durch einen winzigen Mikroorganismus hervorgerufen, der in Läusen lebt und durch deren Biss übertragen wird. Ursprünglich kam er wohl wie die Pest aus dem Osten. Besonders wütete diese Krankheit in den Armeen der frühen Neuzeit. Während der ersten Zeit des Dreißigjährigen Krieges war der Typhus eine größere Katastrophe als der Krieg selbst; was die Söldnertruppen nicht zerstörten, vernichtete die Krankheit. Im 18. Jahrhundert triumphierte die Laus immer noch, und es starben in den europäischen Kriegen dieser Epoche, einschließlich der napoleonischen Feldzüge, mehr Menschen am Typhus, als an Kriegsverletzungen; erst in der zweiten Hälfte des Jahrhunderts änderten sich die Verhältnisse. *„In der Schlacht zwischen Seife und Laus"*, sagt der Medizinhistoriker Sigerist, *„war diese zunächst zum Rückzug gezwungen; der Typhus verschwand aus den meisten westeuropäischen Ländern, und die Armeen konnten sich nunmehr ungestört schlagen und vernichten"* (Sigerist 1952, S. 130). Aber schon während des Ersten Weltkrieges von 1914 bis 1918 blieb zwar die Westfront vom Flecktyphus verschont, an der Ostfront hingegen brauchte es nur drei Monate, bis diese Krankheit zunächst in Serbien auftrat. Dem Flecktyphus fielen serbische und österreichische Gefangene zum Opfer; zwischen Soldaten und Zivilpersonen machte er keinen Unterschied. Während des ganzen Krieges herrschte er an der Ostfront und konnte erst durch energische Truppenentlausung in Schranken gehalten werden bis zu dem Zeitpunkt nach Beendigung des Ersten Weltkrieges, als während des Bürgerkrieges von 1918 bis 1922 in Russland eine Typhusepidemie von noch nie da gewesenem Ausmaß ausbrach. Eine Zeitlang schien es sogar, als ob das Schicksal der Revolution von der Gnade des Typhus abhängig sei. Lenin soll im Jahr 1919 gesagt haben: *„Entweder der Sozialismus vernichtet die Laus, oder die Laus vernichtet den Sozialismus"* (vgl. Sigerist 1952, S. 131).

Das Anwachsen der Bevölkerung in den Städten der Neuzeit war nicht dem Sinken der Sterblichkeit ihrer Einwohner zu verdanken, sondern einem ständigen Zustrom der Landbevölkerung in die Städte. Dieser Zuzug von außen verschleiert die noch heute gültige Tatsache des ständigen Sinkens der dort statistisch festgestellten Geburtenziffern. Bereits in der ersten Hälfte des vergangenen Jahrhunderts musste man zur Kenntnis nehmen, dass in den Großstädten Europas nicht das *„Zwei- oder Einkindersystem, sondern das Keinkindersystem vorherrschend"* war. Und die Befürchtung eines durch die Sogwirkung der Großstädte bewirkten *„Volkstodes"* wurde ganz offen ausgesprochen: *„Die Großstädte fressen ein Volk buchstäblich auf. Sie locken Hunderttausende in ihre Mauern und löschen sie aus. Sie täuschen ein glänzendes, urkräftiges, unbezwingliches Leben vor; in Wirklichkeit sind sie ungeheuerliche Friedhöfe!"* (Lotze 1932, S. 24). Hat sich daher zumindest in den Industrieländern, vor allem in denen Europas, nun auf diese Weise die eine Annahme von Malthus eines exponentiellen oder, wie er sagt, geometrischen Bevölkerungswachstums als kritikwürdig erwiesen, so fragt man sich nun auch, ob nicht auch seine Vorstellung von dem unzulänglichen Vorhandensein von Nahrungsmitteln für die Weltbevölkerung angezweifelt werden muss. Denn die Hungerkatastrophen, die es immer wieder und noch heute gibt, waren immer auch ein Anreiz zur Entwicklung von neuen Techniken und Strategien in der Nahrungsbeschaffung, mit der man die natürlichen Ressourcen besser ausbeuten konnte. Malthus unterschätzte daher total den menschlichen Erfindungsgeist, wenn er den nur arithmetischen Zuwachs der Nahrungsmittel im Verhältnis zum geometrischen Bevölkerungswachstum behauptete. Denn gerade auf diesem Gebiet lässt sich eine ungeheure Steigerung seit Anbeginn der Menschheit erkennen. Die Ernährung der Bevölkerung ist jedenfalls heute zumindest in den sogenannten zivilisierten Industrieländern durch rationellere Ausnützung der Ressourcen nicht nur gesichert, sondern hat auch zeitweise zur Überproduktion an Nahrungsmitteln geführt, die unter Umständen still und heimlich wieder vernichtet werden müssen, um die Preise stabil zu halten – ein Faktum, das sich der alte Malthus nicht hätte vorstellen können. Die Bedrohung durch Hunger und Not trifft daher nicht die gesamte Menschheit, sondern *„nur"* die unterentwickelten Länder, die von sich aus in einem weit geringeren Maß fähig sind, mit den Folgen der Bevölkerungsexplosion fertig zu werden. Hunger, Not und Elend sind daher heute nicht, wie Malthus glaubte, durch *„ein übermächtiges, alles durchdringendes Naturgesetz"* verhängt, sondern durch die ungleiche Verteilung der Lebensquellen verursacht. Wenn aber die moderne Agrartechnik nicht nur in den Industrieländern neue Nahrungsquellen erschließt, sondern auch in allen Teilen unserer Welt vorangetrieben wird, geschieht es allerdings um den Preis, dass vielen Arten von Pflanzen und Tieren der Lebensraum weggenommen wird und sie dadurch aussterben müssen. Wie immer auch die Zukunft der Welternährung aussehen wird, es zeigt sich jedenfalls, dass das Gespenst der Überbevölkerung der Erde für uns Menschen nicht die größte Bedrohung ist. Denn längst bevor der gefürchtete Zustand des *„standing room only"* oder der *„Ellbogen an Ellbogen zusammengedrängten Menschheit"* erreicht ist, könnten wir uns durch die Folgen unserer eigenen technischen Erfindungskraft reduziert haben. Denn zu den natürlichen Katastrophen ist eine neue künstliche vom Menschen selbst geschaffene Art von Katastrophen hinzugekommen: die technischen Katastrophen.

Der Sieg über die Natur und die technischen Katastrophen

Die technische Evolution, die dem Menschen vor allem in den letzten 100 Jahren so viele ungeahnte Möglichkeiten beschert hat, hat auch eine neue Art von Katastrophen hervorgebracht: Schiffskatastrophen, Flugzeugabstürze, Betriebsunfälle in Bergwerken, Fabriken und Kraftwerken. Es war vor allem der technologische Gigantismus, der für diese Katastrophen, die mit einem Schlag manchmal Hunderte Todesopfer forderten, verantwortlich war. Zwar waren die Konstrukteure von Riesenschiffen und Riesenflugzeugen auch auf die Sicherheit ihrer Passagiere bedacht, doch sie unterschätzten das unvorhersehbare Risiko, das mit derartig monströsen Verkehrsmitteln verbunden ist.

So stand beim Bau von Riesenschiffen am Anfang aller Bemühungen um Sicherheit das Ziel der *„Unsinkbarkeit"* im Vordergrund. Bereits der im Jahre 1856 gebaute Ozeanriese *„Great Eastern"* war in viele wasserdichte Abteile unterteilt. Dieses 270 Meter lange Schiff, mit dem auch Jules Verne eine Reise in die USA unternahm, war mit einem kombinierten Schaufelrad-, Schrauben- und Segelantrieb mit sechs Masten ausgestattet und konnte 4000 Passagieren aufnehmen. Bis 1888 war diese *„schwimmende Stadt"*, wie Jules Verne die *„Great Eastern"* nannte (vgl. Abb. 32), mit Abstand das größte Schiff der Welt. Es war imstande, die ganze Erde zu umrunden, ohne Kohle nachladen zu müssen. Doch die extreme Unterteilung hatte für die Nutzbarkeit auch erhebliche Nachteile. Außerdem traten immer wieder Schäden auf, die oft die Abfahrt tagelang verzögerten und sogar wie beim Bruch eines Getrieberades der Ankerwinde einige Todesopfer unter der Mannschaft forderten (vgl. Verne 1871, S. 16). Als Passagierschiff war die *„Great Eastern"* nicht wirtschaftlich genug, hatte aber ihre unvergessliche Bedeutung für die Verlegung des ersten funktionsfähigen Transatlantikkabels im Jahre 1866.

Dass solch ein technologischer Gigantismus nicht nur wirtschaftlich uninteressant ist, sondern auch zur Katastrophe führen kann, davon lieferte der Untergang der *„Titanic"*, der 1635 Todesopfer forderte, einen grauenvollen Beweis. Der 45 000-Tonnen-Dampfer, der auf einer Rekordjagd nach dem *„Blauen Band"* war, hatte am 14. April 1912 in voller Fahrt einen Eisberg gerammt. Die Maschinen wurden gestoppt und eine Stunde später lag das als unsinkbar geltende Schiff wie ein strahlender weißer Palast auf dem Meer. Doch auf dem schon leicht geneigten Deck hatte bereits ein schrecklicher Kampf mit Zähnen und Klauen, Messern und Revolvern um die Rettungsboote begonnen. Als das letzte Boot von dem fünf Stockwer-

Abb. 32: Eine „schwimmende Stadt“: der Ozeanriese „Great Eastern“ (aus Jules Verne 1871)

ke hohen Deck herabgelassen worden war und sich von dem Schiff entfernt hatte, versank die *„Titanic“* in den gurgelnden Fluten des eiskalten Ozeans. Das letzte Lebenszeichen, das von den Zurückgelassenen kam, war der englische Choral *„Näher mein Gott zu Dir“* (vgl. Herrmann 1936, S. 255). Kaum ein Drittel aller Passagiere der *„Titanic“* konnte am nächsten Morgen von dem herbeigeeilten Dampfer *„Carpathia“* gerettet werden. Ein Mitreisender dieses Rettungsschiffes hat den Glanz und Untergang dieses Ozeanriesen in bewegenden Worten geschildert: *„Die ungeheuren Größenverhältnisse, die wunderbaren, prunkvollen Einrichtungen, die enorme Kraft der Dampfmaschinen, die verschwenderisch ausgestatteten Rauch- und Spielsaloons, die Essäle, die Sportplätze, das Schwimmbad usw. War dieses Wunderwerk des menschlichen Geistes und der menschlichen Tüchtigkeit nicht ein deutlicher Beweis von dem großartigen Fortschritt der Menschheit, von einem Höhepunkt ihres Könnens? ... Doch während alles auf dem Schiff sich dem Gefühl der größten Sicherheit hingibt, stößt die Titanic in ihrer Fahrt auf ein Hindernis, und ihr stolzer Wettlauf ist mit einem Schlag zu Ende. Der kolossale Bau zerreißt in zwei Stücke durch dieselbe Dampfkraft, die sie vorwärtsgetrieben hat. Sie geht unter – ein hilfloses, erbärmliches Menschenwerk – in unergründliche Tiefen“* (Phillip Mauro, zit. nach Herrmann 1936, S. 256).

Auch die Eroberung der Luft war von allem Anfang an von Katastrophen gekennzeichnet, wie bereits die alte griechische Sage von Ikarus nahelegt, der sich mit seinen den Vögeln nachempfundenen Flügeln zu Tode stürzte. Während solche sagenhaften Berichte nur die Sehnsucht des Menschen, wie ein Vogel fliegen zu können, ausdrücken, ohne wirklich Hinweise zu einer Realisierung geben zu können, war es in der Neuzeit Leonardo da Vinci, der mit seinen unermüdlichen Variationen zur Konstruktion eines Flugapparates die ersten Ansätze zu einer Realisierung des menschlichen Fliegens lieferte (vgl. Oeser 1988). Dass nach Leonardo für lange Zeit jede Aktivität auf diesem Gebiet beendet wurde, war vor allem auf die Unmöglichkeitserklärung für das Fliegen des Menschen aus eigener Kraft zurückzuführen, die der Begründer der Biomechanik Borelli rund 200 Jahre nach Leonardo gegeben hatte, allerdings nicht mit dem Hinweis auf Leonardo selbst, sondern auf die antike Fabel von Ikarus. Als der alte Traum vom Fliegen aus eigener Kraft im 19. Jahrhundert wieder aufkam, wies Helmholtz erneut darauf hin, dass die menschliche Muskelkraft auch bei der sinnreichsten Flugvorrichtung nicht ausreichen würde, um den Menschen schwebend zu halten. Im Luftraum entbrannte daher auch ein Konkurrenzkampf zwischen zwei Arten von Flugmaschinen, der sich auf die kurze Formel bringen lässt: *„Schwerer oder leichter als die Luft?“* Auf beiden Seiten gab es durch Abstürze blutige Opfer. Doch immer wieder ging man mit erneutem Mut an das Problem der Luftschifffahrt heran. Es war die Herstellung eines immer leichteren Gases für die Füllung des Ballons, das die Möglichkeit schuf, in immer größere Höhen zu gelangen. Damit war aber auch die schon vom Bergsteigen bekannte Gefahr des mangelnden Sauerstoffs für die Besatzung des Ballons gegeben. Den kühnen Ballonfahrern war klar, dass sich der mangelnde Sauerstoff nicht durch ein häufigeres Einatmen ersetzen lasse: *„Auf dem Boden der Gondel zusammengeduckt, wird er erstarren wie der Bergsteiger, der auf einem Felsenabhang sitzen bleibt. Er wird vergessen, dass ein Griff seiner schon erkalteten Hand nach dem Ballast und dem Ventil ihn retten könnte, und fällt am Ende als leblose Masse, als Leiche herab“* (Glaisher 1872, S. 13). Diesem Schicksal war der englische Ballonflieger James Glaisher nur mit knapper Not entronnen, der mit seinem Begleiter Coxwell in einem gasgefüllten Ballon von 2500 Kubikmetern die ungeheure Höhe von 11 000 Metern erreichte. Während Glaisher bereits in Ohnmacht gefallen war, gelang es Coxwell, der nicht mehr imstande war, sich seiner erstarrten Hände zu bedienen, mit den Zähnen die Reißleine zu fassen und das Ventil zu öffnen. Nur auf diese Weise konnten die beiden kühnen Ballonfahrer im letzten Augenblick dem sicheren Tod entrinnen (vgl. Abb. 33).

Nachdem derartige Höhen erreicht waren, ergab sich eine neue Problemstellung. Die Ungetüme des Luftraums, die immer größer wurden, wollte man auch lenkbar machen. Die ersten lenkbaren Luftschiffe, wie das der Brüder Tissandier, hatten zu geringe Eigengeschwindigkeit. Am erfolgreichsten waren noch die beiden französischen Hauptleute Renard und Krebs, die mit ihrem torpedoartigen Luftschiff immerhin eine Geschwindigkeit von 6,4 Metern pro Sekunde erreichten. Aber auch hier war die Freude an den lenkbaren Luftschiffen nicht ungetrübt. Am 12. Juni 1897 explodierte auf dem Tempelhofer Feld bei Berlin der Lenkballon des Dr. Wölfert, weil sich, wie nun einmal bei solcher Konstruktion zu erwarten war, das Füllgas am heißen Motor entzündete. Als der Erste Weltkrieg näherrückte, wurden die Luftschiffe immer größer und schneller. An die Stelle der *„Prall-Luftschiffe“* traten mehr und mehr die *„Starr-Luftschiffe“*, die nicht mehr direkt mit Gas gefüllt waren, sondern eine starre Außenkonstruktion besaßen und im Innern mehrere Ballone, bei denen es gleichgültig war, ob sie straff mit Gas gefüllt waren oder nicht. Am bekanntesten waren die *„Zeppeline“*, die auch nach dem Krieg in Gebrauch waren, bis jedoch die verheerende Explosion der *„Hindenburg“* im Jahre 1937 dieser Entwicklung

Abb. 33: Die Ballonfahrer Glaisher und Coxwell in 11 000 Metern Höhe (aus Glaisher et al. 1872)

ein jähes Ende setzte. Das Luftschiff *„Hindenburg“* war das größte steuerbare Flugobjekt, das jemals gebaut worden ist. Es war Donnerstag, der 6. Mai 1937, 18 Uhr 25, als die *„Hindenburg“* nach einer Atlantiküberquerung zum Landeanflug auf Lakehurst nahe New York ansetzte. Plötzlich schlugen Flammen aus dem Inneren des Luftschiffes und innerhalb von 32 Sekunden verbrannte der Zeppelin in einem gigantischen Feuerball. In dem Inferno starben von den 97 Menschen an Bord 13 Passagiere und 22 Mannschaftsmitglieder. Und am Boden wurde zusätzlich noch ein Mitarbeiter der Landecrew von den herabfallenden Trümmern erschlagen.

Inzwischen waren aber auch aus dem Lager *„Schwerer als Luft“* schon längst neue Konkurrenten aufgetreten. Otto von Lilienthal war der Erste. Er beschäftigte sich seit dem Jahre 1861 mit der Konstruktion von Flugapparaten und führte unzählige Gleitflüge durch, bis er eines Tages, am 9. August 1896, abstürzte und mit gebrochener Wirbelsäule liegen blieb. In Ohio bauten dann die Brüder Wright ein Gleitflugzeug mit Motorantrieb. Die erste große Entwicklungsperiode des Flugzeuges war aber zweifellos der Erste Weltkrieg. Was die Zeit danach brachte, waren hauptsächlich Pläne zur Steigerung der Schnelligkeit und Ausmaße der Flugzeuge. In schneller Folge entstanden dann nicht nur Eindecker, sondern auch Zwei- und sogar Dreidecker. Aber entscheidend war die immer größere Schnelligkeit und Flugdauer. Der Weg dorthin war zwar gepflastert mit Todesopfern: *„Fast allwöchentlich ruft die Nachricht von irgendeinem Todessturz die Gefahren des Flugsports ins Gedächtnis“*, heißt es in der zeitgenössischen Literatur, *„doch der Fortschritt geht unaufhaltsam weiter; die Leistungen steigern sich immer mehr“* (Geitel o. J., Bd. 3, S. 238). Es war vor allem die damals noch utopische Idee eines Riesenflugzeugs für den Ozeanflug, dessen Verwirklichung der deutsche Flugzeugkonstrukteur Rumpler plante. Er hielt im Jahre 1926 in der Wissenschaftlichen Gesellschaft für Luftfahrt in Düsseldorf einen Vortrag, in dem er sich zum ersten Male mit dieser Aufsehen erregenden Idee beschäftigte. Das geplante Flugzeug sollte eine Spannweite von 95 Metern und ein Gewicht von 2500 Zentnern haben sowie eine Nutzlast von 400 Zentnern fortbewegen können. Insgesamt sollten 135 Passagiere damit transportiert werden können. Die zehn Motoren des Riesenflugzeugs sollten insgesamt eine Kraft von 10 000 PS entwickeln können. Die Höchstleistung der Motoren sollte noch in 4000 Meter Höhe aufrechterhalten bleiben und das Flugzeug sollte auch dann noch aktionsfähig sein, wenn einmal einige der vielen Motoren versagten. Die aufgenommenen Benzin- und Ölvorräte, ungefähr 37 000 Kilogramm, sollen einen 16-stündigen Betrieb ermöglichen (vgl. Lübke 1927, S. 295 f.).

Noch ein anderes Problem beschäftigte eifrig die Flugzeugkonstrukteure zu dieser Zeit, nämlich die Überwindung großer Strecken in sehr großen Höhen, wo der Luftwiderstand sehr gering ist. Einer der Verfechter einer Weltraumrakete, Max Vallier aus München, hat die Raketenidee auch auf Flugzeuge übertragen, mit dem Anspruch, dass damit der Flug in 50 000 Meter Höhe mit einer Geschwindigkeit von 3000 bis 6000 Kilometern in der Stunde möglich sei: *„Hier oben kann aber nur ein Motor arbeiten, der von der umgebenden Außenluft vollkommen unabhängig ist, wie die Rakete ... Betrachtet man die Fahrt Berlin – New York über zwei Stützpunkte für ein Raketenluftschiff, so müssen wir bedenken, dass hier der Start sehr steil (70 Grad) erfolgt, um rasch aus der dichten Bodenluft herauszukommen und in großen Höhen bedeutende Geschwindigkeiten zu entfalten. Schon nach 17 Sekunden hat das Schiff 400 Meter pro Sekunde in 3000 Meter Höhe, nach weiteren 35 Sekunden schwebt es 20 000 Meter hoch mit 800 Metern pro Sekunde und nach abermals 48 Sekunden hat es die Scheitelhöhe von 50 000 Metern über dem Meere, 70 Kilometer vom Standort horizontal entfernt, erreicht und seine horizontale Reisegeschwindigkeit von 2 000 Metern pro Sekunde oder 7 200 Kilometern in der Stunde erlangt. Die gesamte reine Fahrzeit Berlin – New York würde etwa 93 Minuten in dieser Höhe betragen. Allerdings sei der Betriebsstoffverbrauch bei einen Raketenflugzeug wesentlich größer als bei einem Propellerflugzeug“* (Vallier, zit. nach Lübke 1927, S. 300 ff.).

Es dauerte kaum ein halbes Jahrhundert, als alle diese Pläne zur Konstruktion zu einem in großer Höhe schnell fliegenden Verkehrsmittel bereits durch das Überschall-Verkehrsflugzeug Concorde realisiert wurden. Die Flugzeit der Concorde über den Atlantik zwischen Paris bzw. London und New York betrug 3 bis 3,5 Stunden, die Flughöhe lag bei 15 Kilometern nach dem Start und stieg danach auf 18 Kilometer. Sie konnte mehr als 100 Passagiere befördern und erreichte maximal eine Geschwindigkeit von 2405 Stundenkilometern. Nach Angaben von British Airways dauerte der schnellste Atlantikflug New York – London am 7. Februar 1996 nur 2 Stunden und 52 Minuten. Dieses Riesenflugzeug war jedoch wegen des hohen Kerosinverbrauchs von 25 600 Litern pro Stunde ein wirtschaftlich unrentables und ökologisch bedenkliches Verkehrsmittel. Trotzdem wurde die als *„Königin der Lüfte“* bezeichnete Concorde als die größte Errungenschaft der Flugzeugtechnik angesehen – bis zum 25. Juli 2000. An diesem verhängnisvollen Tag löste der Absturz einer Concorde weltweit Entsetzen aus. Dieser bisher als *„unfehlbar“* geltende Mythos des Flugverkehrs war zur Todesfalle für alle 109 Personen an Bord geworden. Außerdem kamen noch vier

Abb. 34: Das Raketenflugzeug nach den Plänen des Münchner Ingenieurs Max Vallier (aus Lübke 1927)

Personen am Boden ums Leben. Wie kam es zu diesem schrecklichen Unfall? Beim Start vom Flughafen Charles de Gaulle in Paris war die Maschine, deren Ziel New York war, über ein Metallteil gerollt, das eine kurz zuvor gestartete McDonnell Douglas DC-10 der Continental Airlines verloren hatte. Der Metallstreifen schlitzte den rechten vorderen Reifen des linken Hauptfahrwerks auf. Hochgewirbelte Reifenfetzen lösten im Tank der linken Tragfläche der Concorde eine Schockwelle aus, sodass an anderer Stelle des Tanks Treibstoff austrat. Weitere Teile des Reifens zerstörten die Fahrwerkselektrik. Dadurch konnte das Fahrwerk nicht mehr eingefahren werden. An der beschädigten Elektrik des Fahrwerks bildeten sich Funken, die den austretenden Treibstoff entzündeten. Beide linken Triebwerke verloren an Schub, die Maschine war allerdings schon zu schnell, um sie auf der Startbahn abbremsen zu können, und hob ab. Das Feuer konnte nicht gestoppt werden und schließlich fielen die beiden linken Triebwerke ganz aus. Zu der von den Piloten angestrebten Notlandung in Le Bourget kam es nicht mehr; die Concorde drehte sich aufgrund des Schubverlustes etwa 100 Grad zur Seite, stürzte eine Minute nach dem Start als riesiger Feuerball auf das Nebengebäude eines Hotels nahe dem Pariser Vorort Gonesse und brannte vollständig aus. Dabei hätte alles noch viel schlimmer kommen können. Nur wenige Kilometer trennten den Ort Gonesse und seine 25 000 Einwohner von der Katastrophe. Doch mit letzter Kraft war die Concorde abgedreht, um nicht auf das Stadtzentrum mit einem Krankenhaus zu stürzen.

Während bei solchen Verkehrsunfällen die Bilanz der Toten und Verletzten meist ziemlich rasch erstellt ist, sind die langfristigen Auswirkungen mancher technischer Katastrophen oft schwer oder überhaupt nicht abzuschätzen. Das gilt vor allem für die technischen Erfindungen im Energiebereich. Sie bildeten seit jeher eine Gefahr, die mit maßlosem Schrecken und unzähligen Todesfällen verbunden war. Das war so mit dem Feuer, ebenso wie mit Gas und Elektrizität. Wir wissen nur heute besser mit diesen Gefahren umzugehen. Doch diese klassischen Energiequellen sind nicht unerschöpflich. Vor nicht allzu langer Zeit hat man erkannt, dass es zur Ausbeutung der fossilen Energiequellen, die früher oder später erschöpft sein werden, eine Alternative gibt, die wie kaum eine andere Maschine zur Energieerzeugung Hoffnung, Angst und Schrecken und eine endlose Diskussion ohne Lösung hervorgerufen hat: das Atom- oder Kernkraftwerk. Die Hoffnung beruht auf der Vorstellung, mit der Kernkraft eine Quelle sowohl billiger als auch unerschöpflicher Energie erschlossen zu haben. Es entstanden in schneller Folge und bei ständiger Leistungssteigerung die verschiedensten Arten der Kernkraftwerke, von den Druck- und Siedewasserreaktoren bis zu den schnellen Brütern, bei denen sich der alte Traum vom Perpetuum mobile erfüllt zu haben scheint. Denn in Brutreaktoren wird quantitativ mehr spaltbares Material aus gewöhnlichem Uran oder Thorium gewonnen als verbraucht wird. Das bedeutet aber auch letzten Endes eine Anhäufung von künstlicher Radioaktivität als Abfall, den man in Tausenden von Jahren nicht mehr los wird. Zur mangelnden Entsorgung des sogenannten Atommülls kommt noch die mangelnde Betriebssicherheit der Atomkraftwerke. Von den Kernkraftwerken glaubte man zunächst, dass sie im Prinzip sicherer als andere Maschinen, wie Automobile, Flugzeuge oder elektrische Küchenmaschinen, sind. Der Unterschied liegt aber vor allem in der Konzentration der Todesopfer an einer Stelle und der langen *„Lebens"*-Dauer (Halbwertszeit) des Atommülls, der die kommenden Generationen über Jahrtausende hinweg zu Wachhunden dieses Abfalls macht. Auch die Vorstellung, eine unerschöpfliche, billige und zugleich sichere Energiequelle entdeckt zu haben, beruht auf einem Irrtum. Das Energieschlaraffenland, in dem man ohne Plag' und Müh', ohne Gefahren und Risiko umsonst mit Licht und Wärme gefüttert wird, existiert nicht. Die Rechnung wird spätestens am Tag eines Reaktorunfalles präsentiert und dieser Tag der Abrechnung hängt nicht nur als permanente Drohung über unseren Köpfen, sondern hat bereits vor mehr als einem Vierteljahrhundert eine erschreckende Realität gewonnen.

Die Katastrophe von Tschernobyl in der damaligen Ukrainischen Sowjetrepublik gilt bis heute als der schwerste nukleare Unfall und als eine der schlimmsten Umweltkatastrophen aller Zeiten. Der Unfall ereignete sich während eines Tests in der Nacht vom 25. auf den 26. April 1986 als Folge einer Kernschmelze und Explosion im Kernreaktor. Große Mengen an radioaktivem Material wurden in die Luft geschleudert und verteilten sich hauptsächlich über die Region nordöstlich von Tschernobyl, aber auch über viele andere Regionen Europas. Denn in den ersten zehn Tagen nach dem Unfall gelangten diese radioaktiven Stoffe durch den Auftrieb in Höhen über 1 500 Meter und wurden großflächig verteilt. Aufgrund der damals bestehenden Wetterverhältnisse nahm die radioaktive Wolke verschiedene Richtungen. Besonders betroffen waren die Ukraine, Weißrussland und Russland. Außerhalb der damaligen UdSSR wurden insbesondere Gebiete in Skandinavien, Deutschland und Teilen des Balkans belastet. Durch Wassereinspeisung, Abwurf verschiedener Materialien aus Militärhubschraubern und Einblasen von Stickstoff gelang es, die Freisetzung der radioaktiven Schadstoffe allmählich zu verringern. Obwohl aus der Region um den havarierten Reaktor in den ersten Tagen über 100 000 Menschen evakuiert wurden, führte dieser Unfall bei einer nicht genau bekannten Zahl von Menschen zum Tod. Die größten Strahlenbelastungen erlitten in den ersten Wochen nach dem Unfall Feuerwehrleute, Betriebsmannschaften und die Aufräumarbeiter, die sogenannten „*Liquidatoren*", von denen Tausende eingesetzt wurden, um den „*Sarkophag*", einen provisorischen Betonmantel, um den explodierten Reaktor zu errichten. Zu welchen Folgen die Strahlenbelastungen für diese Liquidatoren und die besonders betroffenen Teile der Bevölkerung geführt haben, war schwer abzuschätzen, da auftretende Krankheiten häufig auch auf unzureichende medizinische Versorgung und die Ernährungssituation zurückzuführen waren. Fest steht jedenfalls, dass von den Liquidatoren Hunderte innerhalb des ersten Tages nach dem Unglück schwere bis absolut tödliche Strahlendosen erhielten. Die Schilddrüsenbelastungen mehrerer Tausend „*Tschernobyl-Kinder*" in den ersten Tagen nach dem Unfall wurden zunächst viel zu niedrig eingeschätzt. Später wurde jedoch bei Personen aus Weißrussland, Russland und der Ukraine, die zum Zeitpunkt des Unglücks Kinder oder Jugendliche waren, ein dramatischer Anstieg der Fälle von Schilddrüsenkrebs festgestellt. Insgesamt wurden in den genannten drei Ländern bis Anfang 2006 etwa 5000 Fälle diagnostiziert. Ein durch freigesetzte radioaktive Strahlung bedingter Anstieg der Fälle von Leukämie war zwar bisher nicht eindeutig feststellbar, konnte aber auch nicht widerlegt werden. Jedenfalls wurde bei einer großen Anzahl der Liquidatoren eine annähernde Verdoppelung des Leukämierisikos gefunden. Über die zu erwartenden Langzeitfolgen besteht seit Jahren auch unter Wissenschaftlern ein Streit. Obwohl nach Angaben der Internationalen Agentur für Krebsforschung (IARC) mit Ausnahme von Schilddrüsenkrebs in den am stärksten kontaminierten Gebieten bisher keine erhöhten Krebsraten festgestellt worden sind, muss man außer mit Leukämie mit noch anderen Krebserkrankungen rechnen. Schätzungen der IARC über die zu erwartende Häufigkeit der Krebserkrankungen beruhen auf Risikomodellen, die aus Studien an Opfern der Atombombenabwürfe in Japan entwickelt wurden. Nach diesen Modellen wird bis 2065 in Europa mit ungefähr 16 000 Fällen von Schilddrüsenkrebs und 25 000 Fällen von anderen Krebsarten als Folge der Tschernobyl-bedingten Strahlenbelastung gerechnet.

Reaktorkatastrophen können also, wie der Unglücksfall vom April 1986 demonstriert, ungeahnte Dimensionen annehmen. Sie sind jedoch nicht mit denen zu vergleichen, die sich durch den Einsatz der Atomenergie zu Kriegszwecken ergeben. Wie das Gedankenexperiment des „*Nuklearen*

Winters“ zeigt, könnte diese neuartige Kriegstechnik zu einer weltweiten Katastrophe führen, die der Menschheit ein ähnliches Schicksal bereiten würde wie das der untergegangenen Welt der Dinosaurier.

Die evolutionären Stufen des Krieges

Dass die ursprüngliche Raubtiernatur, die nach dem Entdecker des Australopithecus africanus Raymond Dart der Mensch von seinen Vorfahren geerbt haben soll (Dart 1953), durch die Vermehrung seines Wissens nicht gelitten hat, zeigt die gesamte Geschichte der Menschheit. Kaum eine wissenschaftliche Entdeckung wurde jemals gemacht, ohne dass sie zugleich auch zu einem Werkzeug der Gewalt und der Vernichtung wurde. Der Krieg, das wichtigste Gewaltphänomen, ist eine Erfindung des Menschen. Denn er tritt erst *„ab einem gewissen evolutionären Niveau in Erscheinung*“ (Meyer 1981, S. 60) und stellt eine besondere Form von Grausamkeit dar, die in den unteren Evolutionsstufen unbekannt ist. Man kann daher entlang der Achsen der technisch-materiellen und sozialen Evolution verschiedene Entwicklungsstufen des Krieges unterscheiden: Am Anfang steht der *„primitive Krieg*“, der sich eigentlich nur aus vielen Kampfhandlungen rivalisierender Gruppen zusammensetzt. In diesem evolutionären Stadium entspricht das Verhalten der Krieger im Allgemeinen kaum dem Bild des antiken Helden: Nach einem ersten Scheitern des Überfalls gibt es für die Kämpfer keine Verpflichtung durch Normen, dem vordringenden Gegner standzuhalten; die unterlegene Partei ergreift vielmehr die Flucht. Fluchtreaktionen sind überhaupt das natürlichste und schnellste Ende solcher primitiver Kriege. Ebenso schnell, wie sie begonnen haben, erlöschen diese primitiven Kampfhandlungen, wenn das direkte Ziel erreicht worden ist oder sich wegen der Stärke des Gegners als unerreichbar herausgestellt hat. Auf diese Weise konnten sich die primitiven Kriege gar nicht ausdehnen. Das aber sollte sich mit der Vergrößerung der Kollektive ändern.

Die zweite evolutionäre Stufe des Krieges ist die eigentliche Entstehungsphase organisierter Kampfhandlungen. Auf der Stufe komplexerer sozialer Kollektive, wie Stämme, Städte und Staaten, werden die aggressiven Tendenzen des Menschen institutionalisiert. Das *„Kriegshandwerk*“ wird zu einem eigenen Berufsstand, der sich nicht nur höchster Achtung erfreut, sondern zu Kriegszeiten sogar eine Glorifizierung erfährt. Bei genauerer Betrachtung erweisen sich jedoch alle Tugenden des Kriegshelden als Eigenschaften, die das natürliche Ende spontaner Kampfhandlungen aufhalten und zu deren immer größeren zeitlichen wie räumlichen Ausdehnung führen. Mut und

Selbstaufopferung dienen dazu, dass der objektiv Unterlegene einer Übermacht standhält und möglichst viele der Gegner in seinen Tod mitreißt. Gehorsam und Disziplin sind in militärischen Organisationen die Grundvoraussetzung für umfassende Kampfhandlungen. Die Werte und Zielsetzungen des Kampfes sind nicht mehr persönlicher Art. Man kämpft nicht mehr für sich selbst oder für seine Familie, sondern abstrakt für das eigene Volk, also für viele Menschen, die man gar nicht kennt, und auch für solche, die man zwar kennt, aber gewöhnlicherweise verachtet und oder sogar hasst. Der gemeinsame fremde Gegner und das gemeinsame Ziel der Verteidigung des eigenen und der Eroberung des fremden Territoriums verbinden auf diese Weise die Individuen eines Volkes zu einer Schicksalsgemeinschaft.

Auf der dritten Stufe erfährt aber die Grausamkeit des Krieges eine radikale Steigerung, wenn es nicht nur um den natürlichen Lebensraum geht, sondern um jenseitige religiöse Ziele, wenn der sozialpolitische Krieg zum *„Heiligen“* Krieg wird. Der Heilige Krieg, der häufig in Terror ausartet, ist jedoch nicht nur ein Phänomen der islamischen Religion, wie er heutzutage oft angesehen wird. Ein drastisches Beispiel dafür sind die Kreuzzüge, deren geradezu unheimlich paradoxer Charakter allerdings schon frühzeitig erkannt worden ist (vgl. Oeser 2006, S. 193). Die Kreuzzüge sind kein Sonderfall in der Geschichte der Menschheit. Ja, es scheint geradezu eine Gesetzmäßigkeit darin zu liegen, dass je abstrakter und unverständlicher die Ziele und Motive sind, umso umfassender die Ausdehnung, zeitliche Länge und Grausamkeit der Kriege werden; wie z. B. der Dreißigjährige Krieg zeigt, dessen Grund in den abstrakten Konfessionsstreitigkeiten innerhalb der christlichen Religion lag. Auch innerhalb des Islam kam es vor nicht allzu langer Zeit zu einem schrecklichen Vernichtungskampf, als sich gegen Ende des 19. Jahrhunderts im Sudan der berühmt-berüchtigte Mahdi Mohammed Ahmed gegen die ägyptisch-türkische Verwaltung erhob. Denn fast ohne Ausnahme betätigten sich die korrupten ägyptischen Paschas als Unterdrücker der einheimischen Bevölkerung. Hervorgegangen aus dem Verlangen nach einer Erneuerung der islamischen Religion, die von den Unterdrückern verraten worden war, *„dauerte es aber nicht lange, bis das warme großzügig vergossene Blut der religiösen und patriotischen Revolte zum schwarzen Klumpen einer Militärherrschaft geronnen war“* (Churchill 2008, S. 86). Mit diesen Worten schildert Winston S. Churchill, der als junger Kavallerieleutnant an dem *„Kreuzzug gegen das Reich des Mahdi“* teilnahm, die Situation nach dem frühen Tod des Mahdi, als sein Nachfolger, der Kalif Abdullah, eine mehr als zehn Jahre andauernde Schreckensherrschaft im Sudan errichtete. Diese Schreckensherrschaft wurde erst durch den Feldzug des Generals Kitchener beendet, bei dem Tausende der todesmutigen Derwische im Feuer der Maschinengewehre starben.

Parallel zur Evolution des Krieges zu immer größerer unpersönlicher Grausamkeit, die in einem religiösen Fanatismus ihren Ursprung hat, entwickelte sich auch in einem gegenseitigen Aufschaukelungsprozess die dazugehörige Waffentechnik. Eine besondere Rolle in diesem Entartungsprozess der Aggression spielt der gezielte Einsatz von Tieren, besonders von Hunden und Pferden (vgl. Oeser 2007 und Oeser 2009) im Kriegsdienst. Mit der allgemeinen Motorisierung in der ersten Hälfte des 20. Jahrhunderts, gleichzeitig mit der Erhöhung der Tragweite und Sprengkraft der Feuerwaffen und Bomben, erreicht dann die *„heroische“* Phase des Krieges ihren evolutionären Endpunkt. Diese Phase umfasst zwar die gesamte eigentliche 5 000-jährige Geschichte der Menschheit, ist aber vergleichsweise zur vorgeschichtlichen Phase der primitiven Kriege, die mehrere Hunderttausend Jahre beträgt, nur sehr kurz. Sie ist an ihrem Ende vor allem durch die beiden Weltkriege gekennzeichnet. Der Erste Weltkrieg (1914 – 1918) forderte fast 10 Millionen Todesopfer und etwa 20 Millionen Verwundete, während der Zweite Weltkrieg (1939 – 1945) bereits das Leben von 27 Millionen Soldaten und 25 Millionen Zivilpersonen forderte, wobei noch 3 Millionen Menschen vermisst blieben. Man sollte meinen, dass nach den Erfahrungen dieser beiden mörderischen Konfrontationen das Ende aller kriegerischen Auseinandersetzungen gekommen ist. Durch Kriege werden Menschenleben ausgelöscht, viele Menschen werden verstümmelt, verlieren Arme oder Beine, werden zu lebenslangen Invaliden, welche die Folgen des Kriegswahnsinns Jahre und Jahrzehnte mit sich herumtragen. Darüber hinaus werden durch Kriege Landschaften zerstört, Wälder, Tiere und Pflanzen, sodass jeder Krieg auch für die Natur unmittelbare, zumindest regional katastrophale Auswirkungen hat. Schließlich ist nicht zu übersehen, was an Kulturgütern schon durch Kriege zerstört worden ist (vgl. Wuketits 2009, S. 209). Doch der Mensch mit seinen tief sitzenden destruktiven Potentialen hat aus all diesen Kriegskatastrophen noch nicht die Konsequenzen gezogen und kann sich entgegen besserer Einsicht noch immer nicht zum weltweiten Frieden bereitfinden. Irgendwo auf der Welt gibt es immer wieder irgendeinen Konflikt, irgendeinen Krieg. So gab es vom 17. Januar 1991 bis zum 27. Februar 1991 den Golfkrieg, dessen Erinnerung angesichts der heutigen Konflikte im Irak und Afghanistan bereits verblasst ist. Genaue Zahlen über die Kriegstoten im Golfkrieg liegen bis heute nicht vor. Nach offiziellen irakischen Angaben starben 85 000 bis 110 000 Soldaten und 40 000 Zivilisten. Direkte und indirekte Folgen des Krieges waren Munitionsrückstände, Ölpest, die brennenden kuwaitischen Ölquellen, bei denen eine Million Tonnen Ruß und eine Million Tonnen Schwefel auf Kuwait niedergingen. 96 Prozent der Kraftwerkskapazität wurden zerstört, noch gravierender waren die Zerstörungen der Trink- und Abwassersysteme. Die Folgen davon war die Ausbreitung von Seuchen, die ebenso wie das Fehlen von Medikamenten vor allem Kinder und alte Menschen getroffen hat (Quelle: Gantzel und Schwinghammer 1995). Auf den Golfkrieg folgten die Terroranschläge vom 11. September 2001 in den Vereinigten Staaten von Amerika. Die Attentäter entführten vier Verkehrsflugzeuge auf Inlandsflügen, lenkten zwei davon in die Türme des World Trade Centers (WTC) in New York City und eines in das Pentagon bei Washington D. C. Das vierte Flugzeug stürzte nach Kämpfen zwischen Entführern und Passagieren bei Shanksville (Pennsylvania) ab. Bei diesen Anschlägen wurden mindestens 2993 Menschen hauptsächlich in den WTC-Gebäuden getötet. Die offiziellen Berichte schätzten, dass bis zu 1400 Personen in den durch Flugzeuge zerstörten Etagen und den Stockwerken darüber starben, davon etwa 800 im Nordturm, 600 im Südturm. Etwa 200 Personen stürzten aus den beiden brennenden Hochhaustürmen. 411 Helfer, davon 343 Feuerwehrangehörige, 60 Polizisten und 8 Sanitäter gehören ebenfalls zu den Todesopfern der Anschläge. Der damalige US-Präsident George W. Bush leitete aufgrund dieser Anschläge Anfang Oktober 2001 den Krieg in Afghanistan ein und begründete zum Teil auch den im März 2003 begonnenen Irakkrieg damit. Bis Anfang März 2010 kamen beim Krieg in Afghanistan 1675 Koalitionssoldaten ums Leben. Die Anzahl gestorbener afghanischer Soldaten und Aufständischer ist unbekannt. Offizielle Angaben zu zivilen Opfern liegen nicht vor. Die Schätzungen weichen sehr voneinander ab. Bereits bis zum Oktober 2003 sollen 3100 bis 3600 Zivilisten bei US-Bombardierungen und *„Special forces attacks“* ums Leben gekommen sein. Jonathan Steele nannte im *„Guardian“* eine Zahl zwischen 20 000 bis 49 600 Menschen, welche als Konsequenz der Invasion starben. Noch erschreckender ist die Zahl der Todesopfer im Irakkonflikt seit der Invasion im Jahr 2003. Eine im Auftrag der Weltgesundheitsorganisation (WHO) durchgeführte Studie, die im New England Journal of Medicine veröffentlicht worden ist, schätzte sie zunächst auf rund 150 000. Eine andere Schätzung von amerikanischen und irakischen Ärzten aus dem Jahr 2006 geht davon aus, dass seit März 2003 aufgrund des Krieges und der Folgen 650 000 Menschen gestorben sind. 600 000 wären nach dieser Schätzung durch direkte Gewalt umgekommen, 50 000 an Krankheiten und anderen Ursachen (Sabrina Tavernise and Donald G. McNeil Jr. In: The New York Times October 11, 2006).

Doch solche regionale Konflikte sind nicht die eigentliche Gefahr für die gesamte Menschheit. Bedrohlich ist vielmehr, dass bereits am Ende des 20. Jahrhunderts das angesammelte Vernichtungspotential schon längst ausgereicht hat, um die gesamte Menschheit zu beseitigen, und dass die sogenannte *„Kriegsgeschwindigkeit"*, d. h. der Zeitabstand zwischen Vorbereitung, Durchführung und Beendigung einer umfassenden Kriegshandlung, von mehreren Jahrzehnten auf wenige Minuten zusammengeschrumpft ist. Dschingis Khan brauchte im 14. Jahrhundert noch ungefähr 40 Jahre zur Verwüstung Osteuropas. Die großen Kriege der Neuzeit, wie der Dreißig-Jährige Krieg, hatten ebenfalls noch beträchtliche Zeitspannen, die sich jedoch stetig verringern, während ihre Vernichtungsgewalt zunahm. Die beiden Weltkriege in der ersten Hälfte des 20. Jahrhunderts dauerten immerhin noch einige Jahre. Heute aber ist die potentielle Zeitspanne zwischen dem Beginn des Krieges und der totalen Vernichtung der gesamten Menschheit so kurz geworden, dass praktisch die menschliche Entscheidungsfreiheit aufgehoben ist. Die heutigen Waffensysteme sind so geartet, dass zwischen Abschuss und Ankunft der mit atomaren Sprengköpfen ausgerüsteten interkontinentalen Langstreckenraketen nur mehr 20 Minuten vergehen. Da die Entdeckung des Abschusses der Rakete durch die Radar-Warnsysteme entsprechend später erfolgt, bleiben für die Entscheidung buchstäblich nur wenige Minuten. Damit hat sich die militärische Doktrin der *„gegenseitig gesicherten Vernichtung"*, die als die klassische Abschreckungstechnik gilt, bis zur äußersten Absurdität aufgeschaukelt. Technisches oder menschliches Versagen könnte das Schicksal der gesamten Zivilisation bestimmen. Denn die Vernichtungsgewalt eines totalen, unbegrenzten Atomkrieges, in dem die heute noch bestehenden Waffenarsenale voll ausgenutzt würden, ist unvorstellbar: Sie entsprach bereits vor 20 Jahren der Anzahl von 1,5 Millionen Atombomben, wie sie in Hiroshima abgeworfen wurden. Dabei könnte während einer Zeit von zwei Wochen Tag und Nacht jede Sekunde irgendwo auf der Welt Sprengstoff im Ausmaß einer Hiroshima-Bombe zur Detonation gebracht werden. Was das bedeutet, weiß nur der, der die Auswirkungen dieser Bombe noch nicht vergessen hat: Die Sprengkraft der Hiroshima-Bombe entsprach 13 500 Tonnen des konventionellen im Ersten und Zweiten Weltkrieg gebräuchlichen chemischen Sprengstoffs Trinitrotoluol. Die schwersten Bomben des zweiten Weltkrieges enthielten etwa 10 Tonnen TNT. Die Hiroshima-Bombe übertraf die größten bis zu diesem Zeitpunkt eingesetzten Bomben daher um mehr als das 1000-Fache. Sie vernichtete 40 Prozent der Bevölkerung Hiroshimas. Die Überlebenden trugen Strahlenschäden davon, die sich erst viele Jahre danach in Form von Krebs, besonders von Leukämie, auswirkten. Die tatsächliche Sprengkraft der heutigen atomaren Sprengköpfe bei Langstreckenraketen ist jedoch beträchtlich größer; sie sollen das 100-Fache und sogar 1000-Fache der Hiroshima-Bombe erreichen. Daher rechnet man heute hauptsächlich mit Megatonnen (= 1 Million Tonnen) des konventionellen Sprengstoffes TNT. Jeder der schon vor 20 Jahren konstruierten Sprengköpfe der amerikanischen Langstreckenraketen der Marke Titan hat eine Sprengkraft von 9 Megatonnen, den damaligen sowjetischen SS-18-Raketen schreibt man sogar 20 bis 25 Megatonnen zu. Dementsprechend hat man auch eine neue Maßeinheit für den Tod der Menschen gefunden: 1 Million Tote werden als 1 Megadeath bezeichnet und die zusätzlichen Toten aufgrund der radioaktiven Strahlung heißen *„bonus kill"*. Mit dieser Terminologie scheint der Höhepunkt moralischer Gemütsverblödung der Menschheit auf unserer Zivilisationsstufe erreicht zu sein. Wenngleich der erste Schlag und Gegenschlag nicht die gesamte Menschheit vernichten müssen, so bleibt doch eine radioaktiv verseuchte und verwüstete Welt von mehreren hundert Millionen Toten zurück, in der kein vernünftiger Mensch leben möchte. Es ist daher naheliegend, dass auch kein vernünftiger Mensch jemals eine Entscheidung zu einem derartigen Vernichtungskrieg treffen wird (vgl. Oeser 1988, S. 173). Jedenfalls geht damit die Phase der Parallelentwicklung von menschlicher Intelligenz und Waffentechnologie, welche das Kennzeichen unserer Totschlägerkultur war und ist, nach 3 Millionen Jahren einem plötzlichen Ende entgegen.

Aber selbst in Friedenszeiten gibt es bedenkliche Evolutionsphänomene in der menschlichen Gesellschaft, die dem biologischen Artnamen des Menschen Homo sapiens keine Ehre machen und beweisen, dass der intellektuelle Fortschritt in Wissenschaft und Technik keineswegs mit einem Fortschritt im moralischen Verhalten verbunden sein muss.

Das Schweineprinzip und die Wirtschaftskatastrophen

Wenn der englische Philosoph Bertrand Russell (1872 – 1970) bereits vor Jahrzehnten festgestellt hat: *„Zu viel essen ist keine ernsthafte Gefahr, aber sich zu viel herumschlagen ist eine"* (vgl. Oeser 1988, S. 174), dann hat er ein anderes Prinzip unterschätzt, das heutzutage nicht weniger bedrohlich erscheint als das Totschlägerprinzip. Dieses Prinzip, das von den Wirtschaftswissenschaftlern mit dem drastischen Ausdruck *„Schweineprinzip"* bezeichnet wird, lautet in seiner kürzesten Formulierung: *„Wenn irgendetwas gut ist, so ist mehr davon noch besser."* Allerdings weiß jeder Biologe und Verhaltensforscher, dass man mit dieser Bezeichnung den armen Schweinen Unrecht tut. Denn bei den Wildschweinen ist dieses Prinzip völlig unbekannt und den Hausschweinen haben wir Menschen es systematisch angezüchtet, indem wir ihnen den Kampf ums Dasein abgenommen haben. Deshalb *„verdummten und verfetteten sie und verloren allmählich alle Instinkte bis auf die des Fressens und der Begattung"* (Lorenz 1974).

Der Mensch jedenfalls steht heute unbestritten an der Spitze der Nahrungspyramide. Das war nicht immer so. Er hat sich selbst aus eigener Kraft stufenweise emporgekämpft. Das Schweineprinzip weist daher ebenso wie das Totschlägerprinzip und alle anderen positiven wie negativen Fähigkeiten des Menschen eine Steigerung auf. In diesem Sinne kann man auch hier Evolutionsphasen unterscheiden, die als gesteigerte Ansprüche an die Umwelt zu verstehen sind: Die erste Phase ist die der Überlebensnotwendigkeit. Der Mensch wird in dieser Phase wie ein Tier von der Natur gefüttert, ohne dass er dabei selbst etwas für die Natur tut. Die Raumansprüche sind in dieser Phase am größten, die Nahrungsansprüche am geringsten. Es wird das gefressen, was gesammelt und erjagt werden kann. Der Preis dafür ist die Auslöschung ganzer Tierarten, wie sie bereits in prähistorischen Zeiten anzunehmen ist (vgl. Kap. 4). Unbestreitbar ist jedoch die Ausrottung von Tierarten in historischen Zeiten. So hat bereits der durch seine umfangreiche Darstellung des *„Tierlebens"* berühmte Alfred Brehm die totale Ausrottung eines im Eismeer noch zu Beginn des 19. Jahrhunderts lebenden großen Vogels, des *„Riesen-"* oder *„Brillenalks"*, geschildert. Wie schon sein Name besagt, kennzeichnet ihn seine bedeutende Größe, die ungefähr einer ausgewachsenen Gans von 90 Zentimetern Länge entspricht, und eine auffällige helle Umrandung seiner Augen. Seine Flügel sind so verkümmert, dass er sie nicht mehr zum Fliegen gebrauchen konnte. Im Wasser war er sehr schnell, am Land aber in den Klippen nahe dem Meer ging er aufrecht und nicht schneller als ein Mensch. Er war daher dort von vornherein für Fischer und Seefahrer, die zur Nahrungsbeschaffung an Land gingen, eine leichte Beute. Früher musste er in großer Anzahl vorhanden gewesen sein. Denn nach einem Bericht aus dem Jahre 1458 füllten die Isländer ihre Boote mit den Eiern dieses seltsamen Tieres. Und nach einem Bericht aus dem Jahre 1578 soll eine ganze Masse dieser zutraulichen Riesenalke über die Planken hinweg in ein Boot getrieben worden sein, wo sie alle zusammen ohne Schwierigkeiten umgebracht und eingesalzen wurden (vgl. Brehm 1879, S. 635). Ein weiteres historisches Beispiel für die erbarmungslose Jagd und die Zerstörung der Lebensräume durch den Menschen ist das Aussterben der Heidehühner in Amerika. Diese Hühner, ein beliebtes Nahrungsmittel der Kolonialsiedler, hatten anfangs ein riesiges Verbreitungsgebiet, das große Teile der meernahen Gebiete im Osten der Vereinigten Staaten umfasste. Durch Jagd und Lebensraumzerstörung sank die Zahl der Vögel bis auf 50 im Jahr 1908. Dann richtete man ein Reservat ein, um sie vor dem Aussterben zu bewahren. In den folgenden 20 Jahren wuchs zwar der Bestand kräftig, aber schließlich starb die Spezies durch eine Kombination natürlicher Ursachen dennoch aus. Das Entscheidende an dieser Geschichte ist jedoch: *„Nachdem die Population der Heidehühner bis auf eine geringe Zahl geschrumpft war, konnte sie dem Aussterben praktisch nicht mehr entgehen“* (Leakey / Lewin 1996, S. 298).

Die zweite Phase in der menschlichen Ernährung ist die sich an die Periode des Sammelns und Jagens anschließende Periode des Ackerbaus und der Viehzucht. Sie entspricht dem heroischen Zeitalter der Kriegsführung und reicht bis in unsere Tage. Die Natur wird sukzessive erobert und umgestaltet, begleitet von immer stärker werdenden Aussterbewellen von Pflanzen und Tieren. Wie David M. Raup anhand der Fossilfunde berechnet hat, geht durch das normale Aussterben im Durchschnitt alle 4 Jahre eine Art verloren. Ein durch den Menschen verursachter Verlust von schätzungsweise 30 000 Arten im Jahr liegt also um das mehr als Hunderttausendfache über dem Normalwert des Darwin'schen Hintergrundaussterbens. Das ist nach Leakey *„ohne Weiteres mit den fünf großen biologischen Krisen der Erdgeschichte zu vergleichen, nur mit dem Unterschied, dass diesmal keine Temperaturveränderung, kein Absinken des Meeresspiegels und kein Asteroideneinschlag der Auslöser ist. Die Ursache ist ein Bewohner der Erde. Der Homo sapiens wird zur Ursache der größten Katastrophe, seit vor 65 Millionen Jahren ein riesiger Asteroid mit der Erde kollidierte und in einem erdgeschichtlichen Augenblick die Hälfte aller Arten auslöschte“* (Leakey / Lewin 1996, S. 294). Zwar gibt es bisher für das heutige vom Menschen verursachte Artenaussterben keine umfassende, weltweite Übersichtsuntersuchung, aber auch Einzelfallberichte geben zusammengenommen mehr als genug Anlass zur Sorge. So dürften auf den Hawaii-Inseln seit der ersten Berührung mit den Menschen bis zu 50 Prozent der einheimischen Vogelarten verschwunden sein, und von den heute dort 135 lebenden Vogelarten sind nur elf in so großer Zahl vertreten, dass ihr Überleben bis weit ins nächste Jahrhundert hinein gesichert scheint. Die Liste solcher Einzelfälle ist lang: *„Die Hälfte aller Süßwasserfische auf der malaiischen Halbinsel, zehn Vogelarten auf der Philippineninsel Cebu, fast die Hälfte der 41 Baumschlangenarten auf Oahu, 44 von 68 Flachwassermuscheln auf den Sandbänken des Tennessee Rivers und so weiter“* (Leakey / Lewin 1996, S. 296).

Noch schlimmer ist das Artenaussterben bei den Pflanzen, die der modernen Agrarwirtschaft weichen müssen. So verschwanden ganz plötzlich 90 Pflanzenarten, weil ein bewaldeter Bergrücken in den westlichen Ausläufern der Anden in Ecuador, auf dem sie gediehen, zu landwirtschaftlichen Zwecken gerodet wurde (Leakey / Lewin 1996, S. 295). Dieses Paradebeispiel für den von Menschenhand verursachten Artentod zeigt, wie schnell sich die biologische Vielfalt der Erde vermindern kann, auf die wir Menschen angewiesen sind. Denn sollten einmal durch unerwartete geologische und klimatische Veränderungen jene vom Menschen bevorzugten Pflanzen wie Reis und alle jene Getreidearten, die in riesigen Monokulturen wachsen, zugrunde gehen, könnte es sein, dass es keine Alternativen zur Ernährung des Menschen gibt, der zuvor ein Artensterben ungeheuren Ausmaßes verursacht hat. Hinzu kommt noch, dass in den allermeisten Fällen Lebensräume in Gegenden zerstört werden, deren Pflanzen- und Tierbestände noch nicht umfassend untersucht wurden, sodass zahllose Arten aller Wahrscheinlichkeit nach aussterben, bevor die Ökologen überhaupt etwas von ihnen wissen.

Hat schon der menschliche Nahrungsverbrauch zu einem Massenaussterben von Tier- und Pflanzenarten geführt, so kommt noch der Energieverbrauch des Menschen hinzu, der sich unverhältnismäßig gegenüber dem Bevölkerungszuwachs gesteigert hat. Die Sehnsucht nach Wärme, Licht und Schnelligkeit scheint mindestens so gefährlich für andere Lebewesen zu sein wie unsere Gefräßigkeit, die im überfüllten Magen ihr natürliches Ende findet. In unserem Zeitalter der Verschwendung hat sich der von der *„unsichtbaren Hand"* (Adam Smith) regulierte Kreislauf der freien Marktwirtschaft zu einer Teufelsspirale entwickelt, in der das *„Schweineprinzip"* vorherrscht, das zu dieser maßlosen Steigerung der Bedürfnisse nach Nahrung, Licht und Wärme geführt hat. Die Folge davon ist die rücksichtslose Ausbeutung aller natürlichen Ressourcen, die in dem Maße sich erschöpfen, in dem die Umweltverschmutzung und damit das Artensterben zunehmen. Denn heutzutage kommt noch eine weitere bisher unbekannte Katastrophe hinzu, die durch die Erschließung und den Transport der wichtigsten fossilen Energieträger entstanden sind. Es ist das Rohöl, nach dem in allen Gegenden der Welt sowohl am Land als auch am Meeresboden gebohrt und das in riesengroßen Tankschiffen über die Meere transportiert wird. Die von den leck gewordenen Tankschiffen verursachte Ölpest kann, wie das bisher schwerste Beispiel eines Tankerunfalls des 1989 vor Alaska gestrandeten Tankers Exxon Valdez zeigt, die Tierwelt auf Jahrzehnte schädigen. Doch keiner dieser Tankerunfälle hat bisher derartige Dimensionen erreicht wie die jüngst erfolgte Explosion der BP-Bohrinsel „Deepwater Horizon“ am 24. April 2010 im Golf von Mexiko. Seit diesem Tag sind rund 800 Millionen Liter Öl ins Meer geflossen. Denn alle Versuche, den Austritt des Öls schnell zu stoppen, waren misslungen. Auch das Einspritzen von Schlamm und Geröll ins Leck hatte zunächst keinen Erfolg gebracht. Nur das teure und außerdem zeitaufwendige Verfahren von Entlastungsbohrungen versprach die endgültige Lösung zu sein. Vögel mit verklebtem Gefieder, verendete Schildkröten, gestrandete Delfine und eine Unzahl von toten Fischen waren der Preis für das Einsetzen von billigen und riskanten Technologien bei der Errichtung der Bohrinseln.

Die Folgen dieser Ölkatastrophe im Golf von Mexiko unterscheiden sich zwar auf den ersten Blick kaum von denen anderer Ölunfälle. Dennoch sind sie viel dramatischer und auf jeden Fall langfristiger. Im Unterschied zu den Tankerunfällen treibt das auslaufende Öl nicht nur an der Oberfläche, sondern auch in tieferen Meeresschichten. Während die oberflächlichen Ölteppiche durch Chemikalien zersetzt und durch den Wind zersteuert wurden, hängt die Verbreitung der Ölschwaden in der Meerestiefe von Wirbeln ab, deren Auftreten und Bewegung praktisch nicht voraussagbar sind. Zu den Vernichtungen der Tier und Pflanzenwelt an den Stränden kommt auf diese Weise die Gefährdung der sensiblen Biotope der Tiefsee in einem noch unbekannten Ausmaß hinzu. Als es dann schließlich gelang, das Bohrloch zu stopfen, konnte niemand wirklich einschätzen, wo genau sich diese Schwaden befanden und wie sie sich weiter ausgebreitet hatten. Doch auch hier zeigt sich, dass solche Katastrophen, so schlimm sie auch sein mögen und so verantwortungslos sie von Menschen hervorgerufen werden, Triebkraft der Evolution sind. Denn überraschenderweise konnte ein Team von Wissenschaftlern unter der Leitung von Terry C. Hazen vom Lawrence Berkeley National Laboratory in Kalifornien feststellen, dass ein 35 Kilometer langer Ölschwaden in einer Tiefe von 1100 Metern mit einer außergewöhnlich hohen Geschwindigkeit von einer bisher unbekannten Art von Tiefseebakterien abgebaut wurde (vgl. Hazen 2010). Im Unterschied zu anderen Mikroorganismen verbrauchen diese ölverwertenden Tiefseebakterien nur wenig Sauerstoff und können sich in einem ölverschmutzten Wasser rasant vermehren, sodass auch hier die Hoffnung besteht, dass die Folgen dieser Katastrophe durch die enormen Selbstreinigungskräfte der Natur eingedämmt werden.

Doch die hoffnungsfrohe Entdeckung dieser ölverwertenden Bakterienstämme, die schon seit Tausenden Jahren mit dem aus dem porösen Meeresgrund sprudelnden Erdöl fertig werden, kann keine Rechtfertigung für verantwortungsloses Handeln des Menschen sein. Nachdem bekannt wurde, dass schon Wochen vor der Explosion auf der Bohrinsel Hinweise auf ein Leck an der Steuerung der Notventile am Bohrloch vorlagen, wurde dem Unternehmen vorgeworfen, nicht nur das Ausmaß der Krise verschleiert zu haben, sondern aus Kostengründen bei der Sicherheit geschlampt zu haben. Weltweite Empörung löste daher das Verhalten des BP-Chefs Tony Hayward aus, der sich nach der Demütigung seiner Anhörung vor dem amerikanischen Kongress am Wochenende bei einer Segelregatta auf der Isle of Wight entspannte. Geldgier und Gewinnsucht steuern also das verantwortungslose Handeln solcher Großkonzerne, das schließlich in einer ökologischen Katastrophe von bisher ungeahntem Ausmaß enden musste.

Im Unterschied zur freien Marktwirtschaft, die durch das Gesetz von Angebot und Nachfrage geregelt wird, ist die Geldgier unbegrenzt. Dadurch hat sich auch ein weiterer Faktor der Gefährdung der Menschheit ergeben, den es bisher nicht gegeben hat: die Überlagerung der Marktwirtschaft durch die Finanzwirtschaft, die zu einer der größten Wirtschaftskrisen der Menschheit geführt hat. Sie ist auch eine Folge der fortschreitenden Technisierung der menschlichen Kommunikation. Während es in der Marktwirtschaft noch immer um den Kauf und Verkauf von Waren geht, die schließlich selbst real vorhanden sein und von Ort zu Ort transportiert werden müssen, haben es die Finanzmärkte fast nur mehr mit virtuellem Geld zu tun, das in Form von Krediten, Aktien und Anleihen blitzschnell in wenigen Sekunden auf elektronischem Weg um die ganze Welt gejagt werden kann. Da es sich bei diesen virtuellen Geldern nicht um tatsächlich vorhandenes Vermögen, sondern nur um Zahlungsverpflichtungen handelt, die mehr oder weniger oder auch gar nicht eingehalten werden, schwankt der Wert dieser virtuellen Gelder, hinter denen oft nicht mehr steht als eine ärmliche Konkursmasse, auf extreme Weise. In der Hoffnung auf leichten Gewinn werden in einer völlig unkontrollierten Finanzwirtschaft nicht nur solche riskante Aktien verschachert, sondern auch Kredite in manchen Ländern von den Banken weiterverkauft, sodass der Kreditnehmer oft nicht mehr weiß, wem er etwas und wie viel schuldet. In dem Chaos von Banken, Börsen und Bewertungsagenturen hat sich auf diese Weise eine eigene Form von Kriminalität, Betrug und Spekulation entwickelt, die ganze Staaten ins Verderben stürzt.

Am Schluss stellt sich daher die Frage: Was ist die Moral von dieser Geschichte von der sogenannten soziokulturellen Evolution, die mit dem menschlichen Fortschritt gleichgesetzt wird und doch immer wieder zu unnötigen, weil selbst verursachten Katastrophen, zu Mord, Totschlag, Krieg,

Umweltzerstörung und Elend geführt hat? Die Antwort darauf lautet: Wir brauchen neue Formen einer Ethik, und zwar einer Verantwortungsethik, die uns angibt, wie wir mit den Errungenschaften von Wissenschaft und Technik umgehen sollen. Solche Formen sind z. B. eine ökologische Ethik, die sich gegen die Zerstörung der Umwelt richtet, verbunden mit einer Wirtschaftsethik, die sich gegen die Verschwendung der Ressourcen zugunsten einer gerechten Verteilung der Güter richtet. Aber dazu gehört auch ein Orientierungswissen, das wir bisher weitgehend vernachlässigt haben. Gleichzeitig zeigt sich auch die Grenze des Evolutionsparadigmas, das als innerweltliches theoretisches Konzept nur erkennen lässt, dass diese Welt ihren Sinn nicht in sich trägt. Denn die in der Evolution der Menschheit entstandene Wissenschaft und Technik ist nichts anderes als eine Überlebensmaschinerie zweiter Art, die uns nicht sagt, wozu wir eigentlich überleben sollen, ja uns nicht einmal die Garantie gibt, dass wir überhaupt überleben. Es kann auch sein, dass wir, vielleicht sogar aus eigener Schuld, schneller als alle anderen Arten aussterben werden. Das Universum wird jedenfalls keine Träne um die Menschheit weinen, die sich selbst ausgelöscht hat. Vielmehr kann sich aus dem Gräuel dieser Selbstzerstörung eine neue und vielleicht auch intelligentere Lebenswelt entwickeln, für die wir Menschen noch viel seltsamere Wesen sein könnten, als es heute für uns die ausgestorbenen Dinosaurier sind.

Schluss:

Evolution als Abfolge von Katastrophen

Unsere Erde bietet nur einen begrenzten Lebensraum. Der Tod und die Vernichtung von Lebewesen sind daher eine Notwendigkeit. Das gilt sowohl für das Individuum als auch für die Art. Den Kampf ums Überleben kann aber weder irgendeine Art noch irgendein Individuum gewinnen, sondern nur verlieren. Denn fast alle Arten von Lebewesen, die in den Millionen von Jahren unsere Erde bevölkert haben sind ausgestorben. Das zeigt schon die Tatsache, dass die Erdkruste im Prinzip aus schichtenweise übereinandergelagerten Gräbern besteht. Nur versteinerte Überreste geben Auskunft von den anderen Lebenswelten, die niemals wiederkehren. Die Entwicklung unserer Erde und die Evolution der Lebewesen auf ihr müssen daher als eine Abfolge von Katastrophen angesehen werden, die aber auch immer wieder zu Neuem führt. Das gilt sowohl für die großen weltweiten Katastrophen der Erdgeschichte als auch für die in der Menschheitsgeschichte bekannten Katastrophen wie Erdbeben, Vulkanausbrüche, Stürme und Überschwemmungen. Die Evolution scheint demnach von einem Prinzip der kreativen Zerstörung beherrscht zu sein. Eine friedliche Welt, in der sich Geburten und Todesfälle austarieren, bedeutet Stagnation. Und wenn es kein Auslöschen von Arten gäbe, wäre die Folge davon, dass nichts wirklich Neues in die Welt kommt.

Katastrophentheorie und Evolutionstheorie sind daher keine sich ausschließenden Alternativen. Katastrophen müssen vielmehr als die wahre Triebkraft der Evolution angesehen werden, da sie durch den Massentod und das Aussterben der alten Lebewesen einen Lebensraum für neue Lebewesen schaffen, die jedoch nicht besser oder höher entwickelt sein müssen als die alten untergegangenen Arten. Denn Evolution bedeutet nicht Fortschritt. Sosehr man sich sowohl unter den Katastrophentheoretikern als auch von Seiten einiger Vertreter der Evolutionstheorie bemüht hat, den Menschen vor allem wegen seiner Intelligenz als die *„Krone der Schöpfung“* anzusehen, so ist gerade der Homo sapiens wegen dieser Eigenschaft nicht nur das für seine Umwelt und Mitwelt gefährlichste von allen Lebewesen, sondern auch das sich selbst am meisten gefährdende Geschöpf, das bisher die Erde getragen hat. Denn er hat als der größte Totschläger aller Zeiten nicht nur alle Lebewesen ausgerottet, die für ihn eine Bedrohung waren, sondern er ist auch jenes Lebewesen, das am meisten die innerartliche Tötung praktiziert hat, wie die sich seit Anfang der Menschheitsgeschichte immer wiederholenden Kriegshandlungen beweisen. Aber auch diese selbst gemachten Katastrophen sind ein unvermeidbarer Bestandteil der wirtschaftlichen Entwicklung der ständig wachsenden Menschheit. So grausig es klingt: Nicht nur Krankheiten und Seuchen, sondern auch die mörderischen Kriege in der Geschichte der Menschheit hatten oft, wenn nicht sogar immer, eine Phase des explosiven technischen und wirtschaftlichen Aufschwungs zur Folge. Bereits in der Antike sprach man vom Krieg als dem Vater aller Dinge. Fragwürdig ist diese Aussage nur, wenn damit ein ursächlicher Zusammenhang gemeint sein sollte. Auch die heute so heftig geführte Diskussion um die Grundlagen des wirtschaftlichen Wohlstandes, der, wie behauptet wird, durch Katastrophen wie Epidemien, Hungersnöte und Kriege beflügelt wird, leidet an dem fundamentalen Missverständnis der Verwechslung von Triebkräften und Ursachen der Evolution. Die eigentliche Ursache sowohl der organisch-genetischen als auch der soziokulturellen Evolution ist der Drang zum Überleben, der nicht nur die Zeit unmittelbar nach den großen Naturkatastrophen der Menschheitsgeschichte kennzeichnet, sondern sich auch im wirtschaftlichen Aufstieg zeigt, der in der Zeit nach den beiden Weltkriegen in geradezu hektischer Weise erfolgt ist. Doch die Hoffnung, dass sich ein solcher Aufstieg nach einem mit den heutigen Nuklearwaffen geführten Krieg wiederholen lässt, ist trügerisch. Denn selbst nach den jüngsten Abrüstungsverträgen der Atommächte reicht das dann noch immer vorhandene nukleare Waffenarsenal zur mehrmaligen Vernichtung der Menschheit aus.

Wir leben heute in einer riskanten Welt von selbst geschaffenen Gefahren auf einem Planeten, der ohnehin schon wegen seiner Naturkatastrophen gefährdet und auf jeden Fall in für uns unendlich erscheinenden Zeiträumen dem Untergang geweiht ist. Denn letzten Endes ist auch der Mensch, der sich durch seine Intelligenz der natürlichen Auslese entzogen hat, noch immer nicht von jenen großen und erbarmungslosen kosmischen Katastrophen ausgenommen, die das Massenaussterben auf unserer Erde verursacht haben und schließlich auch die Erde selbst und das ganze Planetensystem vernichten werden. Allerdings wird dieses Ende aller irdischen Tage durch den Tod unserer Leben spendenden Sonne nach heutiger Kenntnis erst in Milliarden von Jahren stattfinden, sodass wir uns nicht zu sehr beunruhigen brauchen, da wir dann selbst schon längst den Weg allen Fleisches gegangen und den Artentod gestorben sind. Doch alle diese Katastrophen und Gefährdungen kann es nur deswegen geben, weil unsere Erde noch kein toter Planet ist, sondern Leben trägt, das sich trotz oder gerade wegen dieser Katastrophen ständig weiterentwickeln kann. Denn nur eine Welt der Katastrophen ist eine lebendige Welt. Eine uniforme Welt des Gleichgewichts ist eine tote Welt. Nur dann, wenn dieses Gleichgewicht immer wieder unterbrochen wird, sind Entwicklung und Leben vorhanden. So schmerzlich diese Einsicht auch sein mag, eins scheint gewiss zu sein: Wir müssen mit den Katastrophen leben. Denn sie sind nicht nur die Triebkraft der Evolution des Lebendigen und der Entstehung und Entwicklung der Menschheit, sondern auch die Ursache der Entstehung des Lebens überhaupt auf unserer Erde.

Literatur

Alvarez, L. W., Alvarez, W., Asaro, W., Michel, H. V.: Extraterrestrial Cause for the Cretaceous-Tertiary Extinction. In: Science, New Series, Bd. 208 (1980), S. 1095–1108.

Alvarez, W.: Interdisciplinary aspects of research on impacts and mass extinctions, a personal view. Geol. Soc. Am. Spec. Pap. 247, S. 93–97. Boulder 1990.

Ardrey, R.: Adam kam aus Afrika. Auf der Suche nach unseren Vorfahren. Wien 1964.

Arrhenius, S.: Das Werden der Welten. Alte und neue Folge. Aus dem Schwedischen übersetzt von L. Bamberger. Leipzig 1913.

Battan, L. J.: Wetter und Stürme. München, Wien, Basel 1961.

Berner, J., Symon, C., Arris, L., Heal, B.: Climatic Impact Assessment. National Science Foundation 2005.

Boer, J. Z. de, Sanders, T. S.: Das Jahr ohne Sommer. Essen 2004.

Böhm, R.: Klimawandel und Extremwerte – ein Zusammenhang? In: Hammerl, Chr., Kolnberger, Th., Fuchs, E.: Naturkatastrophen. Rezeption – Bewältigung – Verarbeitung. Wien 2009.

Brehm, A. E.: Brehms Tierleben. Sechster Band: Die Vögel. Leipzig 1879.

Breidert, W. (Hrsg): Die Erschütterung der vollkommenen Welt. Darmstadt 1994.

Bresch, C.: Zwischenstufe Leben, München, Zürich 1977.

Buckland, W.: Notice on the Megalosaurus or Great Fossil Lizard of Stonefield. In: Trans. Geol. Soc. Series 2, Vol. 1, S. 390–396. London 1824.

Buckland, W.: Geology and Mineralogy. 2. Ed. London 1837.

Buffon's sämmtliche Werke sammt den Ergänzungen, nach der Klassifikation von G. Cuvier. Einzige Ausgabe in deutscher Übersetzung von H. J. Schaltenbrand. 2. Aufl. Cöln 1847.

Burnet, Th.: Telluris theoria sacra, orbis nostri originem et mutationes, quas aut iam subiit aut subiturus est, complectens. London 1681.

Byron: The Works of Lord Byron, Vol. IV. Leipzig 1866.

Chladni, E. F. F.: Ueber den Ursprung der von Pallas gefundenen und anderer ihr ähnlichen Eisenmassen, und über einige damit in Verbindung stehende Naturerscheinungen. Leipzig 1794.

Churchill, W. S.: Kreuzzug gegen das Reich des Mahdi. Übers. und ediert von G. Brunold. Frankfurt a. M. 2008.

Clube, S. V. M., Napier, W. M.: The role of episodic bombardement in geophysics. Earth Planet. Sci. Lett. 57, p. 251–262. Amsterdam 1982.

Clube, S. V. M., Napier, W. M.: The Cosmic Serpent. London 1982.

Clube, S. V. M., Napier, W. M.: The Cosmic Winter. Oxford 1990.

Cox, B., Dixon, D., Gardiner, B., Savage, R. J.: Dinosaurier und andere Tiere der Vorzeit. München 1989.

Cuvier, G.: Leçons d'anatomie comparée. 5 Bde., Paris 1800–1805.
Cuvier, G.: Discours sur les révolutions de la surface du globe. 6. Aufl. Paris 1830.
Cuvier's Ansichten von der Urwelt nach der zweiten Originalausgabe verdeutscht von Dr. Jakob Nöggerath. Bonn 1822.

Danneman, F.: Grundriß einer Geschichte der Naturwissenschaften. Leipzig 1902.
Dart, R. A.: The Predatory Transition from Ape to Man. In: Linguistic Rev. 1953, S. 201–218.
Dart, R. A. with D. Craig: Adventures with the Missing Link. New York 1959.
Darwin, Ch.: Reise eines Naturforschers um die Welt. Übers. v. J. V. Carus. Stuttgart 1875.
Darwin, Ch.: Leben und Briefe. Gesammelte Werke. Hrsg. v. J. V. Carus. Stuttgart 1876.
Darwin, Ch.: Charles Darwin – ein Leben. Autobiographie, Briefe, Dokumente. Hrsg. von S. Schmitz. München 1982.
Darwin, Ch.: Die Entstehung der Arten. Übers. v. H. G. Bronn, Gesammelte Werke. Hrsg. v. J. V. Carus, Bd. II. Stuttgart 1876.
Darwin, Ch.: On the Origin of Species. London 1859. Dt. Übers. Stuttgart 1966, v. G. Gärtner, Halle a. d. Saale o. J.
Darwin, Ch.: Descent of Man. London 1871. Dt. Übers. v. G. Gärtner, Halle a. d. Saale o. J.
Diogenis Laertii De vitis, dogmatibus et apophthegmatibus clarorum philosophorum libri X. Amstelaedami 1698.
Dobzhansky, T., Ayala, F. J., Stebbins. G. L., Valentine, J. W.: Evolution. San Francisco 1977.
Dollo, L.: Première Note sur les Dinosauriers de Bernissart. Bulletin de Musée Royal d'Histoire Naturelle de Belgique (1882), 1, pp. 161–180.
Doyle, A. C.: Die vergessene Welt. München 1973.

Economo, C. von: Die progressive Zerebration, Wiener medizin. Wochenschrift 1928.
Eldredge, N., Gould S. J.: Punctuated equilibria: an alternative to phyletic gradualism, in: T. Schopf (Hrsg.), Models in Paleobiology, S. 82–115. San Francisco 1972.
Eldredge, N.: Wendezeiten des Lebens. Katastrophen in Erdgeschichte und Evolution. Frankfurt a. M. 1997.
Erben, H. K.: Leben heißt Sterben. Frankfurt, Berlin, Wien 1984.

Ferrel: Recent Advances in Meteorology. Washington 1886.
Flammarion, C.: La fin du monde. Paris 1894. Dt. Übers.: Das Ende der Welt. Pforzheim o. J.
Flammarion, C.: Le monde avant la création de l'homme. Paris 1896.
Flammarion, C.: Himmels-Kunde für das Volk. Neuenburg o. J.

Gantzel, K. J., Schwinghammer, T.: Die Kriege nach dem Zweiten Weltkrieg 1945 bis 1992: Daten und Tendenzen. München 1995.
Geitel, M.: Der Siegeslauf der Technik. 2. Aufl. 3 Bde. Stuttgart, Berlin, Leipzig o. J.
Geoffroy Saint-Hilaire, E.: Sur l. princ. de l'unité de comp. org. Paris 1828.
Glaessner, M. F.: The Dawn of Animal Live. Cambridge 1984.
Glaisher, Flammarion, Fonvielle und Tissandier: Luftreisen. Leipzig 1872.
Glen, W. (ed.): The Mass-Extinction Debates. Stanford 1994.
Gore, A.: Eine unbequeme Wahrheit. Die drohende Klimakatastrophe und was wir dagegen tun könnten. München 2006.
Gore, A.: We Can't Wish Away Climate Change. New York Times, February 27, 2010.
Gould, St. J.: Die Entdeckung der Tiefenzeit. Zeitpfeil und Zeitzyklus in der Geschichte unserer Erde. München, Wien 1990.

Gruithuisen, Fr. v. P.: Die vorgeschichtlichen Fluthen und ihre cosmologische Causalität. In: Naturwissenschaftlich-astronomisches Jahrbuch. München 1846, S. 67–91.

Gu Gongxu et al.: Catalogue of Chinese Earthquakes. Peking 1989.

Gutdeutsch, R.: Naturkatastrophen der Gegenwart und ihre mögliche Vorhersage. In: Erdgeschichtliche Katastrophen. Österreichische Akademie der Wissenschaften. Wien 1987.

Hallam, A.: End-Cretaceous Mass-Extinction Event: Argument for terrestrial Causation. In: Science 238, S. 1237–1242. Washington 1987.

Hammerl, Chr.: Naturkatastrophen im Lauf der Geschichte. In: Hammerl, Chr., Kolnberger, Th., Fuchs, E.: Naturkatastrophen. Rezeption–Bewältigung–Verarbeitung. Wien 2009.

Hansen, H. J., Rasmussen, K. L.: Iridium Bearing Carbon Black at the Cretaceous-Tertiary Boundary. In: Bull. Geol. Soc. Denmark 36. S. 305–314. Kopenhagen 1987.

Harden, B.: Expert Predict Polar Bear Decline: Global Warming Is Melting Their Ice Pack Habitat. In: The Washington Post , July 7, 2005.

Hazen, T. C. et al.: Deep-Sea Oil Plume Enriches Indigenous Oil-Degrading Bacteria. In: Science. Published Online August 24, 2010.

Herd, D. G.: The 1985 Ruiz Volcano disaster. EOS, Mai 1986.

Herrmann, A.: Katastrophen, Naturgewalten und Menschenschicksale. Berlin 1936.

Hölder, H.: Geologie und Paläontologie in Texten und ihrer Geschichte. Freiburg/München 1960.

Hsü, K. J.: Terrestrial Catastrophe Caused by Cometary Impact at the End of the Cretaceous. In: Nature 285. S. 201–203. London 1980.

Hsü, K. J.: Die letzten Jahre der Dinosaurier. Meteoriteneinschlag, Massensterben und die Folgen für die Evolutionstheorie. Aus dem Englischen von J. Rehork. Basel, Boston, Berlin 1990.

Humboldt, A. v.: Kosmos. Entwurf einer physischen Weltbeschreibung. 1. Bd., Stuttgart 1845.

Humboldt, A. v.: Reise in die Äquinoktial-Gegenden des neuen Kontinents. In deutscher Bearbeitung von H. Hauff. Nach Anordnung und Mitwirkung des Verfassers. Bd. 2. Stuttgart o. J.

Hutton, J.: Theory of the Earth. Transactions of the Royal Society of Edinburgh, 209–305. 1788.

Hutton, J.: Theory of the Earth with Proofs and Illustrations. Edinburgh 1795.

Huxley, J.: Evolutionary Processes and taxonomy with special reference to grades. In: Heidberg, O. (Hrsg.): Systematics of Today. Uppsala 1986.

Huxley, T. H.: On the Animals which Are Most nearly Intermediate Between Birds and Reptiles. Gol. Mag. (1868), 5, pp. 357–365.

Huxley, T. H.: Paleontology and Evolution. Discourses: Biological & Geological. London 1902.

IUCN Species Survival Commission. Polar Bears: Proceedings of the 13th Working Meeting. Nuuk. Grönland 2001.

Jablonski, D.: Background and Mass Extinctions: The Alternation of Macroevolutionary Regimes. In: Science 231 (1986). S. 129–133.

Joerin, U. E., Stocker, Th. F., Schlichter, Ch.: Multicentury Glacier Fluctuations in the Swiss Alps during the Holocene. In: Holocene 16/5 (2006), S. 697–704.

Kant, I.: Werke. Akademie Textausgabe. Berlin 1968.

Kelly, A. O., Dachille, F.: Target Earth – The Role of Large Meteors in Earth Science. Carlsbad, California 1953.

Kluger, J.: Polar Ice Caps Are Melting Faster Than Ever. In: Time Magazine, April 3, 2006.
Krauss, C.: Bear Hunting Caught in Global Warming Debate, In: The New York Times, May 27, 2006.
Kristan-Tollmann, E., Tollmann, A.: Der Sintflut-Impakt/The Flood Impact. Mitt. österr. Ges. 84 (1991), S. 1–63. Wien 1992.

Lalande, M. de: Réflexions sur les comètes. Paris 1773.
Lalande, M. de: Astronomisches Handbuch oder die Sternkunst in einem Lehrbegriff. Leipzig 1775.
Lampadius: Systematischer Grundriß der Atmosphärologie. Freyberg 1806.
Lamping, H., Lamping, G.: Naturkatastrophen. Berlin, Heidelberg 1995.
Laplace, P. S. de: Darstellung des Weltsystems. Aus dem Franz. von Hauff. Th. II. Frankfurt a. M. 1779.
Laubenfels, M. W. de: Dinosauria Extinction: One More Hypothesis. In: J. of Paleont., 30, S. 20 –212. Tulsa 1956.
Leakey, R. E. F., Lewin, R.: Die sechste Auslöschung. Frankfurt a. M. 1996.
Leidy, J.: Hadrosaurus and Its Discovery. Proc. Acad. Nat. Sci., Philadelphia, December 14, 1858, pp. 213–218.
Leithäuser, J. G.: Katastrophen. Der Mensch im Kampf mit Naturgewalten. Berlin 1956.
Leonardo da Vinci: Tagebücher und Aufzeichnungen. Leipzig 1940.
Leutner, M.: Wissenschaftstheoretische Fallstudien zur Entwicklung der erdwissenschaftlichen Forschung in Österreich. Abhandlungen der Geologischen Bundesanstalt Band 55. Wien 1999.
Lewis, J. S.: Bomben aus dem All. Die kosmische Bedrohung. Basel 1997.
Littrow, J. J. von: Wunder des Himmels. 8. Aufl. bearbeitet von E. Weiß. Berlin 1897.
Lomborg, B.: Cool it! Warum wir trotz Klimawandels einen kühlen Kopf bewahren sollten. München 2009.
Lorenz, K.: Ganzheit und Teil in der tierischen und menschlichen Gemeinschaft (1950). In: Über tierisches und menschliches Verhalten. Aus dem Werdegang der Verhaltenslehre. Gesammelte Abhandlungen Bd. II. München 1965.
Lorenz, K.: Das wirklich Böse. Involutionstendenzen in der modernen Kultur. In: Schatz, O. (Hrsg.): Was wird aus dem Menschen? Graz, Wien, Köln 1974.
Lotze, R.: Volkstod? Stuttgart 1932.
Lübke, A.: Technik und Mensch im Jahre 2000. München 1927.
Lyell, Ch.: The Principles of Geology: Being an Attempt to Explain the Former Changes of the Earth's Surface, by Reference to Causes Now in Operation. London, 3 Bde., 1830–1833.
Lyell, Ch.: Principles of Geology. The third Edition in four Volumes. Vol. I. London 1834.
Lyell, Ch.: Lehrbuch der Geologie. Ein Versuch, die früheren Veränderungen der Erdoberfläche durch noch jetzt wirksame Ursachen zu erklären. Nach der 2. Auflage des Originals aus dem Engl. übers. von C. Hartmann. Bd. 1. Quedlingburg und Leipzig 1833.
Lyell, Ch.: A Second Visit to the United States of North America. New York 1849.

Mallet, R.: On the Dynamics of Earthquakes; being an Attempt to reduce their observed Phenomena to the known Laws of Wave Motion in Solids and Fluids. In: Transactions of the Royal Irish Academy, Vol. XXI, 1848, S. 53–57.
Mallet, R.: On Earthquake Phaenomena. In: Admiralty Manual of Scientific Enquiry, Third Edition. London 1859.

MALTHUS, TH. R.: An Essay on the Principles of Population. London 1798.

MALTHUS, TH. R.: Eine Abhandlung über das Bevölkerungsgesetz. 2 Bde. Jena 1924.

MANTELL, G. A.: The Wonders of Geology, or a Familiar Exposition of Geological Phenomena. Being the Substance of a Course of Lectures Delivered at Brighton. 2 Volumes. Third Edition. London 1839.

MARTIN, P. S.: Prehistoric Overkill: The Global Model. In: Martin, P. S., Klein, R. G. (Hrsg.): Quaternary Extinctions: A Prehistoric Revolution. S. 354 – 403. Tucson 1984.

MASON, S. F.: Geschichte der Naturwissenschaft. Stuttgart 1961.

MAUPERTUIS, M. DE: Essai de Cosmologie. Leiden 1751.

MCLAREN, D. J.: Mass extinction and iridium anomaly in the Upper Devonian of Western Australia. In: Geology 13, S. 170 – 172. Boulder 1985.

MEYER, M. W.: Das Weltgebäude. Leipzig und Wien 1898.

MEYER, M. W., GORKI, M.: Im zerstörten Messina. Berlin 1909.

MEYER, P.: Evolution und Gewalt. Berlin und Hamburg 1981.

MUDELSEE, M., BÖRNGEN, M., TETZLAFF, G., GRÜNEWALD, U.: No Upwards Trend in the Occurrence of Extreme Floods in Central Europe. In: Nature 425 (2003), S. 166 – 169.

NAPIER, W. M.: Terrestrial Catastrophism and Galactical Cycles. In: Clube, S. V. M. (ed.): Castrophes and Evolution. S. 133 – 167. Cambridge 1989.

OERLEMANS, J.: Extracting a Climate Signal from 169 Glacier Records. In: Science 308 (2005), S. 675 – 677.

OESER, E.: Wissenschaftstheorie als Rekonstruktion der Wissenschaftsgeschichte. 2 Bde. Wien, München 1979.

OESER, E.: System Klassifikation Evolution. Historische Analyse und Rekonstruktion der wissenschaftstheoretischen Grundlagen der Biologie. 2. Aufl. Wien 1996.

OESER, E.: Psychozoikum. Evolution und Mechanismus der menschlichen Erkenntnisfähigkeit. Berlin, Hamburg 1987.

OESER, E.: Das Abenteuer der kollektiven Vernunft. Evolution und Involution der Wissenschaft. Berlin, Hamburg 1988.

OESER, E.: Historische Erdbebentheorien von der Antike bis zum Ende des 19. Jahrhunderts. Abhandlungen der Geologischen Bundesanstalt Band 58. Wien 2003.

OESER, E.: Das selbstbewusste Gehirn. Perspektiven der Neurophilosophie. Darmstadt 2006.

OESER, E.: Hund und Mensch. Die Geschichte einer Beziehung. 3. Aufl. Darmstadt 2009.

OESER, E.: Pferd und Mensch. Die Geschichte einer Beziehung. Darmstadt 2007.

OESER, E.: Die Suche nach der zweiten Erde. Illusion und Wirklichkeit der Weltraumforschung. Darmstadt 2009.

OFFICER, CH. B., DRAKE, CH. L.: The Cretaceous/Tertiary transition. In: Science 219. S. 1383 – 1390. Washington 1983.

ÖPIK, E. J.: Collision probabilities with the planets and the distribution of interplanetary matter, Proceedings of the Royal Irish Academy, 54A, pp. 165 – 199 (1951)

ORBIGNY, A. D': Cours élementaire de paléontologie et de géologie stratigraphique. 2 Tle. in 3 Bdn. Paris 1849 – 1852.

OSAKA MAINICHI: Earthquake Pictorial Edition. Osaka 1923.

OSBORN, H. F.: Thyrannosaurus and Other Cretaceous Carnivorous Dinosaurs. Bull. Amer. Mus. Nat. Hist. (1905), 21, pp. 259 – 265.

OSBORN, H. F.: Cope: Master Naturalist. The Life and Letters of Edward Drinker Cope. Princeton 1931.

Ostrom, J. H.: Terrestrial Vertebrates as Indicators of Mesozoic Climates. In: Proc. North Amer. Paleontol. Conv. (1969), pp. 347 – 376.
Owen, R.: Report on British Fossil Reptiles. In: Report of the Eleventh Meeting of the British Association for the Advancement of Science (1841) pp. 60 – 204.
Owen, R.: Paleontology, or a Systematic Study of Extinct Animals and Their Geological Relations. Edinburgh 1860.

Pallas, P. S.: Reise durch verschiedene Provinzen des Russischen Reichs. 3 Bde. St. Petersburg 1771 – 1801.
Pielke, R. A. et al.: Normalized Hurricane Damage in the United States: 1900 – 2005. In: Natural Hazards Review 9 / 1 (2008), S. 29 – 42.
Plinius: Naturgeschichte. Übers. von Johann Daniel Denso. Rostock, Greifswald 1765.
Plinius, C. Secundus: Epistularum libri decem. Dt. Übers. von H. Philips. Stuttgart 1998.

Raup, D. M.: Der schwarze Stern. Reinbek 1990.
Raup, D. M.: Ausgestorben. Zufall oder Vorsehung? Köln 1992.
Reichstein, M.: Kometen. Kosmische Vagabunden. Leipzig, Jena, Berlin 1985.
Reiter, P. et al.: Global Warming and Malaria: A Call for Accuracy. In: Lancet Infectious Diseases 4 / 6 (2004), S. 323 – 324.
Rothe, P.: Die Erde. Darmstadt 2008.
Rousseau, J.-J.: Brief über die Vorsehung. 1756. In: Breidert, W. (Hrsg.): Die Erschütterung der vollkommenen Welt. S. 79 – 93. Darmstadt 1994.

Sapper, K.: Die Erforschung der Erdrinde. In: H. Kraemer (Hrsg.): Weltall und Menschheit. S. 17 – 288. Berlin, Leipzig, Wien, Stuttgart o. J.
Scheuchzer, J. J.: Histoire de l'Academie Royale des Sciences. Année 1708, S. 37 ff. Amsterdam 1709.
Schindewolf, O. H.: Grundlagen der Paläontologie. Stuttgart 1950.
Schindewolf, O. H.: Neokatastrophismus? Z. dt. geol. Ges. 114, H. 2, S. 430-445. Stuttgart 1962.
Schuchert, C., LaVene, C. M., Marsh, O. C.: Pioneer in Palaeontology. New Haven 1940.
Schütte, W.: Das Reich der Luft. Leipzig 1875.
Sharpton, V. L., Grieve, R. A.: Meteorite Impact, Cryptoexplosion, and Shock Metamorphism. In: Spec. Pap. Geol. Soc. Amer. 247. S. 301 – 317. Boulder 1990.
Shelley, M.: Frankenstein or The Modern Prometheus. London 1818.
Sigerist, H. E.: Krankheit und Zivilisation. Frankfurt a. M., Berlin 1952.
Simpson, G. G.: The Major Features of Evolution. New York, London 1953.
Stanley, S. M.: Der neue Fahrplan der Evolution. Fossilien, Gene und der Ursprung der Arten. München 1983.
Stanley, S. M.: Wendemarken des Lebens. Eine Zeitreise durch die Krisen der Evolution. Heidelberg, Berlin 1998.
Stebbins, G. L.: Perspectives in Evolutionary Theory. In: Evolution 36 (1982), 1109 – 1118.
Steinhauser, P.: Naturkatastrophen aus historischer Zeit und ihre wissenschaftliche Deutung. In: Erdgeschichtliche Katastrophen. Österreichische Akademie der Wissenschaften. Wien 1987.

Tannehill, I. R.: Hurricans. Princeton 1952.
Tavernise, S., McNeil Jr., D. G.: Iraqi Dead May Total 600 000, Study Says. In: The New York Times, October 11, 2006.

TAYLOR, M.: Silly to Predict Their Demise: Startling Conclusion to Say They Will Disappear within 25 Years and Surprise to Many Researchers. In: Toronto Star, May 1, 2006.
TOLLMANN, A., TOLLMANN, E.: Und die Sintflut gab es doch. Vom Mythos zur historischen Wahrheit. München 1993.
TURCO, R. P., TOON, O. B. ET AL.: Nuclear Winter. Global Consequences of Multiple Nuclear Explosions. In: Science 222. S. 1283 – 1292. Washington 1983.
TWEEDIE, M.: Die Welt der Dinosaurier. Herrsching 1977.

UREY, H. C.: Cometary Collisions and Geological Periods. In: Nature, Bd. 242, 1973.

VERNE, J.: Une ville flottante. Paris 1871.
VERNE, J.: Voyage au centre de la terre. Paris 1864.
VERNE, J.: Reise nach dem Mittelpunkt der Erde. Wien, Pest, Leipzig 1875.
VOIGTLÄNDER, N., VOTH, H.-J.: The Three Horsemen of Riches: Plague, War, and Urbanization in Early Modern Europe. May 2009.
VOLTAIRE: Poèmes sur la religion naturelle, et sur la destruction de Lisbonne. Genève 1756.
VOLTAIRE: Philosophisches Wörterbuch. Hrsg. von R. Noack, übers. von E. Salewski. Frankfurt a. M. 1985.
VOLTAIRE: Gedicht über die Katastrophe von Lissabon. In: Breidert, W. (Hrsg): Die Erschütterung der vollkommenen Welt. S. 58-73. Darmstadt 1994.

WALLACE, A. R.: The World of Life. New York 1911.
WEGENER, A.: Wind- und Wasserhosen in Europa. Braunschweig 1917.
WEGENER, A.: Die Entstehung der Kontinente und Ozeane. 6. Aufl. 1941.
WHISTON, W.: New Theory of the Earth. London 1696.
WOLBACH, H. W., LEWIS, R. S. ET AL.: Cretaceous Extinctions: Evidence for Wildfires and Search for Meteoric Material. In: Science 230, S. 167 – 170. Washington 1985.
WOODWARD, J.: Historia natur. telluris. London 1695.
WOODWARD, J.: Essay towards a natural history of the earth and terrestrial bodies. London 1733.
WUKETITS, F. M.: Evolutionstheorien. Historische Voraussetzungen, Positionen, Kritik. Darmstadt 1988.
WUKETITS, F. M.: Evolution ohne Fortschritt. Aufstieg oder Niedergang in Natur und Gesellschaft. Aschaffenburg 2009.
WWF: Canada's Western Hudson Bay Polar Bear Population in Decline: Climate Chance to Blame. March 18, 2006.

ZURCHER ET MARGOLE: Volcans et tremblements de terre. Paris 1872.

Register

Personen

Sachen